Physical Optics

안경사를 위한 물리광학

저자
최성숙
최은정

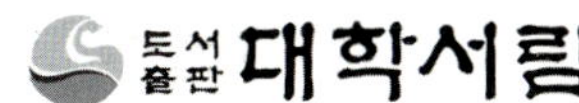

| 개정 6판 | 머리말

모든 과학은 빛과 원자의 연구로 발전되어 왔다.

특히 빛에 대한 연구는 3000여 년 전부터 발전되어 왔으며, 이는 약 150여 억 년 전 우주 탄생과 약 45억 년 전 지구탄생시기에 비하면 극히 최근이라 해도 과언이 아니다.

빛의 입자론과 파동론, 이들의 이중성, 전자기파론 등, 빛에 대한 여러 연구과정과 업적을 토대로, 19세기 광속도의 정확한 측정이후, 과학은 급 발전을 이루어 현재의 최첨단 정보화시대를 넘어 4차 혁명시대로 접어들었으며, 미래는 우리의 상상 이상의 시대로 향할 것이라는 예측은 당연하다. 그렇기에 빛의 학문인 광학적 응용은 이미 실생활에 깊숙이 들어와 있으며 누리고 있다.

따라서 이 책에서는 전문가가 아니면 이해 할 수 없는 고차원적인 수학적인 지식을 배제하고 누구라도 광학에 관심이 있으면 간단한 수학적 지식으로 빛을 이해할 수 있도록 역학적인 파동이론에 대한 설명으로 시작하여 빛의 간섭과 회절, 편광성에 대한 원리를 개념 위주로 전개하였다.

특히 전문 안경사로써 빛에 대한 기본적인 원리이해에 도움이 될 수 있기를 바란다.

이번 개정판에서는 5판의 내용이나 기본 틀을 벗어나지는 않았으나 부분적 문맥이나 예제풀이 오류 등을 수정하였으며, 특히 수식을 이해하기 쉽게 일부 변형하였다.

좀더 많은 광학적 지식을 원한다면 깊이 있게 설명되어진 서적들을 참고하기 바란다.
늘 부족한 점이 많으나 여러분의 아낌없는 지적과 조언을 부탁드린다.

끝으로 개정판을 낼 때마다 변함없이 격려해 주시고 도와주시는 대학서림 윤진영회장님과 직원 분들의 노고에 깊은 감사를 드린다.

최 성 숙

머리말 | 개정 5판 |

빛을 연구하는 학문인 광학을 보통 기하광학과 물리광학으로 분류한다. 그러나 광학은 부분별로는 설명이 가능하나 사실은 전체적으로 통합해서 설명되어야 한다. 왜냐하면 빛은 직진하는 성질도 있으며 파동적인 성질도 함께 있기 때문이다. 그러나 전체를 통합하여 이해하기 전에 부분적 이해가 우선이므로 크게 빛의 직진성으로 설명이 가능한 영역은 기하광학에서 취급하며, 빛의 파동성, 즉 회절, 간섭, 편광성으로 설명이 가능한 영역을 물리광학에서 취급한다.

본 교재에서 다루는 물리광학 분야는 일반물리에 대한 간단한 지식과 작은 휴대용 계산기를 사용하는 능력만 있으면 이해하기에 충분하도록 설명되어 있다. 그러므로 복잡한 수식은 없으며 개념을 이해하기 쉽도록 그림이 많이 삽입되어 있다는 것과 전반적인 내용은 지난판과 다름이 없으나, 단지 문맥상 어색한 부분들을 교정하였으며 기호나 숫자 또는 예제풀이 등의 몇몇 오류가 난 부분 등을 수정하였다. 또한 기존의 연습문제에 추가하여 5지선다형 문제를 각 장마다 추가하였다. 좀 더 보충되어진 연습문제들을 통하여 이 책의 내용 등을 충분히 이해하기에 많은 도움이 되기를 진심으로 바란다.

개정할 때마다 느끼는 것은 부족한 점이 많이 있다는 점이다. 특히 좀 더 전문적으로 깊이 있게 공부하기를 원하는 분들에게는 광학에 대한 전문적이며 훌륭한 서적들이 많이 나와 있으므로 그것을 이용하기 바란다.

안경사를 목표로 둔 학생에게는 이 책을 통하여 빛의 전반적인 개념이 학실히 이해되어 시력이 불편한 모든 사람들을 상담하거나 안경을 조제할 때 충분히 도움이 되기를 바란다.

끝으로 이 책의 개정에 많은 도움을 주신 분들에게 감사드리며, 특히 적극적으로 동참해 주신 최은정 교수님과 바쁜 일정 속에서도 늘 격려와 도움을 주시는 대학서림 윤진영 회장님과 직원 여러분께 진심으로 감사드립니다.

최 성 숙

| 개정 4판 | 머리말

빛에 대한 연구는 수 천년에 걸쳐서 연구되어 왔으며, 알려진 빛의 현상으로부터 인간은 셀 수도 없이 많은 혜택을 누리고 살아오고 있다. 또한 앞으로 더 나은 실생활을 위하여 연구는 계속될 것이다.

이렇듯 우리 실생활에 깊숙이 차지하고 있는 빛의 성질과 원리를 증명하기 위해서 전문가가 아니면 도저히 이해할 수 없는 복잡한 수학 공식이나 이론이 필요했으며 앞으로도 필요할 것이다.

이 책에서는 위와 같은 어려운 과정을 통하여 이미 증명되고 활용하고 있는 빛의 특성에 관하여 복잡한 수식은 배제하고, 이해를 돕기 위한 그림과 그래프를 많이 활용함으로써 빛에 관한 개념을 충분히 이해할 수 있도록 구성하였다.

특히 안경사를 꿈꾸는 모든 학생들에게는 이러한 빛에 대한 개념이 확실히 이해되었을 때, 비로소 완성된 안경의 놀라운 위력을 알 수 있다고 본다.

부디 이 책을 통하여 많은 학생들이 빛에 대한 신비한 매력을 느끼면서 안경사로서의 자부심을 기를 수 있기를 바란다.

더 많은 광학적 지식을 필요로 한다면 좀더 깊이 있게 설명되어진 훌륭한 저서들을 적극 활용하기 바란다.

이번 4판에서는 3판의 부족한 부분들에 관하여 수정하거나 보완하였으며, 특히 예제나 연습문제에 변화를 주었다. 교정과정에서 수정은 하였으나 부족한 점이 많으리라 본다. 이 책을 이용하는 분들의 아낌없는 지적을 바란다.

개정판을 낼 때마다 많은 도움을 주신 분들께 진심으로 감사드리며, 특히 어려운 과정 속에서도 아낌없는 격려와 수고를 해 주신 대학서림의 윤진영 회장님과 직원 여러분께 깊은 감사를 드린다.

최 성 숙

머리말 | 개정 3판 |

빛에 대한 연구는 수 천년 전부터 이어져 오고 있으며, 밝혀진 연구 내용을 이용해 오는 세월도 수 천년이 지나가고 있다. 현대를 최첨단 과학시대로 규명하는 이유 또한 그러한 연구 업적의 결과라 해도 과언이 아니다.

이러한 빛에 대한 연구 중 일부인 물리광학이라는 분야 또한 막대한 역할을 해 왔던 것이 사실이다. 이렇듯 수 많은 세월 동안 연구해온 방대한 결과에 관하여 한 권의 책으로 모두 이해한다는 것이 쉽지 않다는 것은 어쩌면 당연한 생각이며, 실제 쉽지 않다. 사실 빛에 대한 개념을 이해하기 위해서는 깊고 막대한 분량의 수학적인 지식이 필요하기 때문에 다양한 서적들이 출간되어 있다.

그러나 이 책에서는 안경광학 분야를 이해하기에 적합한 지식을 습득하는데 목적이 있으므로 가급적 복잡하고 어려운 수학적인 공식은 배제했으며 대신 개념을 이해하고 분석하는데 초점을 두었음을 이해하기 바란다. 개념이 명료해지면 간단한 수학은 저절로 따라오거나 불필요한 수학은 필요없기 때문이다.

따라서 이번 3판은 초판, 2판의 큰 틀을 벗어나지 않는 범위 내에서 일부 수정하거나 보완하였다. 특히 1장은 나머지 장들을 쉽게 이해할 수 있는 열쇠 역할을 하므로 이 부분이 많이 보완되었다.

충분치는 않지만 이 책을 이용하는 독자들의 분야에 많은 도움이 되기를 바라며 아울러 미흡한 부분에 관해서는 너그러운 이해와 더불어 아낌없는 지적을 해 주시기 바란다.

끝으로 이 책을 출간하기까지 많은 도움을 주신 분들에게 진심으로 감사드리며, 물심양면으로 협조해 주신 대학서림 윤진영 회장님과 직원 여러분께 깊은 감사를 드린다.

최 성 숙

| 개정 2판 | 머리말

21세기 들어와서 요즈음 선진국의 국책과제에서 IT, BT, NT의 요소기술로 광 및 광자기술(OT, PT)을 다루고 있다. 따라서 이 OT, PT는 기초광학으로부터 발전하는 과학기술이며 앞으로 광산업의 기반기술이 되기도 한다. 그리고 기하광학과 파동광학에 그치던 고전광학이 상대론, 양자론에 의한 현대광학, 즉 양자광학으로 발전하여 오늘날과 같이 새로운 첨단 광산업을 창출하는 광섬유, 안경광학, 비선형광학, 광통신, 레이저, 광소자, 광컴퓨터 등의 이론을 뒷받침하고 있다.

이와 같이 광선, 광파, 광자 등을 이용하여 발전하는 모든 과학기술은 이 광학의 기초에 기본개념을 두고 먼저 이해하야 한다. 그러므로 이 분야에 관심을 가진 학습자를 대상으로 광학의 기본개념을 다룬 초보자들의 수준에 맞는 기초 수학은 가능한 늘이고 까다로운 수학적 계산은 피하면서 기본개념 파악에 주력하였다. 그리고 수식전개와 유도과정보다는 이해와 분석 그리고 응용할 수 있는 방향으로 내용을 설명하는데 충실을 기하고자 했으나 부족한 점이 많으리라 생각한다. 아울러 복잡한 수식풀이가 우수한 두뇌를 가늠하는 척도가 아니며, 단순한 암기가 학습방법에 주가 되어서는 안 되겠다는 생각으로 저술하였지만 부족한 점을 느낀다. 부족한 것은 점점 보완해 나갈 것이며 잘못된 것은 수정과 바로 잡음이 반드시 있어야 한다. 우선 먼저 이러한 부족한 점을 접하시는 여러분의 아낌없는 조언과 지적을 부탁드리기로 한다.

본 교재는 빛을 눈의 시각과 관계없이 순수한 자연현상으로 연구하는 학문으로 빛의 성질과 관련된 여러 가지 현상을 취급하는 물리광학(physical optics)에 대하여 기술하였으나 전자기학적인 복잡한 수식을 배제하고 빛과 물질과의 상호작용에 관련된 현상들을 기본개념 위주로 그 내용을 간단명료하게 표현하였다. 좀 더 깊이 있게 연구하고자 하는 학습자에게 미흡한 점이 많으나, 전체적인 개요를 파악하기에는 부담이 없으리라고 본다.

특히, 우리나라의 대학교육과정에서 안경광학과가 출범한 지도 20년이 지났음에도 불구하고 빛의 기본적인 성질과 파동현상을 안경광학이란 학문과 연계하여 표현한 물리광학 교재가 거의 없으므로 저자들은 고심하다가 개정판을 출간하게 되었다.

본 교재의 특이한 점은 각 장의 광학적 공식과 법칙의 수학적 이해를 돕기 위해 예제문제 풀이를 충분히 하였고 한국보건의료인 국가시험원에서 실시하는 안경사 국가시험문제 출제 형식인 K형, A형 및 주관식 계산문제들을 연습문제로 다양하게 다루었다. 그 풀이와 정답을 상세히 기술하였다.

마지막으로 이 책이 출간되기까지 집필내용에 많은 도움을 주신 동학 제현에게 감사하며, 아울러 출간에 있어 능동적으로 협조해 주신 대학서림 윤진영 회장님과 담당자 여러분께 깊은 사의를 표한다.

이 원 진

머리말 | 초판 |

이 책은 빛의 성질과 관련된 여러 현상을 포함하는 물리광학(physical optics)에 대하여 구성하였으나 전자기학적인 복잡한 수식을 배제하고 빛과 물질과의 상호작용에 관련된 현상들을 개념 위주로 그 내용을 간단 명료하게 표현하였다.

좀 더 깊이 있게 공부하고자 하는 학생들에겐 미흡한 점이 많으나, 전체적인 개요를 파악하기에는 부담이 없으리라고 본다. 특히, 우리나라의 대학과정에 안경광학과가 생기지도 10여 년이 지났음에도 불구하고 기본적인 빛의 파동현상을 설명하기에 흡족한 교과서가 없음에 저자들은 고심하다가 이 책을 펴내게 되었다.

빛의 파동성에 관심있는 독자들이 그 내용을 이해하는데 효과적으로 사용되길 바라며 광학을 계속 공부하고자 하는 학생들에게도 높은 수준의 광학적 이론에 접하기 전 기초과정으로써 참고했으면 한다. 특히 이 책을 좀 더 쉽게 구성하기 위하여 최선을 다했으나, 미흡한 점이 많으리라고 생각된다. 그러므로 이 책을 교재로 사용하시는 교수님을 비롯 독자 여러분들에게 잘못되고 모자라는 부분을 적극 지적해 주시길 바란다.

끝으로 이 책이 출간되기까지 집필내용에 많은 도움을 주신 동학 제현에게 감사하며, 아울러 여러 가지로 어렵고 바쁜 가운데에도 출간에 있어 물심양면으로 협조해 주신 대학서림 윤진영 사장님과 직원 여러분께 깊은 사의를 표한다.

저자 일동

차 례

빛이란 무엇인가? 빛에 맞아 사망하였다는 사람은 없으나 빛에 쪼여 사망한 사람은 있다. 이는 빛이란 질량은 없고 에너지는 있다는 사실을 입증한다. 예를 들면 모든 사물로부터 반사되는 가시광선이 눈을 통하여 시신경을 자극함으로써 사물을 관찰할 때 입자에 맞은 것처럼 아프지는 않다. 물론 의료용으로 이용되는 X선 촬영을 할 때에도, 고통은 없다. 그렇다면 진동수가 아주 큰 방사선을 쪼이면 어떻게 되겠는가? 물론 아무런 고통이 없다. 그러나 놀라운 사실은 이 사람은 분명 죽음에 이른 사실이다. 그렇다면 빛은 분명 질량이 없는 에너지(광자)이며 빛의 종류, 즉 진동수에 따라 그 에너지량이 다름을 알 수 있다.

위의 몇 줄의 글은 극히 상식적인 내용이나 위와 같은 결론을 얻기까지 수많은 세월, 즉 약 3000여 년 동안 많은 과학자들의 관심과 연구 실험이 있어 왔다. 흥미로운 것은 수많은 실험적인 사실을 입증하는 과정에서 안경업계에 종사하는 몇몇 사람 또한 한 몫을 해 왔다는 것이다.

사실 19세기 초까지 빛에 대한 많은 가설과 실험, 연구가 있어 왔으나 빛은 광원으로부터 방출되는 입자의 흐름이라고 생각했다. 이러한 빛의 입자설에 대하여 최초로 주장한 과학자는 뉴우톤(Issac Newton, 1642 ~ 1727)이었다. 그는 반사와 굴절법칙 등 빛의 본질에 관하여 입자설로 설명하였다.

1660년경에 그리말디(Francesco Maria Grimaldi, 1618 ~ 1663)가 빛의 회절에 대한 실험적 증거를 발견했음에도 불구하고, 그 당시 대부분의 과학자들은 1세기 이상 파동설을 거부하고 입자설을 고집하였다.

그러던 중 1678년 네덜란드의 물리학자이며 천문학자인 호이겐스(Christian Huygens, 1629 ~ 1695)가 빛의 반사와 굴절법칙을 파동설로 설명할 수 있음을 보여준 때부터 빛이 파동이라는 주장이 대두 되었다. 빛의 파동설에 대한 실험은 1801년 영국의 물리학자 영(Thomas Young, 1773 ~ 1829)에 의해 수행되었으며, 이 실험에서 빛의 간섭현상을 밝혀냈다. 수년 뒤 프랑스의 물리학자 프레넬(Augstin Jean Fresnel, 1788 ~ 1829)은 간섭과 회절 현상을 나타내는 몇 종류의 자세한 실험을 수행하였다. 1850년 푸코(Jean Bernard Leon Foucault, 1819 ~ 1868)는 광속이 공기 중에서 보다 액체 속에서 감소됨을 보임으로써 입자설의 부적당함을 주장하였다.

한편 1873년 영국의 물리학자 맥스웰(James Cleck Maxwell, 1831 ~ 1879)에 의하여 빛에 관한 가장 중요한 이론을 발표하기에 이르렀다. 이 이론에 의하면 빛이란 높은 진동수를 가진 전자기파임을 밝혀냈으며, 전자기파의 전파속도는 3×10^{8} m/s임을 예측하였는데, 이 결과는 광속과 같다. 따라서 빛을 가장 정확하게 기술하기 위해서는 Maxwell 방정식을 써서 전자기파로 기술해야 한다. 1888년 헤르쯔(Heinrich Rudolf Hertz, 1857 ~ 1894)는 실험적으로 확인하였고, 여러 물리학자들에 의하여 전자기파가 반사, 굴절, 편광하는 현상을 밝혀냈다.

20세기초 1905년 아인쉬타인(Albert Einstein, 1879 ~ 1955)의 광전효과에 의하여 빛이란 광자(Photon)라고 불리는 에너지 덩어리로 되어있다고 주장하여 새로운 형태의 입자론을 제시하였다. 즉 이들 에너지가 양자화되어 있으며, 광자의 에너지 E는 전자기파의 진동수 f에 비례하여,

$$E = hf$$

로 표현하였다. 이때 $h = 6.63\times10^{-34}$ J·S는 프랑크 상수이다. 이러한 이론은 빛의 입자설과 파동설의 요점을 모두 포함하고 있다. 이후 여러 학자들에 의해 정립된 양자역학에 따르면 광자를 포함한 양성자, 중성자,

전자 등이 모두 입자와 파동의 성질을 갖고 있으며 간섭과 회절하는 현상이 발견되었다. 물론 거시적으로는 입자와 파동의 개념을 독립하여 설명할 수 있으나 미시적인 영역에서는 이중성으로만이 빛을 이해할 수 있다. 위와 같은 관점으로 볼 때 빛은 분명 입자성과 파동성을 모두 가지고 있다고 볼 수 있다.

이 책에서는 안경과 관련된 빛의 지식뿐만 아니라, 이미 우리 실생활에 깊숙이 들어와서 이용하고 있는 여러 첨단 광학 기기를 이해하기 위하여 눈으로 보고 느낄 수 있는 파동의 성질을 익히고, 빛은 전자기파의 일종이므로 전자기파의 특성을 이해함으로써 빛은 입자성으로는 설명할 수 없고 파동성으로만 설명 가능한 빛의 성질(회절, 간섭, 편광, 산란 등)에 관하여 익혀나갈 수 있도록 구성하였다.

Chapter 1
파동
wave

경태는 어느날 TV에서 방영되고 있는 축구경기를 숨죽이며 보고 있었다. 스코어는 1 : 0 ! 불과 5분전에 기가 막히게 얻은 황금 같은 한 골…

이제 경기 종료 2초전…, 상대 선수가 골문을 향하여 위협하듯 축구공을 날렸으며, 다행이 골키퍼가 아슬아슬하게 공을 받아내면서 관중의 환호성은 하늘을 찌를 듯 했다.

잠시의 흥분이 가라앉은 후 경태는 몇 가지 의문점을 생각하고, 재미없게만 생각했던 '물리광학' 책을 뒤적였다.

"축구공을 입자라고 볼 때 입자는 골키퍼에게 직접 가서 상대 선수의 발끝에 실린 에너지를 전달했다는 사실은 분명하다. 그렇다면 어떻게 지구를 진동시키고도 남을 만큼의 그 함성소리(에너지)는 내 귀에 전달되었을까? 물론 소리 입자가 있어서 지구 반대편으로부터 내 귀까지 직접 이동해 왔을리는 없다."

이제부터 이 장(chapter)에서 그 해답을 찾아보자.

경태의 고막을 진동시켰던 함성의 에너지는 소리의 파동과 전자기적인 파동의 형태로 공기라는 매질이나 매질 없는 우주공간을 가로 질러 전달되었기 때문이다.

그렇다.

지구상의 모든 생물체는 각종 파동 속에 살고 있다. 눈으로 관측할 수 있는 파동에서 눈으로 관측할 수도 느낄 수도 없는 파동, 매질이 있어야만 전달되는 파동에서 매질이 없이 전달되는 파동에 이르기까지 수 없이 많은 파동 속에 접해 있다.

예를 들면 소리에 의한 파동, 물위에 퍼져나가는 수면파동, 라디오파, TV파, 슈퍼마켓에서 사용되는 가격 인식기로부터 나오는 레이저파, CD를 읽어내는 가정용 오디오 시스템내의 레이저파, 태양으로부터 나오는 빛의 파동, 의료용 X선, 방사선…, 이렇듯 파동은 우리 삶과 극히 밀접한 관계에 있으며, 이러한 파동의 특성들을 활용하면 할수록 우리는 최첨단 시대로 달려가고 있는 것이다.

따라서 이 장(Chapter)에서는 파동현상을 가장 쉽게 이해할 수 있도록 하기 위하여 주기적인 파동의 일반적인 성질 및 수학적인 해석을 개념위주로 설명하였으며, 뒤에 다루게 될 빛의 파동적인 성질, 즉 회절, 간섭, 편광현상을 이해하는데 기초 개념이 되도록 구성 되었다.

파동 (Waves) 1-1

1. 진동과 파동 (Osillation and Waves)

물체가 하나의 점(평형 위치)을 중심으로 주기적으로 반복하는 운동을 **주기운동**(Periodic motion) 또는 **진동**(Osillation)이라 한다. 피스톤의 운동, 기타줄의 운동, 북과 같은 진동막의 운동, 고체내 원자의 운동, TV나 Radio 송신 안테나 내부 전자들의 운동, 소리를 전달하는 공기 입자들의 운동 등…, 수 없이 많다. 대부분의 진동은 마찰력 등의 요인으로 에너지가 소모되면서 진동 상태가 점차 약해지게 된다. 따라서 연속적 진동을 유지하기 위해서는 끊임없이 외부에서 역학적 에너지를 보충해 주어야 한다. 예를 들면 전압을 걸어준다든지 계속해서 북을 친다든지….

위와 같은 진동 상태가 매질(medium)을 따라 퍼져나가는 것을 **역학적 파동**(Mechanical Waves)이라 하며, 예를 들면 줄이나 공기 입자, 용수철, 물 등 탄성적 성질을 가진 물질의 내부나 표면을 진행하는 파동 등이 있다. 이러한 역학적 파동은 Newton의 법칙을 따르며 반드시 물질 매개체가 있어야 한다.

한편, 진동상태가 물질(매질)이 없는 진공 중에서 퍼져나가는 것을 **전자기적 파동**(Electromagnetic Waves)이라 하며, 예로서는 TV용 방송파, 라디오파, 극초단파, 태양이나 각종 별들로부터 오는 빛 등이 있으며, 이러한 전자기파들은 비역학적이다. 여기서 퍼져나간다는 뜻은 진동할 때 어떤 형태로든 받았던 에너지가 파동의 형태로 매질 또는 공간 중으로 전달되어 나간다는 의미이다.

이제 우리의 눈으로 쉽게 관찰할 수 있는 역학적 파동 중에서 수면파가 형성되는 과정을 통하여 진동과 파동 사이의 관계에 대하여 이해해 보자.

잔잔한 호수의 수면 위에 돌을 던지면 그 돌이 떨어진 자리를 중심으로 하여 동심원을 그리면서 사방으로 물결이 퍼져 나가는 것을 볼 수 있을 것이다. 이 때 물 위에 떠 있는 낙엽이나 각종 부유물 등은 바람과 같은 외부력을 받지 않는 한 제자리에서 상하로 움직일 뿐 물결을 따라 이동하지는 않는다.

이에 대하여 Leonardo da vinci는 물결파에 대하여 다음과 같이 비유하였다. "광활한 풀밭에 바람이 불 때 풀밭의 바람결은 파동으로 퍼져나가지만 땅에 뿌리가 박힌 풀은 제자리에 있는 원리와 같다."

이제 수면 위에 파동이 생기는 원인을 대략적으로 알아보자. 돌이 수면에 떨어지면 돌에 실린 에너지로 인하여 그 곳은 오목하게 들어가고 바로 인접한 부분은 [그림 1-1] 의 (a)와 같이 밀려 올라간다. 이 때 올라간 부분은 중력 때문에 옆으로 밀리면서 일부는 밖으로 밀려 나가고 다른 일부는 오목한 부분으로 밀려 내려온다. 따라서 [그림 1-1] 의 (b)와 같이 중심부의 물은 위로 올라가고 내려오던 물은 관성 때문에 더 내려가면서 오목한 부분이 나타나게 되므로 그 주변은 다시 볼록하게 튀어나온다.

다음 순간은 중심부의 물이 중력 때문에 [그림 1-1] 의 (c)와 같이 다시 아래로 끌려 내려오고 바깥쪽의 물은 밀려서 올라간다. 이때 [그림 1-1] 의 물분자 1, 2, 3 등은 그 자리에서 상하운동만 하게 된다. 이와 같이 물의 각 부분이 일정한 위치에서 상하운동(진동)을 반복하면서 수면파가 사방으로 고르게 퍼져 나가게 된다. 이와 같이 역학적 파동은 탄성

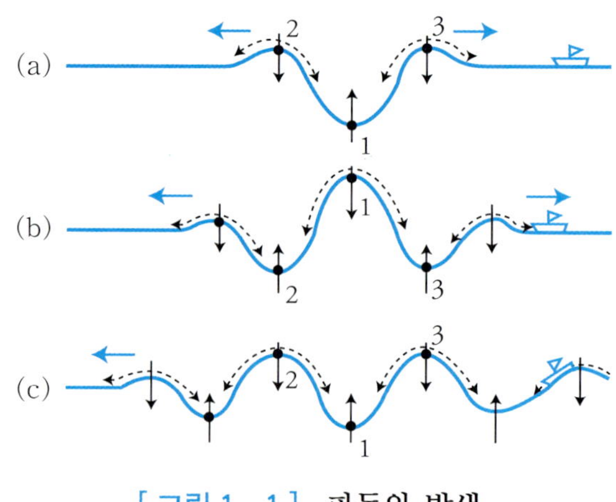

[그림 1-1] 파동의 발생

매질 내의 어떤 부분이 외부에서 가해준 에너지로 인하여 원래의 평형위치에서 변위되어 상하 또는 좌우로 진동하기 때문에 생긴다는 것을 알 수 있다. 이와 같이 파동의 진행은 매질 자체가 직접적으로 진행하는 것이 아니고 단지 공간의 어떤 점에서 다른 점으로 **에너지**와 **운동량**을 전달하는 것이다. 즉 수면파 및 줄의 운동에 의해서 생긴 파, 혹은 음파 등의 에너지와 운동량은 매질의 탄성력 때문에 생긴 매질의 진동에 의해서 전달된다. 그러나 전자기파(Electromagnetic wave)인 경우 즉, γ선, X선, 광파 및 라디오파 등, 중간에 매질이 없음에도 불구하고 파동이 전달되는 것은 전기장과 자기장의 주기적인 변화로 생기는 전자기적 파동의 특성 때문에 진공 중에도 진행된다.

이러한 전자기적 파동에 관한 원리를 쉽게 이해하기 위해서는 역학적 파동의 일반적 특성과 개념을 기초로 할 때 가능하다. 따라서 이 장에서의 모든 파동은 역학적 파동으로 취급하여 설명할 것이다.

2. 파동의 종류

파동은 매질입자의 진동방향과 파동의 진행방향에 따라 **횡파**(transverse wa-ves)와 **종파**(longitudinal waves)로 구분된다. 또 에너지를 전파하는 차원에 따라 **1차원파**(one dimensional waves), **2차원파**(two dimensional waves), **3차원파**(three dimensional waves)로 구분되기도 하며, 파동의 파면 형태에 따라 **평면파**(plane waves)와 **구면파**(spherical waves)로 구분된다. 같은 종류의 파형이라도 해석 목적에 따라 위와 같이 여러 가지 종류로 설명할 수 있다.

1) 횡파와 종파

모든 파동은 매질입자의 진동방향과 파동의 진행방향에 따라 횡파와 종파로 구분된다. [그림 1-2] 와 같이 매질(줄을 구성하고 있는 물질)의 장력을 받고 있는 줄의 왼쪽 끝을 흔들면 그 흔들림(파동)이 오른쪽으로 진행한다. 이때 특정 매질의 입자는 파동이 진행하는 방향과 수직한 방향으로 진동하는 것을 볼 수 있는데 이러한 파동을 **횡파** 또는 **고저파**라 한다. 예를 들면 [그림 1-3] 과 같이 용수철의 상하 운동에서 생긴 파동이나 [그림 1-4] 와 같이 줄의 상하 운동에서 생긴 파동, 빛과 같은 전자기파 [그림 1-5] 그리고 지구 내에서 발생하는 지진파 중의 S파

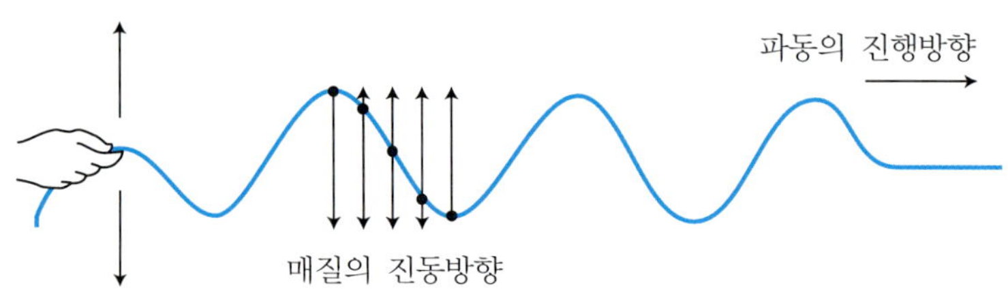

[그림 1—2] **횡파**

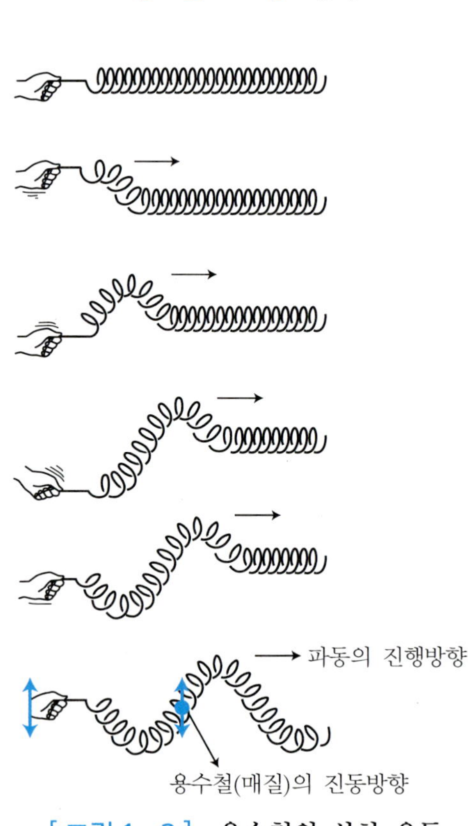

[그림 1—3] **용수철의 상하 운동**

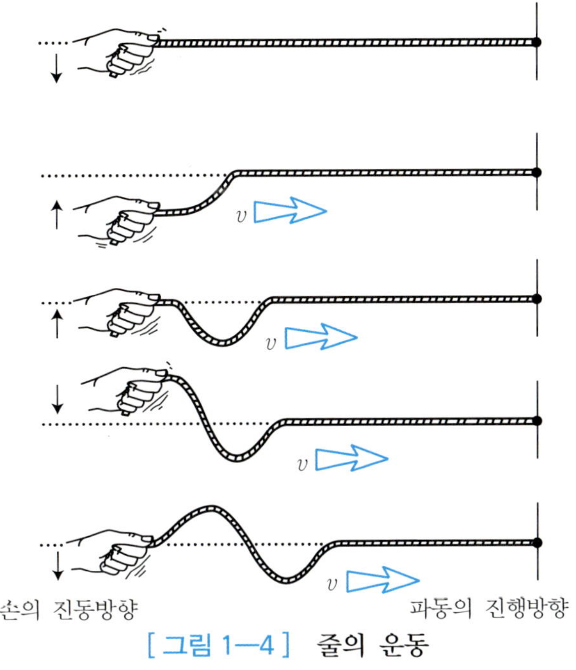

[그림 1—4] 줄의 운동

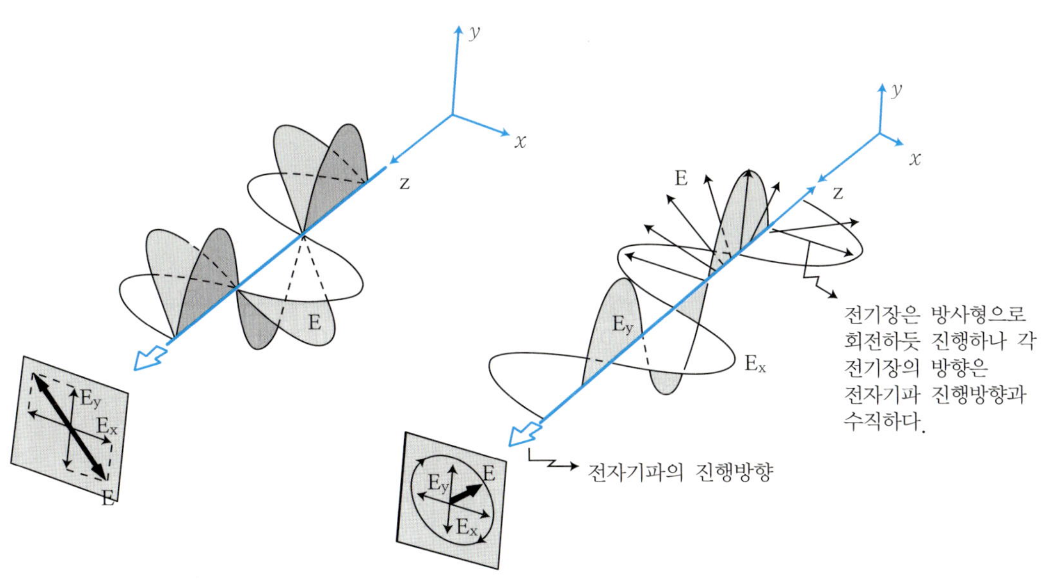

[그림 1—5] 전자기파 (자기장은 생략하고 전기장(E)만 표시)

(Secondary wave) 등은 모두 횡파에 속한다.

횡파와는 달리 매질입자의 진동방향과 파동의 진행방향이 일치하는 파동이 있다. 이러한 파동을 **종파** 또는 **소밀파**라 한다. [그림 1-6] 과 같이 팽팽히 당겨져 있는 용수철의 한 끝을 전후로 진동시키면 코일 상의 모든 점들은 평형위치로부터 전후로 진동하게 되고 이로 인한 용수철의 밀한 부분과 소한 부분이 주기적으로 나타나게 되는 파동은 용수철을 따라 진행하게 된다. [그림 1-7] 과 같이 액체나 기체가 담긴 관 끝의 피스톤을 한 번 밀었다 당기면 입자들의 진동과 더불어 압력이 변화하게 된다. 이로 인하여 생긴 밀한 부분과 소한 부분의 주기적인 형태의 파동은 관을 따라 진행하게 된다. 이러한 형태의 파동을 종파라 부르며 확성기로부터 나오는 소리(음파), 지구 내에서 발생되는 지진파 중 P파 (Primary wave) 등이 종파에 해당된다.

수면파는 횡파와 종파의 두 가지 요소를 모두 가진 **혼합파**이다. 바람이 없

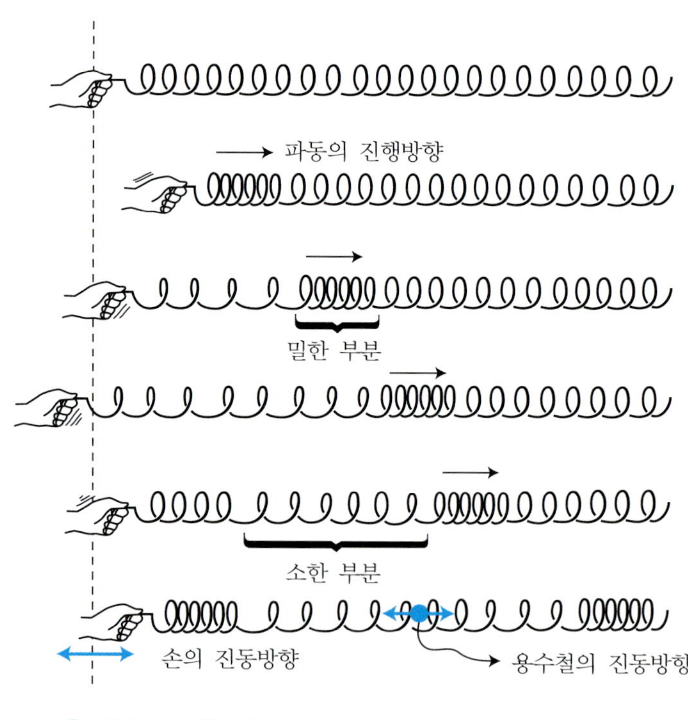

[그림 1-6] **종파** (용수철의 전후운동에서 생기는 파동)

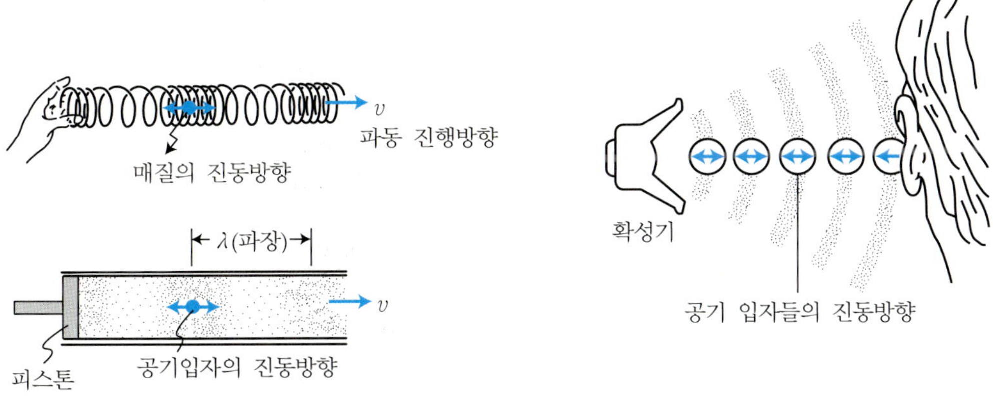

[그림 1—7] 음파(공기의 압력 차이에 따른 에너지 전달)

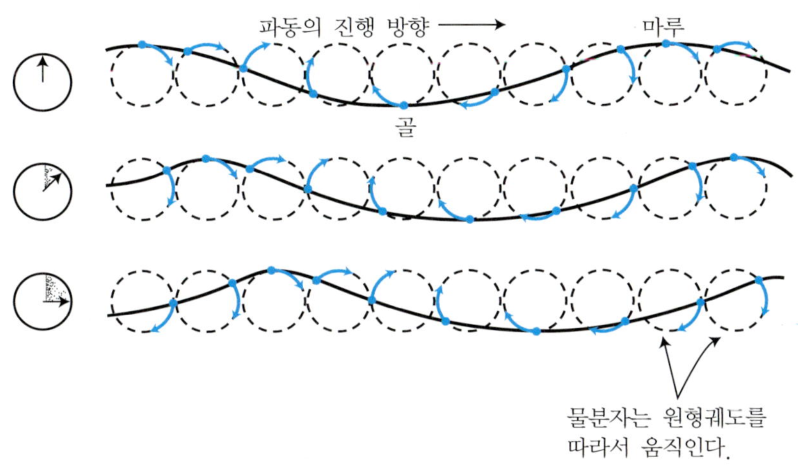

[그림 1—8] 수면파(물분자의 운동과 파동의 전파)

는 날 물 위에 떠 있는 나뭇잎은 겉으로 보기에는 상하로만 운동하는 것 같으나 실제로는 [그림 1-8] 과 같이 상하좌우로 원형을 그리면서 움직이고 있음을 발견하게 된다. 이렇듯 수면파의 경우 물분자의 운동은 파동의 진행방향에 대해 횡적인 진동성분과 종적인 진동성분을 모두 가지고 있어 횡파 또는 종파 어느 쪽으로도 분명히 결정지을 수 없는 특수한 파이다. 그러나 물체가 심해에서 해변으로 이동되는 것은 마찰이나 바람의 영향이며 파동에 의해 물 위의 입자가 직접 떠가는 것은 아니다.

2) 1차원파, 2차원파 및 3차원파

파동은 에너지를 전달하는 차원에 따라 1차원파, 2차원파 및 3차원파로 구분된다. 줄을 흔들어 생기는 파동이나 용수철을 전후 또는 상하로 흔들어 생기는 파동은 줄을 따라 선형적으로 진행하게 되는 데 이와 같이 직선상으로 전파되어 나가는 파동을 **1차원파**라 하고, 수면파와 같이 평면상으로 전파되어 나가는 파동을 **2차원파**, 공기 속을 진행하는 소리(음파)나 라디오 전파처럼 공간상으로 퍼져 나가는 파동을 **3차원파**라 한다.

파동이 형성되는 근원지인 파원으로부터 멀어지면 진행거리에 따라 파동의 세기 (진행방향에 수직인 단위면적당 에너지) 는 일반적으로 감소하게 된다. 만약 파동이 진행하는 도중에 매질에 흡수되어 손실되어지는 에너지를 무시한다면, 1차원파 (직선파) 의 경우에는 파원으로부터 떨어진 거리에 상관없이 파동의 세기가 일정하나, 3차원파 (공간파) 에서는 거리가 멀수록 파동의 세기가 감소되며 이때 세기는 거리 제곱에 반비례한다.

3) 평면파와 구면파

파동이 전파되고 있을 때 동일한 위상의 점들을 연결한 면을 파면이라 하는데 이와 같은 파면은 항상 파동의 진행 방향에 대해 수직한 면이 된다. [그림 1-9] 와 같이 파면의 모양에 따라 파동은 **평면파**와 **구면파**로 구분된다. 고요한 연못에 돌을 빠뜨릴 때처럼 하나의 점파원에서 나오는 파동이나 점광원에서 나오는 광선속은 파원을 중심으로 사방으로 퍼져 나가게 되고, 이런 파동의 파면은 점파원을 중심으로 하는 동심구면을 이루게 된다. 이와 같이 파면이 구면을 이루는 파동을 **구면파**라 한다.

그러나 파원이 하나의 점을 이루더라도 파원으로 무한히 멀어지게 되면 파면의 곡률은 완만하게 되어 거의 평면에 가깝게 된다. 이와 같이 파면이 평면인 파를 **평면파**라 하고 평면파의 굴절과 반사현상은 [그림 1-10] 과 같다. 예를 들면, 태양에서 방출되는 빛은 구면파이지만 지구에 도달하는 태양광은 평면파를 이루게 된다.

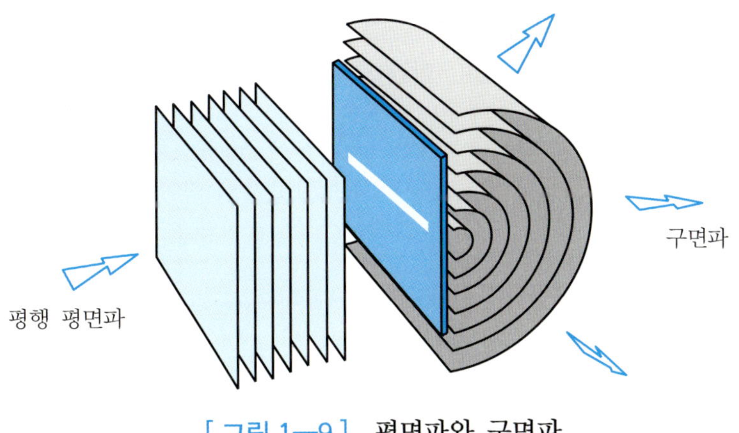

[그림 1—9] 평면파와 구면파

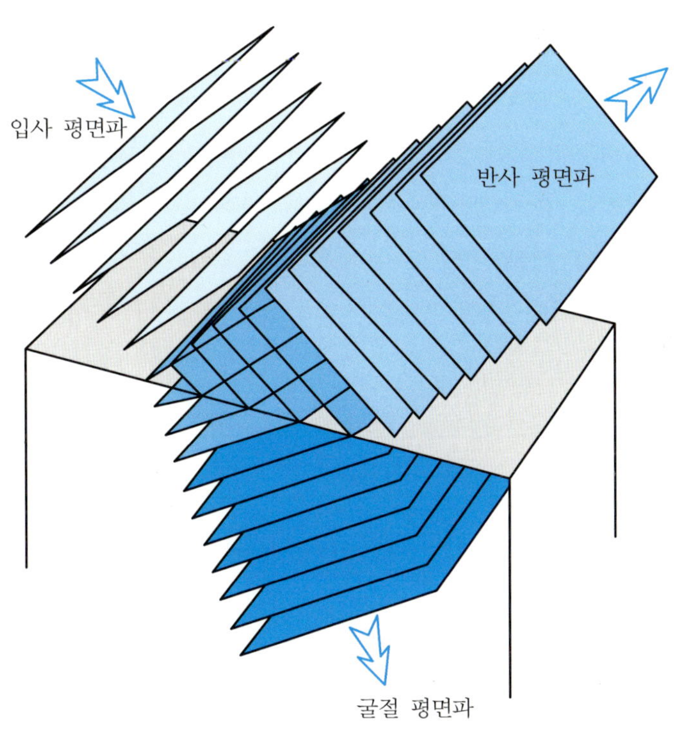

[그림 1—10] 평면파의 굴절과 반사 현상

예제 1-1

다음 중 바르게 설명한 항을 모두 고르시오.

① 물체가 한점을 중심으로 주기적으로 반복하는 운동을 진동이라 한다.
② 물질을 진동시켰던 에너지는 파동의 형태로 전달된다.
③ 매질의 진동방향과 파동의 진행방향이 수직인 파동을 횡파라 한다.
④ 수면파, 광파, 지진파, 음파는 모두 종파에 속한다.

풀이 수면파는 혼합파, 광파는 횡파, 지진파 중 S 파는 횡파, P 파는 종파, 음파는 종파이다.

답 ①, ②, ③

3. 파동의 발생

모든 파동이 역학적 파동이 아니라는 것을 이미 설명한 바 있다. 그러나 역학적 파동을 통하여 모든 파동에 관계되는 중요한 용어와 방정식을 얻을 수 있고, 전자기적 파동에도 적용할 수 있으므로 이제부터 일반적으로 사용되는 용어는 역학적 파동을 통하여 정의할 것이다.

줄의 한쪽 끝을 벽에 고정하고 반대쪽 끝을 상하 주기적으로 진동시켰다고 하자. 이때 줄은 충분히 길어서 반사되어 돌아오는 파가 없다고 가정하자. 한번만 진동시키면 줄의 장력에 의해 곧, 원래의 상태로 평평하게 될 것이나 연속적으로 역학적 에너지를 주어 진동시킨다면, 손에 쥐고

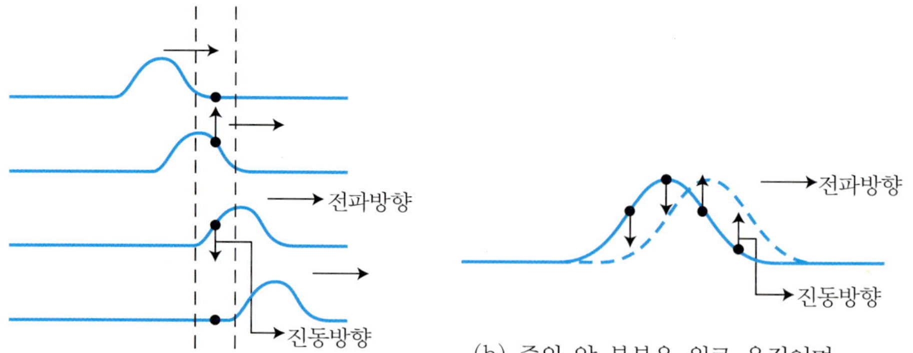

(a) 줄의 한 부분은 그 자리에서 진동한다.

(b) 줄의 앞 부분은 위로 움직이며 뒷부분은 아래로 내려간다.

[그림 1—11] 줄 입자의 상하진동과 파동의 진행방향

있는 줄(매질)의 진동 상태가 매질을 따라 주기적으로 퍼져나가면서 [그림 1-11] 과 같이 파동을 만들어 낸다. 이때 파동은 물질의 전달없이 전파해 나간다. 그렇다면 매질의 입자들이 진행하지 않는데 과연 무엇이 진행하는 것일까? 바로 각 입자들의 위치와 시간에 따라 변화하는 위치 에너지와 운동 에너지가 전달 즉 진행해 나가는 것이다. 다시 말하면 파동이 다음 매질에게 에너지를 전달하면서 파동은 연속적으로 진행해 나아간다. 즉 전파되어 나아간다.

이제 파동에 사용되는 중요한 용어들을 정의하기 전에 매질의 진동에 따른 파동의 발생과정을 간단한 용수철 실험을 통하여 이해 해 보자.

[그림 1-12] 는 용수철에 추와 연필을 매달고 평형 상태로부터 거리 A 만큼 아래로 끌어 내렸다가 놓았을 경우 연필 끝이 상하 주기 운동을 하게 된다. 이때 모든 마찰력을 무시한다면, 추와 연필은 연속적으로 진동을 하게 될 것이다.

여기서 연필 끝이 닿을 정도로 종이를 대고 일정한 속도로 종이를 당기면 다음 [그림 1-13] 과 같이 연필은 종이 위에 sin 또는 cosin 모양의 곡선을 그려 나감을 관찰할 수 있다. 단, 종이를 당기는 방향은 진동과 수직해야 한다. 이때 그려진 sin 또는 cosin 곡선이 바로 모든 매질의

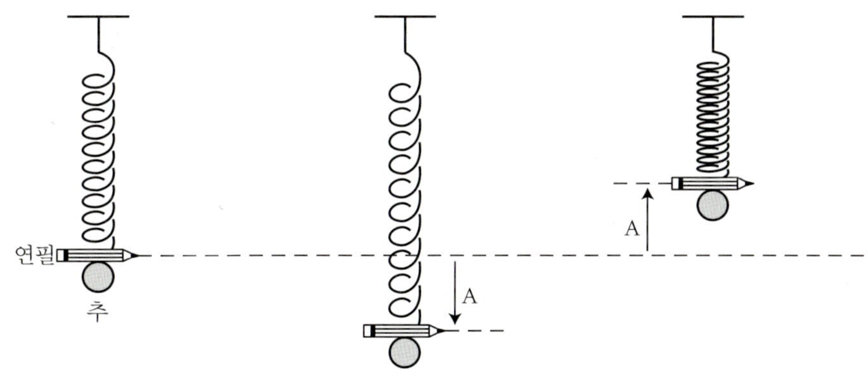

[그림 1—12] 스프링의 상하운동

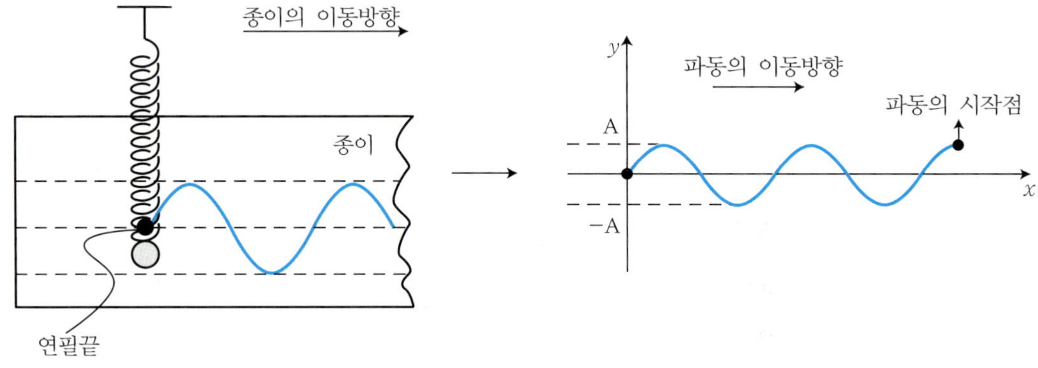

[그림 1—13] **파동의 발생**

진동에 의한 파동 발생 상태를 대표한다고 할 수 있다.

위 실험에서 종이의 이동 방향과 파동이 그려지는 방향이 반대가 되지만 파동의 시작점이 오른쪽으로 진행하므로 파동의 진행방향은 그림과 같이 오른쪽 방향임을 혼동하지 않기를 바란다.

이제 연필 끝의 진동상태와 원 운동하는 물체의 그림자와는 어떠한 관계가 있는지를 살펴보자.

[그림 1-14] 에서 ○ (a, b, c, d, e, f, g, h) 의 그림자는 ● (a′, b′, c′, d′, e′, f′, g′, h′) 이므로 진동하는 물체의 운동은 마치 원 운동하

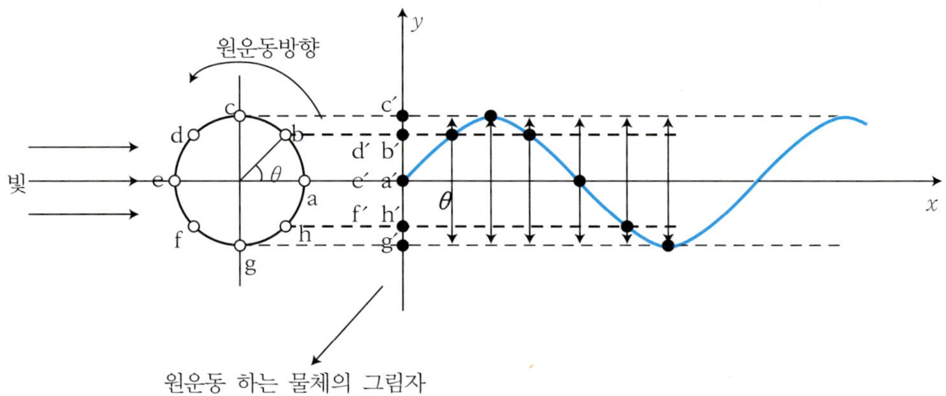

[그림 1—14] **원운동하는 물체(○) 그림자(●)의 진동상태**(c′ ↔ g′)

는 물체의 그림자 운동 상태와 같다. 그러므로 진동으로 인하여 형성된 sin 곡선, 즉 파동을 원운동하는 물체의 위상각(θ)으로 표현할 수 있다.

가령 물체가 한번 진동했을 경우를 원 운동하는 물체로 표현하면 한번 회전하게 됨과 같다. 즉 360° 회전한다. 그러므로 물체가 한번 진동할 때 파동의 위상은 360° (2π) 변화되었다고 설명할 수 있다.

따라서 파동이란 진동횟수에 비례해서 형성되며, 퍼져나가는 것을 알 수 있다.

4. 파동의 진동수와 주기

매질이 진동하는 방향을 y 축, 파동이 전파되어 나가는 방향을 x 축이라 할 때 파동은 [그림 1-15] 와 같이 sin 형태의 곡선으로 표현된다.

[그림 1-15] 에서 파동의 가장 높은 부분을 **마루**, 가장 낮은 부분을 **골**이라 한다. 이때 인접한 마루와 마루 혹은 골과 골 사이의 거리 혹은 파동모양이 되풀이 되는 길이를 **파장** (Wavelength, λ)이라 한다.

그리고 진동상태의 중심(평형점)으로부터 마루까지의 거리를 **진폭** (Ampli-tude, A) 이라 한다. 즉, 진폭은 평형점(0, 0)으로부터 진동 최대 변위의 절대값의 크기 $|y_m|$ 과 같다.

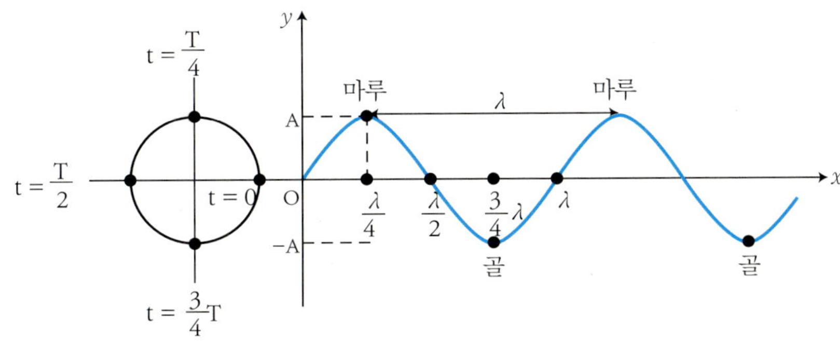

[그림 1—15] 파동의 형태와 파동의 진행거리

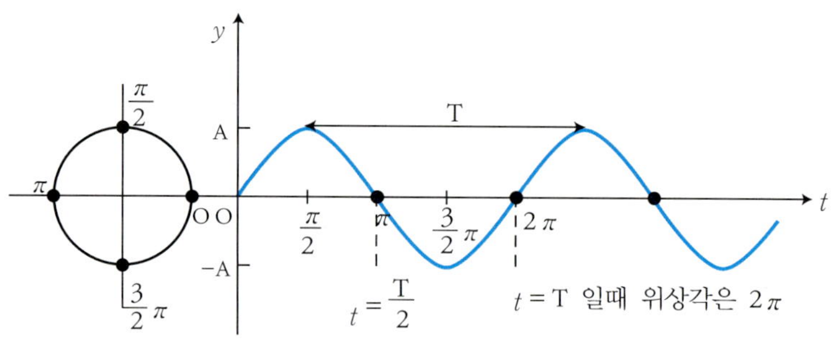

[그림 1—16] **매질의 진동과 시간**

[그림 1−16] 은 파동이 임의의 한 점을 지날 때 진동의 변위를 시간 t 의 함수로 나타낸 그래프이다.

위 그림에서 매질이 A점을 출발하여 A → O → −A → O → A 경로로 한 번 진동하는데 걸리는 시간을 **주기**(Period, T)라 한다. 한편 매질이 진동할 때 매질의 한 점이 1초 동안에 진동하는 횟수를 그 파동의 **진동수**(frequency, f)라 하는데 이는 단위 시간당 형성되는 파동의 수와 같다. 즉 모든 파동의 근본원인은 진동하는 물체이므로 진동하는 물체의 진동수와 그 진동체가 만들어 내는 파동의 수는 같다.

진동수의 단위는 통상적으로 헤르츠(Hertz, Hz)를 사용한다. Hertz는 19세기말 전자기파에 대하여 실험적으로 확인한 사람 Heinrich Hertz의 이름을 따서 Hz로 사용되고 있다.

$$1\ \text{Hertz} = 1\ \text{Hz} = 1\ \text{cycle/s} = 1\ \text{진동/s} = 1\ \text{s}^{-1}$$

1초에 1회 진동하면 1 Hz, 20회 진동하면 20 Hz…,

KHz = 10^3 Hz, AM 라디오파

MHz = 10^6 Hz, FM 라디오파

GHz = 10^9 Hz, 기타 전자기파(전자오븐렌지 or 레이다)…

예를 들어 99 MHz FM 방송파인 경우 방송국의 송전압 안테나에서 강제로 전자를 초당 99×10^6 번 진동시켜서 라디오파를 내보내는 것이다.

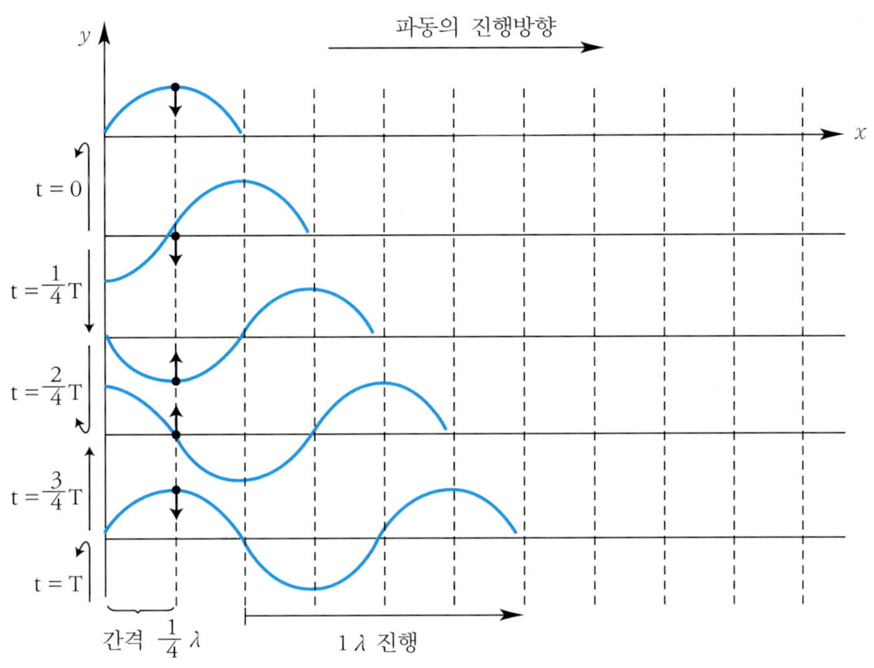

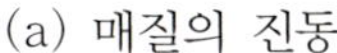

(a) 매질의 진동

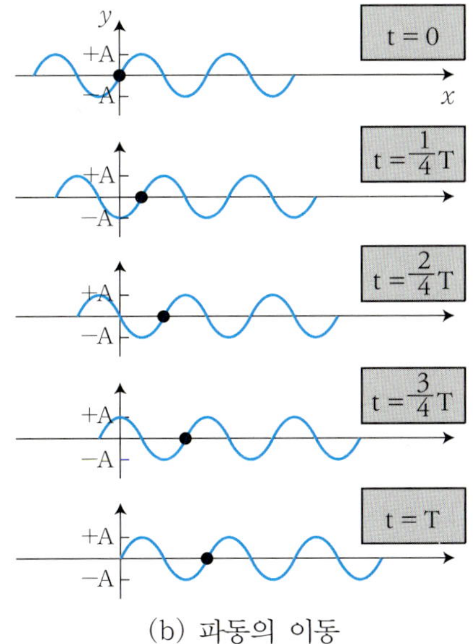

(b) 파동의 이동

[그림 1—17] 파동의 전파

매질입자가 1회 진동하는 동안에 파동은 1파장만큼 진행한다.

한편 [그림 1-17]은 매 시간당 매질의 진동상태와 파동의 전달 상태를 $\frac{1}{4}$T 간격으로 표현한 그림이다. 이 그림을 통하여 매질입자가 1회 진동하는 동안 파동은 1파장만큼 진행함을 알 수 있다. 이와 같은 사실과 정의에 따라 진동수 f와 주기 T 사이에는 다음과 같이 서로 역수 관계가 성립함을 볼 수 있다.

$$f = \frac{1}{T} \tag{1-1}$$

가령 어떤 매질이 1초에 100회 진동하면 진동수 f는 1초당 진동수이므로 다음과 같다.

$$\text{진동수 } f = \frac{100\text{ 진동}}{1\text{ sec}} = 100\text{ Hz}$$

이때 주기 T는 매질이 한 번 진동할 때 걸리는 시간이므로 식 (1-1)에 의해 진동수의 역수가 된다.

$$\text{주기 } T = \frac{1\text{ sec}}{100\text{ 진동}} = \frac{1}{100}\text{ sec}$$

한편 진동에 따른 파동의 이동 상태를 표현할 때 위상각으로 표시할 수 있으므로 각의 변화율을 나타내는 **각진동수**(Angular frequency) w를 이용하여 진동수 f를 표현하기도 한다.

이때 각진동수 w는 진동수 f에 2π를 곱한 양이며 후에 증명해 보일 것이다.

$$w = 2\pi f = \frac{2\pi}{T} \tag{1-2}$$

단위는 rad/sec이다.($2\pi = 360°$)

예를 들면 매질의 진동수가 1 Hz인 경우와 진동수 2 Hz인 경우의 파동 현상을 진동수 f, 주기 T, 각진동수 w로 각각 표현하면 다음 [그림

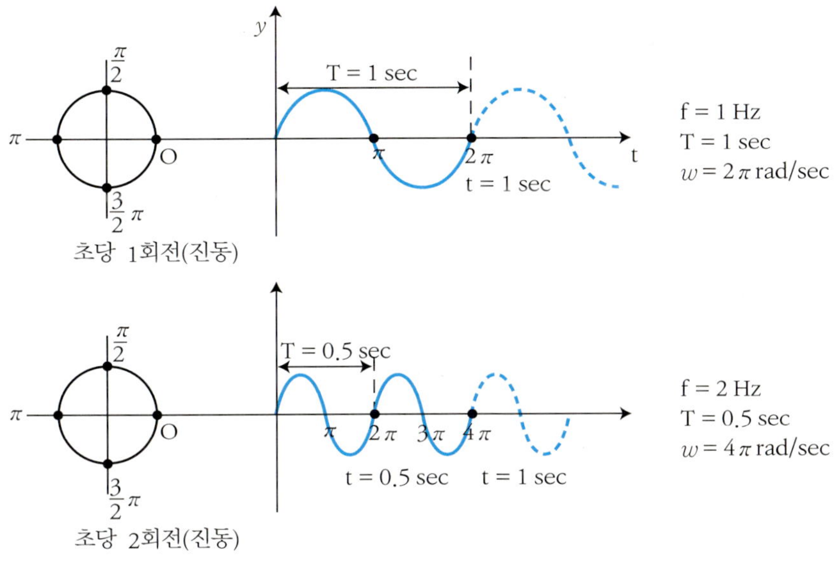

[그림 1—18] **진동수와 각진동수의 관계**

1-18] 과 같다.

같은 시간 동안 진동수 f 가 2배인 물체는 2배의 각진동수 w 를 갖는다. 이러한 각진동수 w 는 파동의 수학적인 표현에 있어서 가장 유용하게 사용하게 되므로 완전히 이해하기 바란다.

5. 파동의 전파속도

우리는 최첨단 정보화 시대를 넘어 4차 혁명시대에 살고 있다는 이야기를 흔히 하고 있다.

이때 대부분의 정보는 파동의 형태로 우리에게 전달된다. 어디서든 전화할 수 있고, 어디서든 정보를 공유하고 Radio 청취는 물론이며 동영상을 볼 수 있듯이, 예로 들기에는 너무나 많아서 실생활이 되어 버렸다. 빛과 같이 자연적인 파동을 이용할 수도 있고, Radio 파처럼 인위적으로 만들 수도 있다.

이러한 파동의 전파속도는 역학적 파동의 경우, 파동을 전달하는 매질에 따라 다르다. 예를 들면 공기 중에서 음의 전파속도는 20 ℃에서 344 m/s 이다. 그러나 물속이나 고체 내에서의 전파속도는 몇 배나 빠르게 진행한다.

1) 전파속도

매질이 무엇이든지 간에 파동의 진동수와 주기, 파장은 전파속도와 서로 밀접한 관계가 성립한다. 예를 들면 t 시간 동안 진동수 f 로 줄의 한 끝을 주기적으로 진동시켰을 때, 이 시간동안 만들어진 파동의 총 수 N 은 진동수와 시간을 곱한 ft 개가 되며, 그 동안 파동이 진행한 총 거리 S 는 전파속도에 시간을 곱한 vt 가 된다. 이때 파동의 마루에서 마루까지 파동 모양이 한번 되풀이 되는 거리가 파장 λ 이므로 파장은 다음과 같이 표현할 수 있다.

$$\text{파장} = \frac{\text{파동이 진행한 총거리}}{\text{파동의 총 수}}$$

$$\lambda = \frac{S}{N} \tag{1-3}$$

여기서 $S = vt$, $N = ft$ 이므로

$$\lambda = \frac{v}{f} \tag{1-4}$$

그러므로 파동의 전파속도 v 는 다음과 같은 관계식이 성립한다.

$$\text{파동의 전파속도} = \text{파장} \times \text{진동수}$$

$$v = \lambda f \tag{1-5}$$

식 (1-1)에서 진동수와 주기는 역수의 관계식이 성립하므로 파동의 전파속도를 주기 T 로 표현하면 다음과 같다.

$$\text{파동의 전파속도} = \frac{\text{파장}}{\text{주기}}$$

$$v = \lambda / T \tag{1-6}$$

위 식 (1-5)와 식 (1-6)은 역학적 파동이든 전자기적 파동이든 모든 형태의 주기적인 파동에 대하여 성립한다.

예제 | 1-2

[그림 1-19]와 같이 왼쪽에서 오른쪽으로 진행하는 파동이 있다. 이 파동의 마루는 3초 사이에 p 에서 p′까지 진행하였다.

이 파동의 (1) 파장 (2) 주기 (3) 진동수 (4) 각진동수 (5) 전파속도를 구하여라.

풀이 (1) [그림 1-19]에서 파동의 한 마루에서 다음 마루까지의 거리가 파장(λ)이므로 그림에서 파장은 8 m

$\therefore \lambda = 8\,\text{m}$

(2) 마루가 p 에서 p′까지 진행하는데 걸리는 시간은 $\frac{3}{4}$ 주기(T)이고

$\frac{3}{4}\text{T} = 3$ 초이므로 주기(T) = 4 s　　$\therefore \text{T} = 4\,\text{s}$

(3) 이 파동의 진동수(f)는 주기(T)의 역수이므로

$\text{f} = \frac{1}{\text{T}} = \frac{1}{4} = 0.25\,\text{Hz}$　　$\therefore \text{f} = 0.25\,\text{Hz}$

(4) 각진동수 $w = 2\pi \text{f}$ 이므로

$w = 2\pi\text{rad} \times 0.25\,\text{Hz} = 0.5\pi\text{rad/sec}$　　$\therefore w = 0.5\pi\text{rad/sec}$

(5) 전파속도(v) = 진동수(f) × 파장(λ)이므로

$v = \text{f}\lambda = 0.25\,\text{Hz} \times 8\,\text{m} = 2\,\text{m/s}$　　$\therefore v = 2\,\text{m/s}$

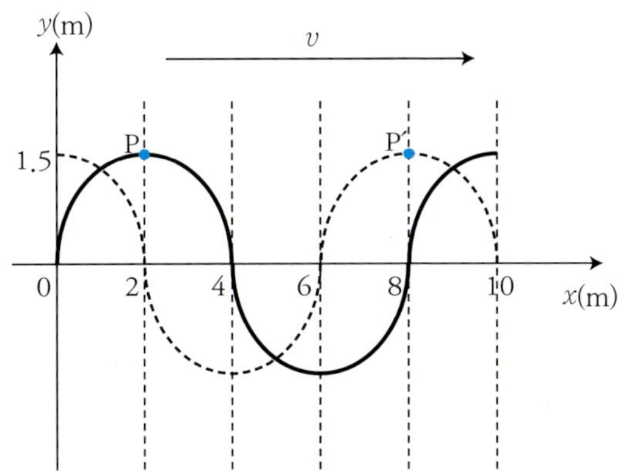

[그림 1-19] 진행하는 역학적 파동

한편 매질을 통하여 진행하는 역학적 파동의 진행속도는 그 매질의 탄성력과 관성에 따라 달라지게 된다. 이제 기타줄과 같이 당겨진 줄에서의 횡파속도와 공기 중을 전파하는 음속, 즉 종파의 속도가 매질에 따라 어떻게 달라지게 되는지 알아보자.

2) 횡파의 속도

횡파의 속도는 기타줄과 같이 팽팽하게 당겨진 줄을 진동시켰을 때 생기는 파동의 모양을 분석하여 간단히 구할 수 있다.

이때 줄이 팽팽하지 않으면 파동은 전파되지 않는다. 그러므로 줄을 팽팽하게 당겨주어야 한다. 이와 같이 줄을 당기면 줄에 장력 F를 주게 되므로 줄은 탄성적 성질을 갖게 된다. 그리고 줄의 각 부분의 질량 m을 그 부분의 길이 l로 나눈 줄의 선밀도 μ는 줄의 관성적인 성질을 나타낸다.

그러므로 줄에 생긴 파동의 속도는 줄의 탄성적인 성질과 관성적인 성질에 따라서 달라지게 됨을 알 수 있다.

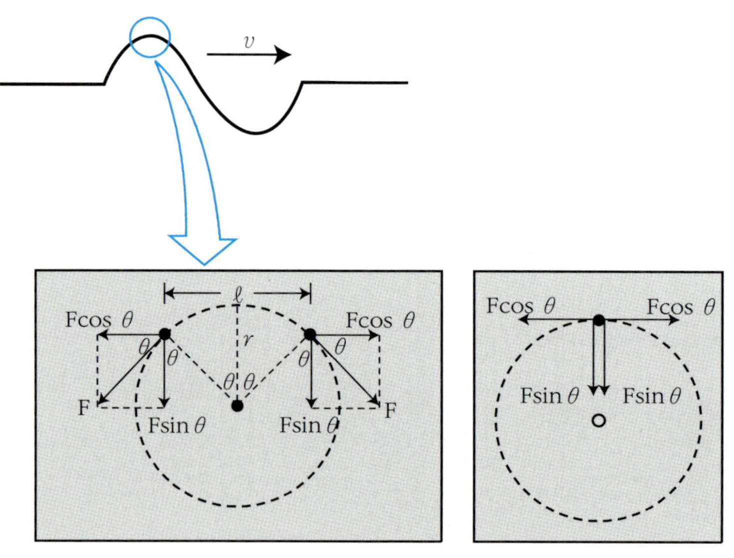

[그림 1—20] **팽팽하게 당겨진 줄에서의 파동**

그렇다면 줄의 장력 F와 줄의 선밀도 μ는 전파속도 v와 어떠한 관계식이 성립하는지 구체적으로 알아보자.

[그림 1-20] 은 파동이 줄을 따라서 일정한 속도로 전파될 때, 임의의 순간 파동이 정지해 있는 것 같이 보이는 상태를 구체적으로 그린 그림이다. 그림에서 보는 바와 같이 파동은 오른쪽 방향, 속도 v로 전파되고 있다.

이때 줄의 l 부분은 반지름이 r인 원의 일부와 같이 생각할 수 있다.

그림에서는 편의상 l을 크게 그렸으며 실제의 l은 거의 0에 가까울 만큼 매우 짧은 길이의 부분을 나타낸 것이다.

이 작은 줄, l 부위의 양끝에서는 원래 줄의 상태로 되돌리기 위한 장력 F가 줄의 양쪽 접선 방향으로 생기게 된다.

이때 수평방향은 서로 방향이 반대이므로 상쇄되지만 수직 방향의 장력은 합하여 2배가 된다.

즉 $\Sigma F_x = 0$

$\Sigma F_y = 2F \sin\theta$

여기서 줄의 길이 l은 극히 작은 부분이므로 $\theta \approx 0$, 따라서 $\sin\theta \approx \theta$ 로 놓을 수 있다.

그러므로 장력의 합(복원력)을 정리하면

$$\Sigma F_y \approx 2F\theta = F\frac{\ell}{r}$$

여기서 $\theta \approx \sin\theta = \dfrac{\ell}{2r}$

$$2\theta = \frac{\ell}{r}$$

한편 그림에서 보듯이 줄의 작은 부분의 질량 m, 길이 l인 물체는 마치 원운동 하는 것과 같다. 그러므로 질량 m의 구심력을 다음과 같이 구할 수 있다.

$$\text{질량 m 의 구심가속도} \quad a = \frac{v^2}{r}$$

$$\text{구심력} \quad F_{\text{구심력}} = m\frac{v^2}{r}$$

이때 줄의 장력(복원력)과 줄의 구심력은 같으므로 다음과 같이 놓을 수 있다.

즉 복원력 = 구심력

$$\Sigma F_y = F_{\text{구심력}}$$

$$F\frac{\ell}{r} = m\frac{v^2}{r}$$

여기서 줄의 선밀도는 단위 길이 당 질량이므로

$\mu = \dfrac{m}{\ell}$이 된다.

따라서 위 식을 정리하면 줄에서의 파동의 전파속도 v를 구할 수 있다.

$$v = \sqrt{\frac{F}{\mu}} \tag{1-7}$$

여기서 v는 횡파의 속도이며 F는 줄의 탄성적 성질에 의한 장력이며 μ는 줄의 관성적 성질에 의한 줄의 선밀도이다.

그러므로 장력 F가 증가할 때는 전파 속도가 커지나 단위 길이 당 질량 μ가 큰 매질에서는 전파 속도가 줄어든다.

위 식 (1-7)은 특별한 경우에 대하여 유도된 식이나 어떠한 역학적 횡파 운동에 대해서도 성립된다.

예제 | 1-3

역학적 횡파의 속도에 관하여 잘못 설명된 것을 고르시오.

① 매질의 장력이 클수록 전파속도는 커진다.
② 매질이 무거울수록 전파속도는 커진다.
③ 진동수가 클수록 전파속도는 커진다.
④ 파장이 길수록 전파속도는 커진다.

풀이 횡파의 전파속도는 매질이 가벼울수록 빨라진다.(식 1-7)

답 ②

예제 | 1-4

깊은 굴속에 빠진 경태를 구조하기 위하여 구조대원 한 사람이 밧줄을 굴속으로 내리고 있다. 잠시 후 경태는 밧줄을 몸에 묶은 후 팽팽해진 밧줄을 흔들어서 구조대원에게 신호를 보내고 있다. 이때 경태의 몸무게는 74 kg 중이다.

1) 구조대원에게 전달된 파동의 속력을 얼마인가?
2) 굴속에 있는 경태가 25 Hz로 밧줄을 흔들었다고 하면 파동의 파장은 얼마인가? 단, 밧줄의 길이는 20 m, 질량은 1.0 kg이다.

풀이 1) 줄의 장력은 줄에 매달린 경태의 몸무게에 밧줄의 무게를 더한 값과 같다.

$$F = (m_{경태} + m_{밧줄}) \times g$$
$$= (74 + 1)\,\text{kg} \times 9.8\,\text{m/sec}^2 = 735\,\text{N} \quad (이때\ 1\,\text{kg}\cdot\text{m/sec}^2 = 1\,\text{Newton})$$

한편 줄의 선밀도 μ는 단위 길이 당 밧줄의 질량이므로

$$\mu = \frac{m}{\ell} = \frac{1.0\,\text{kg}}{20\,\text{m}} = 0.05\,\text{kg/m}$$

따라서 파동의 전달속도 v는 식 (1-7)에 의하여

$$v = \sqrt{\frac{F}{\mu}} = \sqrt{\frac{735\,\text{N}}{0.05\,\text{kg/m}}} = 121.2\,\text{m/sec}\ 이다.$$

2) 파동의 파장은 식 (1-5)로 부터

$$\lambda = \frac{v}{f} = \frac{121.2\,\text{m/sec}}{25\,\text{Hz}} = \frac{121.2\,\text{m/sec}}{25\,\text{sec}^{-1}} = 4.85\,\text{m}가\ 된다.$$

3) 종파의 속도

항해를 할 때 바닷속 장애물 또는 잠수함을 탐사하거나 태아의 영상을 추적할 때 모두 음파를 이용한다. 고체 내에서의 음파는 횡파와 종파 모

두 형성되나 기체나 액체 내에서는 종파만이 전파된다. 이는 기체나 액체에 힘을 가하게 되면 흘러가기 때문에 복원력을 줄 만큼의 탄성력이 존재하지 않는다. 따라서 횡파가 전파되지 않으며 종파만이 전파된다. 그러므로 기체인 공기 중으로 전파되는 음파를 예로 들어 종파의 속도를 구하여 보기로 하자.

종파의 속도는 횡파의 속도를 나타내는 식 (1-7)과 같은 형식으로 표현되는데, 다만 팽팽한 줄에서의 장력, 즉 탄성적 성질을 주는 것은 줄입자들의 주기적인 늘어남과 관련이 있었으나, 공기 중으로 전파되는 음파는 공기의 작은 부피 요소들의 주기적인 압축과 팽창에 관련된다. 가령 공기 입자에 가해진 단위 면적 당 힘 즉 압력 P의 증가나 감소에 따라 부피 V가 변하게 되는데 이를 부피 탄성률이라 하며 다음과 같이 나타낼 수 있다.

$$\textbf{체적 탄성률} = -\frac{\textbf{압력변화율}}{\textbf{체적변화율}}$$

$$B = -\frac{\triangle P}{\triangle V/V}\ (\mathrm{N/m^2\ or\ Pa}) \qquad (1-8)$$

여기서 부호 '–'는 압력을 증가시키면 (+), 부피는 감소 (–) 되기 때문에 붙힌 것이며 부피 탄성률 B는 항상 (+) 값을 갖게 된다. 한편 단위체적 당 공기입자의 질량을 체적밀도 φ 라 한다.

$$\varphi = \frac{m}{V}\ (\mathrm{kg/m^3}) \qquad (1-9)$$

이제 관속의 공기에 생기는 종파의 속도를 유도해 보자. 이 과정은 식 (1-7)과 같이 횡파의 속도를 유도한 것과 유사하다.

파동의 속도를 구하기 위해서는 운동량 - 충격량의 정리를 이용할 수도 있으나 여기서는 Newton의 법칙을 이용하여 유도할 것이다.

[그림 1-21] (a)는 관내의 공기가 평형상태에 있는 경우를 나타낸 것

이고 (b)는 피스톤을 왼쪽 방향으로 힘을 주어 속도 v로 밀었을 때 피스톤 바로 근처의 공기 입자들은 압축되는 현상을 나타낸 것이다. 이렇게 압축된 부분의 공기 입자들이 진동을 반복하면서 파동은 왼쪽으로 전달되어 나아간다. (c) 에서와 같이 만약 왼쪽으로 전달되는 파동을 정지했다고 가정한다면 관속에 있는 공기 조각들이 오른쪽으로 움직인다고 생각할 수 있다. 이러한 가정 하에 Newton의 법칙을 이용하여 종파의 속도를 구해보자. 이때 피스톤의 속도 또는 파동의 속도와 공기 입자의 속도 v의 크기는 같다. 공기 조각 ■이 압축영역으로 들어갈 때까지 걸린 시간 $\triangle t$는

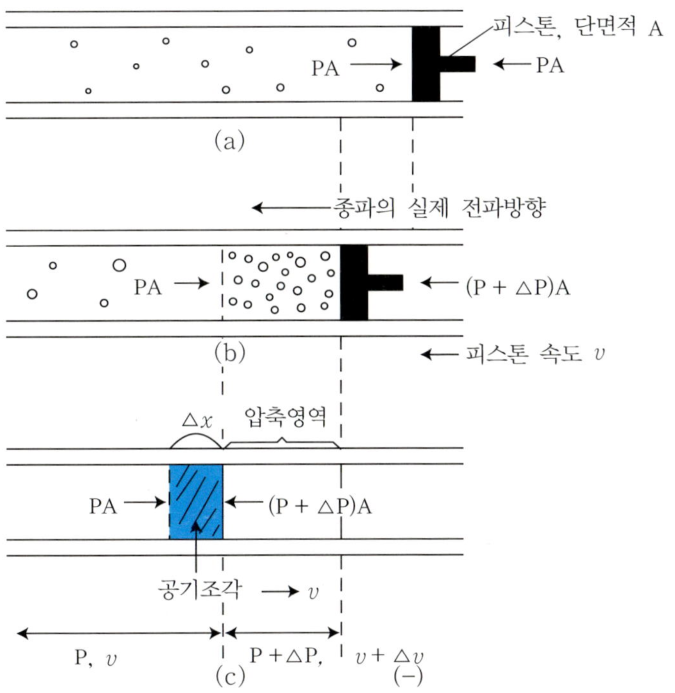

[그림 1—21] 공기가 들어있는 관속에서 종파의 전파

(a) 평형상태의 공기
(b) 피스톤을 왼쪽으로 밀었을 때 부분적으로 압축되는 공기
(c) 실제 파동을 정지해 있다고 가정한다면 공기조각이 오른쪽으로 움직이고 있다고 생각할 수 있음.

$$\triangle t = \frac{\triangle x}{v}$$

이며 $\triangle t$ 동안 받는 평균힘 F 는

$$F = PA - (P + \triangle P)A = -\triangle PA$$

이다. 이때 '−'의 의미는 공기조각이 왼쪽 방향의 힘을 받고 있다는 뜻이다. 즉 실제 파동의 속도 v 방향이 왼쪽이란 뜻과 일치(피스톤을 왼쪽으로 밀었으므로)한다.

한편 공기조각의 질량 $\triangle m$ 은 식 (1−9) 에 따라 다음과 같이 정리할 수 있다.

$$\triangle m = \varphi A \triangle x = \varphi A v \triangle t$$

여기서 $A\triangle x$ 는 공기조각의 체적 $\triangle V$ 이다.

이제 위 식들을 Newton 제 2법칙에 적용하면 아래와 같다.

$$F = ma$$

$$-\triangle PA = \varphi A v \triangle t \left(\frac{\triangle v}{\triangle t}\right)$$

한편 $\frac{\triangle V}{V} = \frac{A \triangle v \triangle t}{A v \triangle t} = \frac{\triangle v}{v}$

식 (1−8)에 의하여 체적 탄성률 B는

$$B = -\frac{\triangle P}{\triangle V / V} = -\frac{\triangle P}{\triangle v / v}$$

이므로 압력변화율 $\triangle P$는 다음과 같다.

$$\triangle P = -B\frac{\triangle v}{v}$$

$$\varphi v^2 = B$$

따라서 종파의 속도는

$$v = \sqrt{\frac{B}{\varphi}} \tag{1-10}$$

로 유도될 수 있다. 위 관계식은 횡파의 속도 식 (1-7)과 유사하다. 위 식은 공기 중의 음속으로 유도한 특별한 경우이나 모든 유체에 대하여 성립된다. 여기서 B는 유체의 탄성적 성질에 의한 체적 탄성률이며 φ는 유체의 관성적 성질에 의한 체적밀도이다.

[표 1-1]은 여러 물질내에서 전파되는 음의 속력을 소개하였다. 음파는 기체보다 액체에서, 액체보다 고체에서 더 빠르게 전파됨을 알 수 있다.

[표 1-1]과 같이 종파의 속력은 매질의 종류에 따라 다름을 알 수 있고, 온도에 따라서도 달라지는데 이는 온도가 오르면 분자의 운동이 활발하기 때문에 속도가 증가하게 되므로 일어나는 현상이다. 특히 온도가 t인 공기 중의 음속 v는

$$v = (331 + 0.6\,t)\ \text{m/sec} \qquad (1\text{-}10')$$

가 된다.

[표 1-1] 물질내 음의 속력

	매질	음속(m/s)
기체	공기(0℃)	331
	공기(20℃)	334
	헬륨(20℃)	999
	수소(20℃)	1330
액체	물(0℃)	1402
	물(20℃)	1482
	바닷물(20℃)	1522
	물(100℃)	1543
고체	뼈	3445
	철	5000
	유리	5170
	알루미늄	6420

예제 1-5

바닷속의 장애물이나 물체를 탐지하기 위하여 음파 탐지기를 이용한다. 이 검출기는 수중으로 음파를 보낸 후 물체에서 반사되어 돌아오는 음파의 시간을 측정하게 된다. 1) 음파의 속력을 구하여라. 2) 이때 수중으로 보낸 음파의 진동수가 300 Hz였다면 이 음파의 파장은 얼마가 되는가?
단, 물의 밀도는 $1.00 \times 10^3\ \mathrm{kg/m^3}$이며, 물의 체적탄성률은 2.18×10^9 pa이다.

풀이 1) 음파의 속력 v는 식 (1-10)에 의하여

$$v = \sqrt{\frac{B}{\varphi}} = \sqrt{\frac{2.18 \times 10^9\,\mathrm{pa}}{1.00 \times 10^3\ \mathrm{kg/m^3}}}$$

$$= 1476.5\ \mathrm{m/sec}$$

이는 0℃ 공기 중의 음속 331 m/sec보다 4.5배 정도 빠름을 알 수 있다.

2) 음파의 파장은 식 (1-5)에 의하여

$$\lambda = \frac{v}{f} = \frac{1476.5\ \mathrm{m/sec}}{300\ \mathrm{sec^{-1}}} = 4.92\ \mathrm{m}$$

이는 0℃ 공기 중에서의 파장이

$\lambda = \frac{v}{f} = \frac{331\ \mathrm{m/sec}}{300\ \mathrm{sec^{-1}}} = 1.1\ \mathrm{m}$ 이므로 공기 중에서의 파장보다 물속에서의 파장이 4배 정도 길다는 것을 알 수 있다.

예제 1-6

어떤 사람이 연주회장에서 오케스트라 연주를 감상하고 있다. 이곳의 온도는 22℃였다. 1) 각 악기로부터 나오는 음파의 속도는 얼마인가?
2) 베이스 바이올린의 진동수가 25 Hz일 때 파장은 얼마가 되는가?

풀이 1) 22℃ 공기 중의 음속은

$$v = (331 + 0.6\,t)\ \mathrm{m/sec}$$

$$= 344.2\ \mathrm{m/sec}$$

이다.

2) 바이올린의 파장은

$$\lambda = \frac{v}{f} = \frac{344.2\ \mathrm{m/sec}}{25\ \mathrm{sec^{-1}}} = 13.8\ \mathrm{m}$$

임을 알 수 있다.

이 연주회에서 어떤 진동수를 가진 악기라도 우리 귀에는 동시에 들리며 단지 각 악기로부터 나오는 파장은 다르다. 그러므로 우리는 악기마다 제각기 다른 파장들의 합성으로 아름다운 음악 소리를 들을 수 있는 것이다.

파동 방정식 (Wave equation) 1-2

1. 일반적인 파형의 파동함수

사실 우리 주변의 모든 파동운동, 즉 줄에 생기는 파동, 수면에 생기는 평면파, 태양빛과 같은 구면파 등은 근본적인 유사성을 갖고 있다. 그러므로 일반적인 파동현상을 표현하기 위한 수학적인 방법들을 전개해 갈 필요가 있다. 보통 파동의 진행에 대해 매우 간단한 것으로 시작하여 3차원 미분 파동 방정식으로 전개해 나가나 이것은 상당한 전문지식을 요구하므로 여기서는 생략한다. 따라서, 이 책에서는 1차원 미분 파동방정식을 통하여 파동의 전반적인 개념이해에 중점을 둘 것이다.

지금까지는 파동의 주기 T, 진동수 f, 파장 λ, 파동의 진행속도 v를 이용하여 주기적인 파동의 특성에 관하여 설명하였다. 그러나 때로는 파동이 진행해 나갈 때 어느 특정 시간 t에서의 매질 입자들의 위치 x와 움직임을 설명할 필요가 있다. 이때 특정시간에 따른 그 매질의 위치를 기술하는 일반적인 함수를 **파동함수**(Wave function)이라 한다.

[그림 1-22]와 같이 팽팽하게 당겨진 줄 위에서 만들어지는 파동을 생각해 보자. 줄의 평형상태는 직선이 되며 이것을 x축이라고 하자. 줄

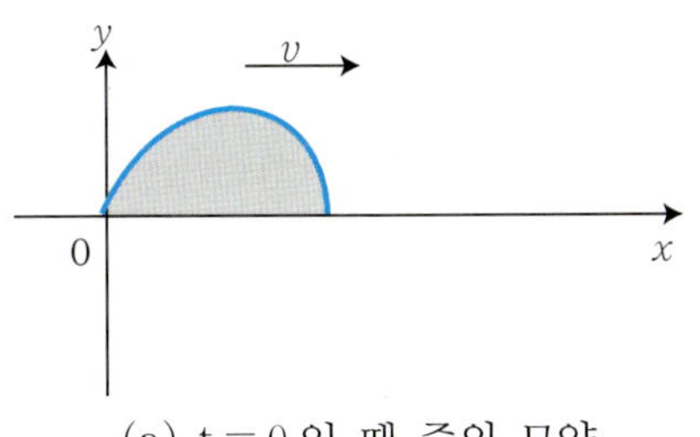

(a) t = 0 일 때 줄의 모양

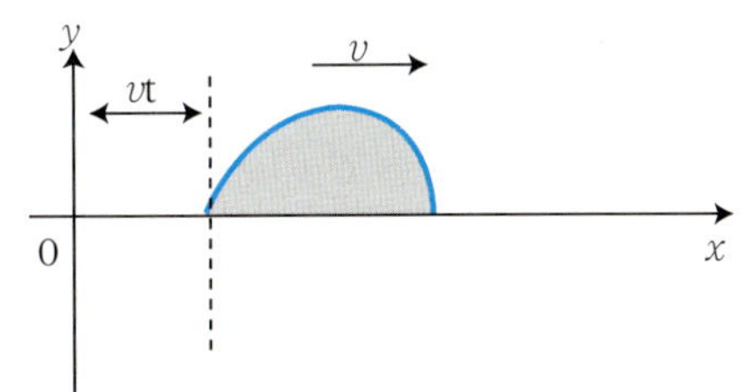

(b) 시간 t 일 때 줄의 모양
(시간 t 후에는 펄스가 왼쪽에서 오른쪽으로 $x = vt$ 만큼 이동한다)

[그림 1-22] **일반적인 파형**

위에 생기는 파동은 횡파이므로 파동운동을 할 때 평형상태에 있었던 줄의 입자는 y축 방향으로 수직 이동하게 된다. 이때 y값은 입자의 위치 x와 그 순간의 시각 t에 관계되는 값이므로 y값은 x와 t의 함수이며 다음과 같이 표현한다.

$$y = f(x, t) \tag{1-11}$$

[그림 1-22] (a)는 시각 t = 0 일 때 줄의 파형을 나타낸 것이다. 이때 파동의 함수 y는 식 (1-11)에 의해

$$y = f(x) \tag{1-12}$$

로 나타낼 수 있다. 만약 파동이 속력 v로 이동하고 있다면 t 시간 후 파형은 [그림 1-22] (b)와 같이 원점으로부터 vt만큼 이동한 위치에 있게 된다. 이 파형의 모양은 마치 t 시간 이전의 파형과 같다. 즉 시각 t 일 때의 위치 x의 변위는 시각 t = 0 일 때의 변위 $x - vt$와 같다. 따라서 식 (1-12)는 x 대신에 $x - vt$를 대입함으로써 다음과 같이 나타 낼 수 있다.

$$y = f(x - vt) \tag{1-13}$$

위 식을 일반적인 **파형의 파동함수**라 한다. 왼쪽 방향으로 움직이는 파동 운동에도 같은 논리를 적용하면

$$y = f(x + vt) \tag{1-13'}$$

로 나타낼 수 있다.

2. 조화파(Harmonic Wave)의 파동함수

줄의 한 끝은 고정하고 다른 끝은 아래 위로 단조화운동을 하게 하면 정현(sine) 또는 여현(cosine)의 형태로 파동의 모양이 줄을 따라 전파된

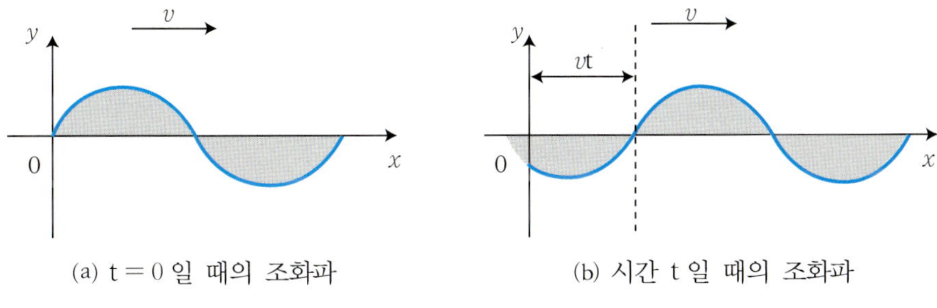

(a) t = 0 일 때의 조화파　　(b) 시간 t 일 때의 조화파

[그림 1—23] **조화파의 진행경로**

다. 이와 같은 파를 **조화파**(harmonic wave)라 한다.

[그림 1-23] 의 (a) 는 t = 0 일 때의 파형을 거리 x에 대하여 나타낸 것이다. 이 그래프에서 거리 x에 대한 위상 θ 를 구하여 보자. 이 조화파의 파장을 λ 라 하면 거리 λ 에 해당하는 위상이 2π 이므로, 임의의 거리 x에 해당하는 위상 θ 는 아래와 같이 비례식으로 구할 수 있다.

$$\lambda : 2\pi = x : \theta$$

$$\therefore \theta = \frac{2\pi}{\lambda}x \tag{1-14}$$

따라서, t = 0 에서 정현파의 변위 y에 대한 파동 함수는

$$y = A_0 \sin\theta = A_0 \sin\left(\frac{2\pi}{\lambda}x\right) \tag{1-15}$$

가 된다. 여기서 최대변위 A_0를 **진폭**(amplitude) 이라 한다. [그림 1-23] 의 (b) 는 시간 t 일 때의 (+) x방향으로 이동하는 조화파의 파형을 거리 x에 대하여 나타낸 것이다.

정현파가 속도 v로 x축의 양의 방향으로 이동한다고 할 때, 조화파의 파동함수는 식 (1-15) 의 x 대신에 $x - vt$를 대입하면 되므로 다음과 같다.

$$y = A_0 \sin\left\{\frac{2\pi}{\lambda}(x - vt)\right\}$$

$$y = A_0 \sin\left\{\frac{2\pi}{\lambda}x - \frac{2\pi}{\lambda}vt\right\}$$

$$y = A_0 \sin(kx - wt) \qquad (1-16)$$

여기서

$$k = \frac{2\pi}{\lambda} \text{ : 파수(wave number) or 전파상수, 단위 rad/m} \qquad (1-17)$$

$$w = \frac{2\pi}{\lambda}v = 2\pi f \text{ : 각진동수(angular frequency), 단위 rad/sec} \qquad (1-18)$$

라 한다.

식 (1−16) 은 어느 특정 시각에서 평형위치로부터 벗어난 입자의 변위 y를 입자의 좌표 x의 함수로 나타낸 조화파의 일반적인 파동함수이다. 이제 식 (1−16) 을 이용하여 식 (1−17) 의 파수 k 와 식 (1−18) 의 각진동수 w에 관하여 증명하여 보자. 우선, 식 (1−17) 을 증명하기 위하여 t = 0 일 때, 즉 어떤 순간 진행하던 파가 멈추었다고 가정하자. 그렇다면 식 (1−16) 은

$$y(x, 0) = A_0 \sin kx \qquad (1-19)$$

가 될 것이며 그림으로 표시하면 [그림 1−24] 와 같다.

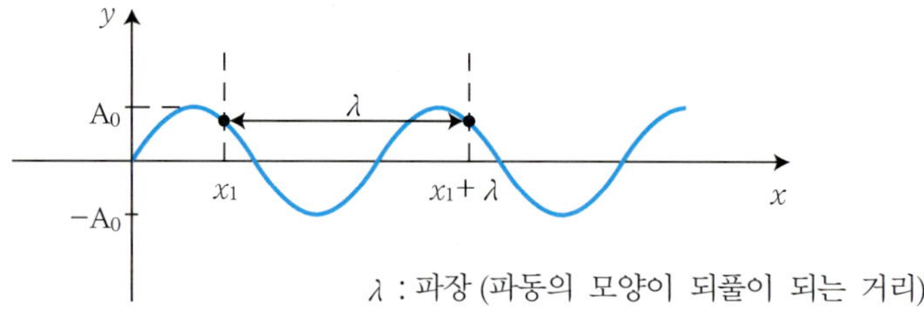

[그림 1−24] t = 0 일 때의 파동 모양

위 그림은 마치 줄 위에 파동이 전파될 때 어떤 순간에 사진을 찍은 것

같은 줄의 모양을 나타낸다. 이 그림에서 볼 때 줄의 입자의 좌표 x_1 과 좌표 $x_1 + \lambda$ 의 변위 y 값이 같으므로 식 (1−19)를 이용하면 다음과 같다.

$$y = A_0 \sin kx_1 = A_0 \sin k(x_1 + \lambda)$$
$$= A_0 \sin(kx_1 + k\lambda)$$

여기서 윗 식이 성립 하려면 $k\lambda = 2\pi$ 이어야 함을 알 수 있다. 따라서 파수(Wave number) $k = 2\pi/\lambda$ 이며 단위는 rad/m 가 된다. 다음은 각 진동수 w, 식 (1−18) 를 증명하기 위하여 줄의 입자 좌표 x 를 $x = 0$ 로 고정시켰다고 가정하자. 그렇다면 시간 t 에 대한 줄입자의 변위 y 는, 즉 식 (1−16) 은

$$y = A_0 \sin(-wt) = -A_0 \sin wt \qquad (1-20)$$

가 될 것이며, 그림으로 표시하면 [그림 1−25] 와 같다.

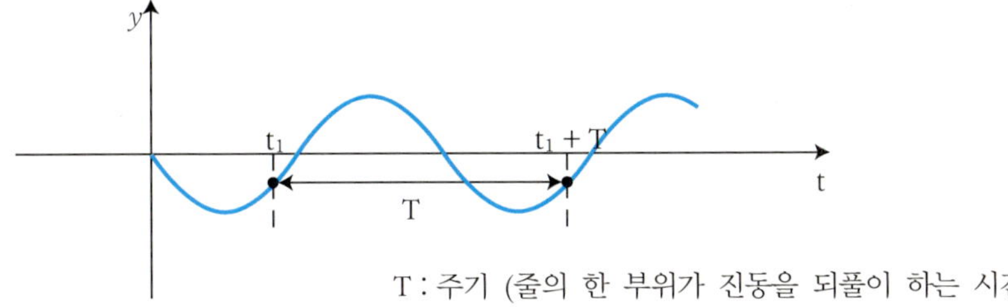

[그림 1—25] 좌표 $x = 0$ 인 곳에 있는 입자의 y 축으로의 진동을 시간 t 의 함수로 표현된 그래프

위 그림은 줄의 파동 모양이 아니고 특정 좌표 x 에 있는 줄 입자의 변위 y 를 시간의 함수로 나타낸 것이다. 이 그림에서 볼 때 시간 t_1 에서의 줄 입자의 변위와 한 주기가 지난 $t_1 + T$ 에서의 변위는 같다. 따라서 식 (1−20) 을 이용하면 다음과 같이 나타낼 수 있다.

$$y = -A_0 \sin w t_1 = -A_0 \sin w(t_1 + T)$$
$$= -A_0 \sin(w t_1 + wT)$$

여기서 윗 식이 성립하려면 $wT = 2\pi$ 이어야 함을 알 수 있다. 따라서 파동의 각진동수 $w = 2\pi/T$ 이며 단위는 rad/sec 이다.

식 (1-1) 에 의하면 주기 T 와 진동수 f 는 역수이므로 파동의 각진동수 $w = 2\pi f$ 로도 나타낼 수 있다. 한편 식 (1-5) 에 의하면 파동의 진동수 f 는 파동의 속도 v 를 파장 λ 로 나눈 값이므로 $w = 2\pi v/\lambda$ 가 된다.

따라서 모든 진행하는 조화파 (sine 모양파) 의 파동 함수는 식 (1-5), (1-16), (1-17), (1-18) 을 종합하여 볼 때 다음과 같이 다양하게 표현할 수 있다.

$$y = A_0 \sin 2\pi\left(\frac{x}{\lambda} - ft\right)$$

$$y = A_0 \sin 2\pi\left(\frac{x}{\lambda} - \frac{t}{T}\right)$$

$$y = A_0 \sin 2\pi f\left(\frac{x}{v} - t\right)$$

$$y = A_0 \sin (kx - wt)$$

이들 파동함수를 나타내는 식 중에서 가장 마지막에 표현된 식인

$$y = A_0 \sin (kx - wt) \qquad (1-16)$$

를 가장 흔히 사용한다.

그러므로 오른쪽으로 진행하는 파는 식 (1-16) 과 같고 왼쪽으로 진행하는 파는 $y = A_0 \sin (kx + wt)$ 가 된다. 위에서 표현한 식들은 $x = 0$, $t = 0$ 일 때 $y = 0$ 인 특수한 파형을 나타낸 식이다. 만약 $x = 0$, $t = 0$ 일 때 y 값이 0 이 아닌 ($y \neq 0$) 경우의 일반적인 파형의 파동함수는 다음과 같이 표현할 수 있다.

$$y = A_0 \sin (kx - wt - \phi)$$

여기서, ϕ 은 초기위상이다. 만약

$$\phi = 0 \text{ 라면} \qquad y = A_0 \sin (kx - wt)$$

$$\phi = -\frac{\pi}{2} \quad \textbf{라면} \quad y = A_0 \cos(kx - wt)$$

가 되므로 식 (1−16)은 좌표축의 원점을 적당히 보정함으로써 sin이나 cos함수로 표현할 수 있다.

그러나 일반적으로 조화파의 파동함수는 식 (1−16)과 같은 sin함수를 가장 많이 사용한다.

예제 | 1−7

어떤 사람이 팽팽하게 당겨진 줄의 한 끝을 잡고 진폭 A_0는 0.02 m, 진동수 f는 3.0 Hz가 되게 아래 위 주기적으로 흔들었다. 이때 줄은 길어서 반사파가 없다고 가정하자. 이때 파동의 속력 v가 12.0 m/s이라면 a) 각진동수, 주기, 파장, 전파상수는 얼마인가? b) 파동함수 c) 시각 t = 2.0 sec에서 x = 1.5 m 위치에 메달아 놓은 질량을 무시할 만한 방울의 변위 y 값을 구하여라.

풀이 a) 각진동수 w는

$$w = 2\pi f = (2\pi \,\text{rad})(3.0/\text{sec}) = 18.8\,\text{rad/sec}$$

주기 T는

$$T = \frac{1}{f} = \frac{1}{3\,\text{sec}^{-1}} = 0.33\,\text{sec}$$

파장 λ는 식 (1−5)에서

$$\lambda = \frac{v}{f} = \frac{12.0\,\text{m/sec}^{-1}}{3\,\text{sec}^{-1}} = 4\,\text{m}$$

전파상수 k는 식 (1−17)에서

$$k = \frac{2\pi}{\lambda} = \frac{2\pi\,\text{rad}}{4\,\text{m}} = 1.57\,\text{rad/m}$$

이다.

b) 파동함수는 식 (1−16)으로부터

$$\begin{aligned} y &= A_0 \sin(kx - wt) \\ &= (0.02\,\text{m}) \sin\{(1.57\,\text{rad/m}) \cdot x - (18.8\,\text{rad/sec}) \cdot t\} \end{aligned}$$

임을 알 수 있다.

c) 방울의 변위 y는 윗 식을 이용하면

$$\begin{aligned} y &= (0.02\,\text{m}) \sin\{(1.57\,\text{rad/m}) \cdot (1.5\,\text{m}) - (18.8\,\text{rad/sec})(2.0\,\text{sec})\} \\ &= -0.01\,\text{m} \end{aligned}$$

되므로 방울은 평형위치보다 아래 방향으로 0.01 m에 있음을 알 수 있다.

3. 조화파의 속도와 위상

파동의 전파속도에 관하여 이미 설명한 바 있다. 이 절에서는 조화파의 파동함수를 이용하여 조화파의 전파속도 v를 구하여 보자. [그림 1-26]은 줄을 따라 진행하는 조화파가 시간 Δt 동안 Δx만큼 (+) x 방향으로 진행되고 있는 모습을 보여주고 있다.

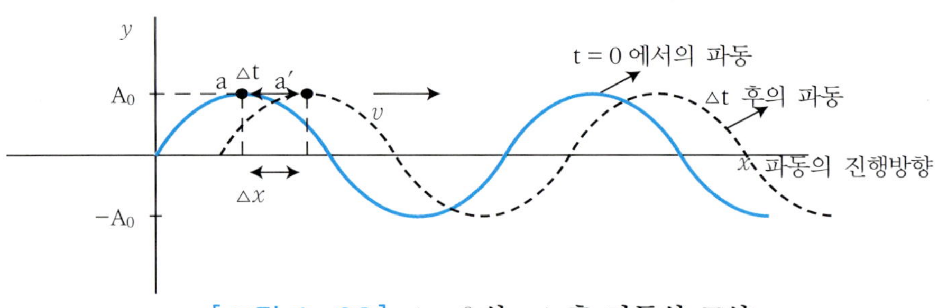

[그림 1-26] t = 0 **와** Δt **후 파동의 모양**

파동의 한점 a 에서 a′ 까지의 속도를 구하기 위하여

그림에서는 편의상 변위 y값이 가장 높은 마루점이 이동되어가는 모습으로 표현되었다. 위 그림에서 볼 때 파동의 형태는 t = 0 인 곳과 Δt 시간 후의 변위 y값은 같다. 즉 식 (1-16)

$$y = A_0 \sin(kx - wt)$$

에서 변위 y값이 같으려면 다음식과 같이 위상이 일정한 값을 가져야 함을 알 수 있다.

$$kx - wt = \text{일정}$$

여기서 파동의 진행 방향은 x 방향이므로 시간에 대한 파동의 진행속도를 구하려면 x값을 시간으로 미분해 주어서 구할 수 있다.

$$k\frac{dx}{dt} = w$$

여기서 $\frac{dx}{dt}$ 는 파동의 속도 v 이므로 윗 식에 대입하면 속도를 구할 수 있다.

$$v = \frac{w}{k}$$

여기서 전파상수 $k = 2\pi/\lambda$, 각진동수 $w = 2\pi/T$ 이므로 조화파의 진행속도는 다음과 같이 정리 된다.

$$v = \frac{w}{k} = \frac{\lambda}{T} = \lambda f \quad (1-21)$$

위 식 (1−21) 는 이전에 일반적으로 정의 되었던 파동의 속도 식 (1−5), 식 (1−6) 과 같음을 알 수 있다. 한편 파동현상을 논하는데 있어 경우에 따라 조화파의 위치를 **위상**으로, 두 점간 위치의 차를 **위상차**로 나타낼 필요가 있다.

따라서 하나의 조화파에서 서로 다른 두 점간의 위치의 차를 위상차로 나타내어 보도록 하자. [그림 1−27] 에서 어떤 시각에 x_2 와 x_1 에 위치한 두 매질입자의 위상차 ϕ는 다음과 같이 비례식으로 구할 수 있다.

$$\lambda : 2\pi = x_2 - x_1 : \phi$$

$$\phi = \frac{2\pi}{\lambda}(x_2 - x_1) = k \cdot \triangle \quad (1-22)$$

여기서

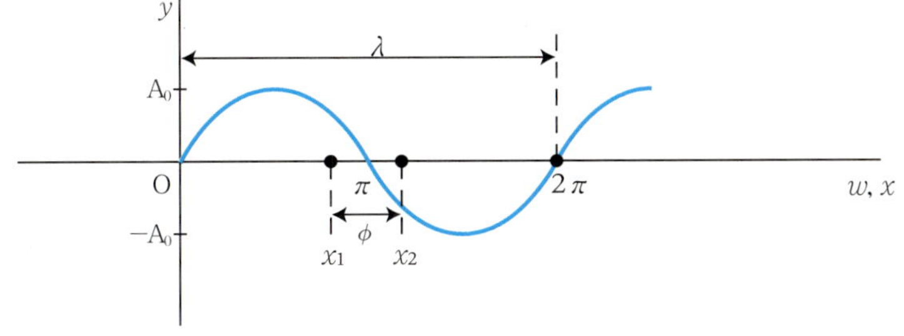

[그림 1—27] 경로차와 위상차

$$\triangle = x_2 - x_1 \ : \text{경로차}$$

$$k = \frac{2\pi}{\lambda} \ : \text{파수 (wave number)}$$

이다. 경로차 △ 와 위상차 ϕ 는 파동의 간섭원리를 이해하는데 매우 중요하며, 코팅렌즈의 박막두께 계산에도 적용하게 되므로 반드시 기억해 두기 바란다.

예제 | 1-8

파장이 3 m 인 수면파에서

(1) 60 cm 떨어진 두 점간의 위상차는 몇 rad 인가?

(2) 위상차 60° 에 해당되는 두 점간의 경로차는 몇 m 인가?

풀이 식 (1−22)에서

(1) $\phi = (2\pi/\lambda)\triangle = \dfrac{2\pi \,\text{rad}}{3\,\text{m}} \times 0.6\,\text{m} = 0.4\,\pi\,\text{rad}$

60° 는 $\pi/3$ rad 이므로

(2) $\triangle = (\lambda/2\pi)\phi = \left(\dfrac{3\,\text{m}}{2\pi\,\text{rad}}\right) \times \pi/3\,\text{rad} = 0.5\,\text{m}$

4. 반사파의 위상변화

이제 파동이 벽에 부딪혀서 되돌아오거나 매질이 다른 경계면에서 투과 또는 반사되어 돌아올 때, 위상은 처음의 위상과 어떠한 변화가 생기는지 그림을 통하여 간단히 이해해 보자. 매질의 종류에 따라 파동의 전파속도가 달라진다는 것은 식 (1−7) 과 식 (1−10) 을 통하여 이미 설명한 바 있다.

종류가 서로 다른 두 매질을 상대적으로 비교 할 때 두 매질 중에서 파동의 전파속도가 빠른 매질을 소(疎)한 매질, 전파속도가 느린 매질을 밀(密)한 매질이라 한다. 소한 매질에서 진행하던 파동이 밀한 매질의 경계에서 반사하는 것을 **고정단의 반사**라 하고, 반면 밀한 매질에서 진행하던 파동이 소한 매질의 경계에서 반사하는 것을 **자유단의 반사**라 한다.

고정단의 반사와 자유단의 반사는 서로 다른 파형으로 반사하여 되돌아 나오게 된다. 예를 들면 [그림 1-28] 과 같이 줄의 한쪽 끝을 벽면에 고정하고 다른 한쪽 끝을 흔들어 만든 펄스가 줄을 따라 진행하다가 벽면에 도달한 후에는 반사되어 되돌아오게 되는데 이러한 반사는 고정단의 반사가 된다. 이 경우, 펄스는 반사면에 도달한 후 벽에게 윗 방향의 힘 (작용력)을 가하게 된다. 이 때 줄은 작용과 반작용 법칙에 의해 벽(반사면)으로부터 크기가 같고 방향이 반대인 반작용력을 받게 되며, 이 반작용력이 반사파의 펄스를 만들게 된다. 줄이 벽면에 고정되어 있으므로 입사파와 반사파는 서로 상쇄 간섭한다. 따라서 고정단의 반사에서의 반사파는 180° 만큼의 위상변화를 일으키게 된다.

[그림 1-29] 와 같이 줄의 한쪽 끝에 고리를 매단 후 가는 말뚝에 연결하면 펄스가 이곳에서 반사할 때 줄은 마찰 없이 자유롭게 움직일 수 있게 된다. 이러한 자유단의 반사에 대해 알아보도록 하자. 다른 한쪽 끝에서 보낸 펄스가 고리에 도달하여 윗 방향으로 힘을 주게 되나 이 힘을 받은 고리는 자유롭게 움직인다. 따라서 반사면은 별다른 힘을 받지 못하게 된다. 그러므로 자유단의 반사에서의 반사파는 아무런 위상변화 없이 진행방향만 바뀌어 되돌아 나오게 된다.

무거운 줄과 가벼운 줄이 연결되어 있는 경우 가는 줄(가벼운 줄)은 소한 매질, 굵은 줄(무거운 줄)은 밀한 매질에 해당되므로, 가는 줄에서 보낸 펄스가 굵은 줄과의 경계에서 일으키게 되는 반사는 고정단의 반사이고 반면에 굵은 줄에서 보낸 펄스가 가는 줄과의 경계에서 일으키게 되는 반사는 자유반의 반사가 된다. 따라서 [그림 1-30] 의 (a) 와 같이 가는 줄에서 보낸 펄스가 굵은 줄과의 경계에서 반사되는 경우에는 위상이 180° (위상차 π) 바뀌어 되돌아 나오게 되며, [그림 1-30] 의 (b) 와 같이 굵은 줄에서 보낸 펄스가 가는 줄과의 경계에서 반사되는 경우는 위상변화 없이 (위상차 0°) 되돌아 나오게 된다. 투과파의 경우는 자유단,

고정단에 관계없이 위상변화는 일어나지 않는다. 이와 같은 반사파의 위상변화는 후에 배우게 될 얇은 막의 간섭현상(코팅렌즈 원리)를 이해하는데 중요한 기초가 될 것이다.

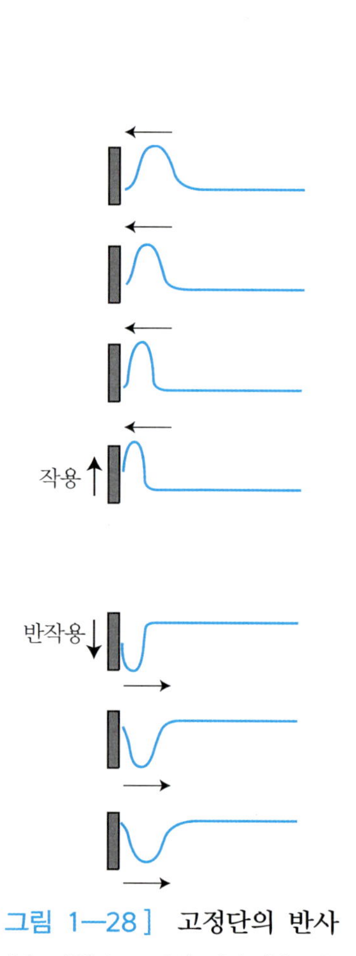

[그림 1—28] **고정단의 반사**

벽면은 파동으로 인한 작용력을 받고 벽면은 줄에 반작용력을 가하게 된다.

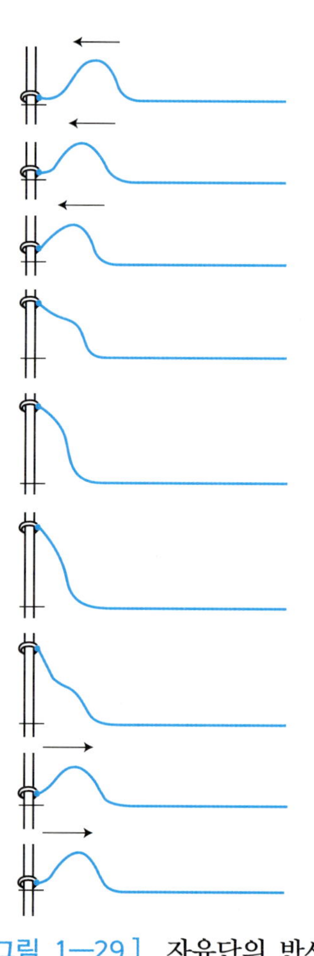

[그림 1—29] **자유단의 반사**

고리로 인하여 벽에 아무런 힘을 작용하지 못한다. 원래의 줄이 갖고 있던 힘을 그대로 갖고 되돌아 간다.

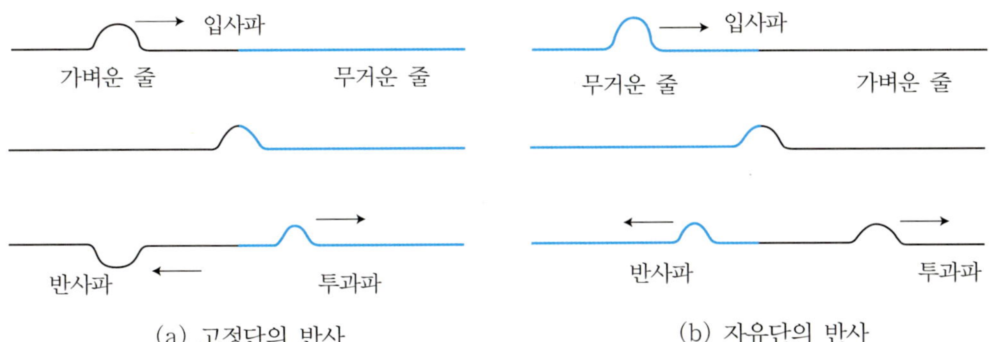

(a) 고정단의 반사
반사파의 위상은 180°(π) 만큼 변한다.
투과파의 위상은 변하지 않는다.

(b) 자유단의 반사
반사파의 위상은 변하지 않는다.
투과파의 위상은 변하지 않는다.

[그림 1—30] 고정단의 반사와 자유단 반사

예제 1-9

$y = 10\sin(0.5x - 6t)$ 로 주어지는 조화파가 있다. 이 파동의 a) 진폭, b) 파수, c) 파장, d) 주기 및 e) 전파속도를 각각 구하여라. 단, cgs 단위계이다.

풀이 조화파의 파동함수는 식 (1-16) $y = A_0 \sin(kx - wt)$ 이므로 주어진 식과 비교하면 진폭과 파수는 아래와 같다.

a) 진폭 $A_0 = 10\,\text{cm}$

b) 파수 $k = 0.5\,\text{rad/cm}$

c) 한편 파장 λ는 식 (1-17)에서

$$\text{파장 } \lambda = \frac{2\pi}{k} = \frac{2\pi}{0.5} = 4\pi(\text{cm}) \text{ 이며}$$

d) 주기 T는 식 (1-18)과 $\frac{1}{T}$ 식을 이용하면 다음과 같다.

$$\text{주기 } T = \frac{2\pi}{w} = \frac{2\pi}{6} = \frac{\pi}{3}(\text{s})$$

e) 한편 전파속도 v는 식 (1-21)을 적용하면 다음과 같이 구할 수 있다.

$$\text{전파속도 } v = \frac{\lambda}{T} = \frac{4\pi}{\pi/3} = 12(\text{cm/s})$$

예제 | 1-10

매초 열 번씩 진동하고, 파장이 2 m, 진폭이 5 m인 파동이 있다. 이 조화파의 파동함수 y 를 x 와 t의 함수로 표현하여라.

풀이 진동수 f = 10 Hz, 진폭 A_0 = 5 m, 파장 λ = 2 m 이므로

파수 $k = 2\pi/\lambda = 2\pi/2 = \pi(\text{rad/m})$

각진동수 $w = 2\pi \times 10 = 20\pi(\text{rad/s})$

따라서 조화파의 파동함수는 다음과 같다.

$y = A_0 \sin(kx - wt)$ 에서

$= 5\sin(\pi x - 20\pi t)$

$= 5\sin(x - 20t)\pi$

5. 파동 방정식

어떤 함수가 파동방정식을 만족하면 그 함수는 파동을 나타내는 함수가 된다. 그렇다면 파동 방정식은 어떤 형태로 표현되는지 알아보자.

지금까지 설명한 조화파의 파동함수는 파동의 모든 성질을 포함하는 함수임이 분명하므로 이를 이용하여 파동방정식을 유도할 것이다.

유도에 앞서서 우리가 분명히 구분해야 할 것이 있다. 그것은 바로 파동의 전파속도 v 와 매질 입자의 진동속도 v_y 이다.

[그림 1-31] 에서 보듯이 파동의 전파속도 v 는 위상 $(kx - wt)$ 이 일정한 파동 점의 시간 t 에 대한 위치 x 의 변화, 즉 dx/dt 로 식 (1-21) 과 같이 구할 수 있었다. 그래서 이 속도를 때로는 위상속도라고도 부른다.

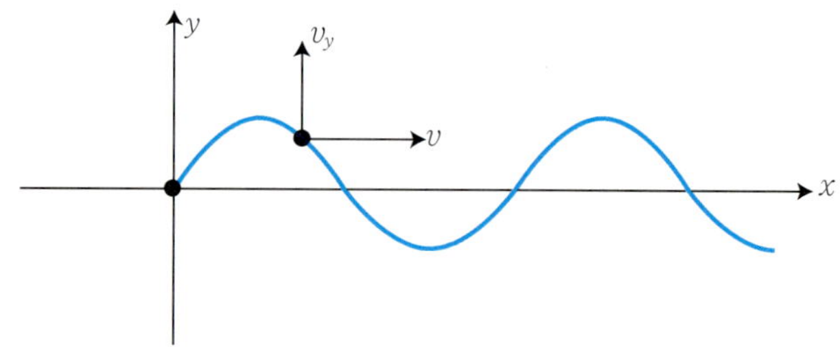

[그림 1-31] 파동의 전파속도 v 와 매질 입자의 진동속도 v_y

그러나 특정위치 x 에서의 매질 입자 진동속도 v_y 는 x 를 일정하게 두고 시간 t 에 대한 변위 y 값의 변화, 즉 dy/dt 로 구할 수 있다. 파동 방정식은 이러한 매질 입자의 진동속도의 유도로부터 얻어 낼 수 있다. 조화파의 파동함수는 식 (1-16)에 의해 다음과 같다.

$$y = A_0 \sin(kx - wt)$$

매질 입자의 진동속도 v_y 는 임의의 위치 x 에 있는 매질이 시간 t 에 대하여 y 방향으로 얼마나 변하는가를 나타내는 양이므로 윗 식을 미분하여 구할 수 있다.

$$v_y = \frac{\partial y}{\partial t} = -wA_0 \cos(kx - wt) \qquad (1-23)$$

여기서 ∂ 라는 기호는 파동함수 y 값이 실제로는 시간 t 와 위치 x 라는 두 변수에 대한 함수인데 이 변수 중에서 속도 v_y 를 구하기 위하여 위치 x 는 일정하게 놓고 시간 t 만이 변화하는 과정을 나타내야 하기 때문에 미분 기호 d 대신에 ∂ 라는 편미분 기호를 쓴 것이므로 편미분을 배우지 않은 학생이라도 쉽게 이해 할 수 있다.

계속해서 시간 t 에 대한 변위 y 값을 두번 편미분하면 매질 입자의 가속도 a_y 를 구할 수 있다.

$$a_y = \frac{\partial^2 y}{\partial t^2} = \frac{\partial v_y}{\partial t} = \frac{\partial}{\partial t}[-w A_0 \cos(kx - wt)]$$

$$= -w^2 A_0 \sin(kx - wt) \qquad (1-24)$$

한편, 매질 입자의 위치 x 에 대한 변위 y 값의 변화를 구해보면, 이는 마치 줄이 파동운동을 하고 있을 때 사진을 찍은 것 같은 순간을 나타내는 모양과 같다. 따라서 x 에 대한 y 의 편미분 값은 그 줄의 기울기와 같으며 다음과 같이 구할 수 있다.

$$\frac{\partial y}{\partial x} = \frac{\partial}{\partial x}[A_0 \sin(kx - wt)]$$
$$= kA_0 \cos(kx - wt) \qquad (1-25)$$

이 식을 한번 더 편미분하면

$$\frac{\partial^2 y}{\partial^2 x} = \frac{\partial}{\partial x}[kA_0 \cos(kx - wt)]$$
$$= -[k^2 A_0 \sin(kx - wt)] \qquad (1-26)$$

이 된다. 식 (1−24) 과 식 (1−26) 식과의 관계를 구하기 위하여 다음과 같이 표현할 수 있다. 우선 식 (1−24) 와 식 (1−26) 을 서로 나누고, 식 (1−21) 에 의해 파동의 전파속도 v 가 w/k 임을 이용하면 다음과 같이 표현할 수 있다.

$$\frac{\partial^2 y / \partial t^2}{\partial^2 y / \partial x^2} = \frac{w^2}{k^2} = v^2$$

위 식을 더 간단히 정리하면 다음과 같다.

$$\frac{\partial^2 y}{\partial x^2} = \frac{1}{v^2}\frac{\partial^2 y}{\partial t^2} \qquad (1-27)$$

위 식 (1−27) 을 파동 방정식 (Wave equation)이라 한다.

사실 여기서는 잘 알고 있는 조화파의 파동함수를 이용하여 파동 방정식을 유도했지만, 역으로 어떠한 함수라도 파동 방정식의 해가 되면 그 함수는 파동을 나타낸다. 이 책에서는 줄 운동과 같은 1차원 파동함수에 대한 1차원 파동 방정식을 설명하였다. 그러나 공간을 퍼져 나가는 3차원 파동 같은 경우의 파동함수는 $\Psi(x, y, z, t)$ 로 표현 되면서 복잡한 과정으로 파동 방정식을 유도해야만 한다. 이러한 과정은 이 책의 범위를 벗어나므로 생략하였다.

파동의 에너지와 세기 (Energy of wave and intensity) 1-3

1. 조화파의 에너지

몇 년전 바다 깊은 곳으로부터 발생된 지진으로 인한 쓰나미의 파괴력이 동남아시아 일대를 강타한 것을 우리 모두 기억하고 있을 것이다. 이러한 파도처럼 파동 운동은 이와 관련된 에너지를 가지고 있다. 어떠한 파동이든지 파동이 생기기 위해서는 매질의 어떤 부분에 힘을 가해 주어야 하며, 그 힘은 매질을 움직이게 하는 일을 하게 되는 것이다. 즉, 파동이란 매질의 한 영역에서 다른 영역으로 에너지를 전달하게 된다. 이렇게 전달되는 에너지가 파동의 진폭 A_0 와 진동수 f 와는 어떠한 관계가 있는지 알아보도록 하자.

지금까지 예로 들었듯이 팽팽하게 당겨진 줄을 따라 전파되는 파동 운동, 즉 조화파의 파동함수를 적용할 것이다.

[그림 1-32] 에서 보듯이 줄의 미소질량부위 dm 은 아래 위로 진동하게 되므로 진동 속도 v_y 를 갖게 되며 이에 따른 운동에너지를 갖는다. 이때 이 줄의 선밀도를 μ 라 하면 질량 dm 은 μdx 로 나타낼 수 있고 v_y 는 식 (1-23) 에 의하여 $v_y = -wA_0 \cos(kx - wt)$ 이다.

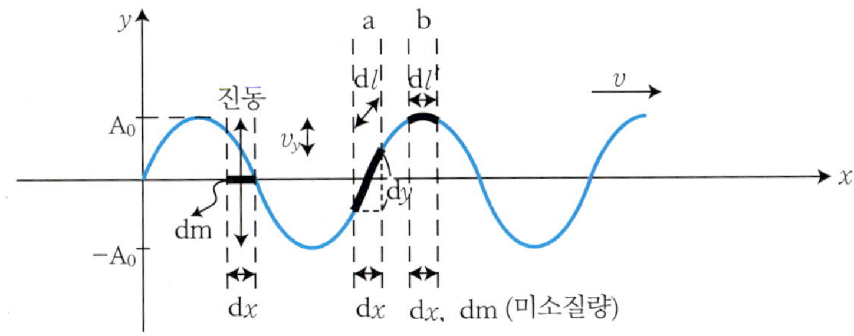

[그림 1—32] 당겨진 줄에서의 파동 운동

(미소질량 dm 은 상하진동하며, 같은 진행거리 dx 에서 줄 길이 dl 은 dl' 보다 길다.)

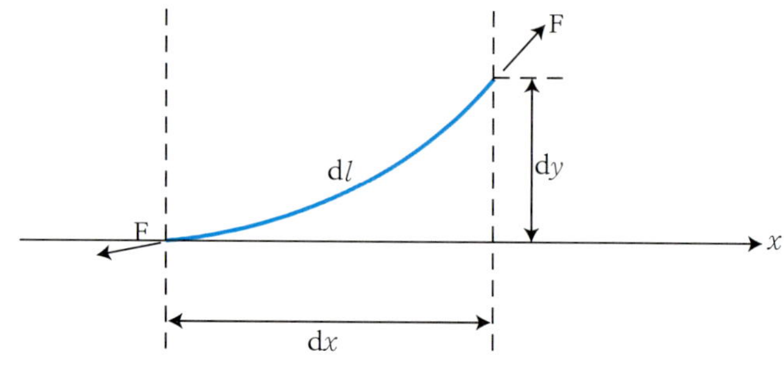

[그림 1—33] 그림 1−32 의 a 부분을 확대하여 표현된 그림

따라서 미소질량 dm 이 갖는 운동에너지 dE_k 는 다음과 같다.

$$
\begin{aligned}
dE_k &= \frac{1}{2}(\mu dx)\, v_y{}^2 \\
&= \frac{1}{2}(\mu dx)\,[-w A_0 \cos(kx - wt)]^2 \\
&= \frac{1}{2}(\mu dx)\, w^2 A_0{}^2 \cos^2(kx - wt) \qquad (1-28)
\end{aligned}
$$

[그림 1−33] 은 앞에 나타낸 [그림 1−32] 중 a 부분을 확대한 그림이다. 물론 시각적으로 보기에도 dl 이 dl'보다 길다. 이때 dl'은 마루부분이므로 dx 와 같다고 볼 때, 줄은 원래 평형 상태에서의 길이 dx 보다 $(dl - dx)$ 만큼 늘어나 있음을 볼 수 있다. (마치 용수철이 늘어남 같다.) 줄은 저절로 늘어날 수는 없으며 반드시 외부의 일을 받았기 때문이다. 이때 받은 일이 곧 위치에너지와 같다. 따라서 미소질량 dm 이 갖는 위치에너지 dE_p 는

$$
dE_p = F(dl - dx) \qquad (1-29)
$$

이며, 피타고라스 정리와 이항 전개, 즉 $a \ll 1$ 일 때 $(1 + a)^n = 1 + na$ 라는 공식을 사용하면

$$\sqrt{dx^2+dy^2} = dx\sqrt{1+\left(\frac{\partial y}{\partial x}\right)^2}$$
$$\approx dx\left[1+\frac{1}{2}\left(\frac{\partial y}{\partial x}\right)^2+\cdots\right]$$

이며 기울기 $\partial y/\partial x$가 아주 작을 때

$$dl = dx\left[1+\frac{1}{2}\left(\frac{\partial y}{\partial x}\right)^2\right]$$

이 된다. 위 식을 식 (1−29)에 대입하면

$$dE_p = F(dl - dx)\text{에서}$$
$$= F\left[dx+\frac{1}{2}dx\left(\frac{\partial y}{\partial x}\right)^2-dx\right]$$
$$= \frac{1}{2}Fdx\left(\frac{\partial y}{\partial x}\right)^2$$

이 되므로 위치 에너지는 줄의 기울기 $\left(\frac{\partial y}{\partial x}\right)$ 에 따라 달라짐을 알 수 있다. 한편 식 (1−25) 에 의해 기울기 $\frac{\partial y}{\partial x} = kA_0\cos(kx - wt)$ 이므로

$$dE_p = \frac{1}{2}Fdx\,[k\,A_0\cos(kx - wt)]^2$$
$$= \frac{1}{2}Fdx\,k^2A_0^2\cos^2(kx - wt)$$

가 되며, 식 (1−7) 에 의하면 줄의 전파속도 $v = \sqrt{\frac{F}{\mu}}$ 이고 식 (1−17)와 식 (1−18) 에 의하면 각진동수 $w = vk$ 이므로 위치 에너지는 다음과 같다.

$$dE_p = \frac{1}{2}\mu\left(\frac{w}{k}\right)^2 dx\,k^2A_0^2\cos^2(kx - wt)$$
$$= \frac{1}{2}(\mu dx)\,w^2A_0^2\cos^2(kx - wt) \qquad (1-30)$$

따라서 운동 에너지 식 (1-28)과 위치 에너지 식 (1-30)이 같음을 알 수 있다.

이는 어느 순간 어느 위치에 상관없이 파동의 운동 에너지와 위치 에너지의 크기가 같음을 알 수 있다. 가령 줄의 어느 부위가 진동하면서 y 값이 0인 곳을 지날 때는 운동 에너지나 위치 에너지 모두가 최대가 되며, y 값이 A_0 인 곳을 지날 때는 운동 에너지와 위치 에너지 모두 0가 된다.

계속해서, 줄이 파동 운동을 할 때 미소 질량 부위 dm 이 받는 총 역학적 에너지 dE는 운동 에너지 dE_k 와 위치 에너지 dE_p 를 합한 량이므로 다음과 같다.

$$\begin{aligned} dE &= dE_k + dE_p \\ &= \mu(wA_0)^2 \cos^2(kx - wt)\,dx \end{aligned} \qquad (1\text{-}31)$$

이렇듯 파동이 한 영역에서 다른 영역으로 에너지를 전달할 때 순간마다 변화하는 것을 볼 수 있다. 따라서 이 에너지의 평균값을 구해 보도록 하자. dm 이 한번 진동하여 되돌아 올 때의 총 $\cos^2 wt$ 값은 1이므로 평균값 $\overline{\cos^2 wt} = \frac{1}{2}$ 이 된다. 따라서 총 에너지의 평균값 $\overline{dE}$ 는 다음과 같다.

$$\begin{aligned} \overline{dE} &= \mu(wA_0)^2\,\overline{\cos^2(kx - wt)}\,dx \\ &= \frac{1}{2}\mu(wA_0)^2 dx \end{aligned} \qquad (1\text{-}32)$$

단위 길이당 줄에 의해 형성된 파동이 갖는 평균 에너지는

$$\frac{\overline{dE}}{dx} = \frac{1}{2}\mu(wA_0)^2 \text{ 또는 } 2\pi^2 f^2 \mu A_0^2 \qquad (1\text{-}33)$$

이다. 따라서 조화파의 에너지는 진폭의 제곱과 진동수의 제곱에 비례함을 알 수 있다.

2. 파동의 평균 일률

한편 줄의 한점을 통과하는 단위 시간당 평균 에너지의 양, 즉 평균 일률을 구해보자. 우선 단위시간당 총 에너지량은 식 (1-31) 을 이용하여 다음과 같이 표현할 수 있다.

$$\frac{dE}{dt} = \mu(wA_0)^2 \cos^2(kx - wt)\frac{dx}{dt}$$
$$= \mu v(wA_0)^2 \cos^2(kx-wt) \qquad (1-34)$$

여기서 $\frac{dx}{dt}$ 는 파동의 전파속도 v 이다. 그리고 $\frac{dE}{dt}$ 는 선 에너지 밀도라고 부르며 단위는 J/m 이다.

이 선에너지 밀도 $\frac{dE}{dt}$, 즉 에너지의 흐름률은 [그림 1-34] 에서 보듯이 파동에 따라 일정치 않음을 알 수 있다.

매질이 $y = 0$ 위치에 있을 때 에너지 흐름률은 최대값, 매질이 최대 진동위치, 즉 y 값이 최대일 때 에너지 흐름률은 최소값(0)을 갖는다.

따라서 파동이 다음 영역에 전달하는 에너지 흐름률의 평균값, 즉 평균 일률은 식 (1-34) 의 평균값이 된다.

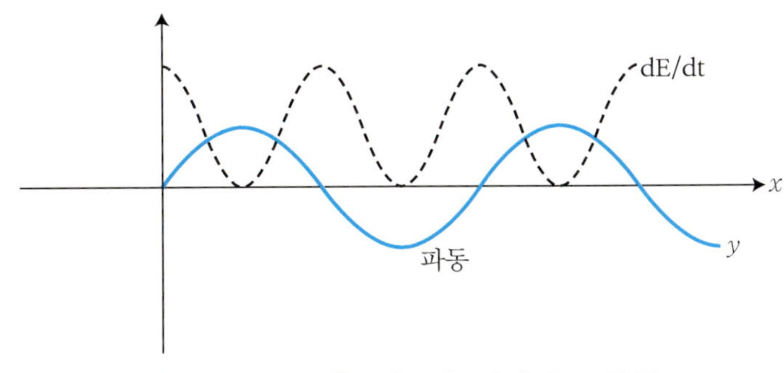

[그림 1—34] 파동과 에너지 흐름률

$$\overline{\frac{dE}{dt}} = \mu v (wA_0)^2 \overline{\cos^2(kx - wt)}$$

따라서 평균일률 $\overline{P}$ 는

$$\overline{P} = \frac{1}{2}\mu v w^2 A_0^{\,2} \text{ 또는 } 2\pi^2 f^2 \mu v A_0^{\,2} \qquad (1\text{−}35)$$

또는 $v = \sqrt{\frac{F}{\mu}}$ 이므로 다음과 같이 표현 할 수도 있다.

$$\overline{P} = \frac{1}{2}\sqrt{\mu F}\, w^2 A_0^{\,2} \qquad (1\text{−}36)$$

파동이 전달하는 단위 시간당 평균 에너지, 즉 평균 일률은 진폭의 제곱, 진동수의 제곱에 비례하며 전파속도와 매질의 선밀도가 클수록 증가함을 알 수 있다.

단위는 watt이다.

예제 1-11

선밀도가 3 g/m 인 줄이 1.0 mm 의 진폭으로 진동하는 줄이 있다. 이때 줄의 진동수가 10 Hz, 줄의 장력이 12 N 이라면 a) 줄이 만들어내는 파동의 전파속도 b) 각진동수 c) 파동이 전달하는 평균일률은 얼마인가?

풀이 a) 파동의 속도

$$v = \sqrt{\frac{F}{\mu}} = \sqrt{\frac{12 \text{ kg m/sec}^2}{3 \times 10^{-3} \text{ kg/m}}} = 63 \text{ m/sec}$$

b) 각진동수

$$w = 2\pi f = 2\pi \times 10 \text{ sec}^{-1} = 62.8 \text{ rad/m}$$

c) 평균일률

$$\overline{P} = \frac{1}{2}\mu(wA_0)^2 v$$

$$\overline{P} = \frac{1}{2}(3 \times 10^{-3} \text{ kg/m})(62.8 \text{ rad/m} \times 1 \times 10^{-3} \text{ m})^2(63 \text{ m/sec})$$

$$= 0.37 \times 10^{-3} \text{ Watt} = 0.37 \text{ mW}$$

3. 파동의 세기 (Wave Intensity)

파동의 세기 I 란 횡파든 종파든 파동의 진행방향과 수직한 단면적 A를 단위시간 동안 통과하는 평균 에너지량을 말한다. 여기서 단위시간 동안 통과하는 평균 에너지량은 평균 일률 $\overline{P}$이므로 파동의 세기는 다음과 같이 정리된다.

$$I = \frac{\overline{dE/dt}}{A} = \frac{\overline{P}}{A} \qquad (1-37)$$

지금까지 다뤄왔던 당겨진 줄을 타고 진행하는 1차원적 파동 운동에서의 파동의 세기 I는 단면적 A를 1로 놓을 수 있으므로 평균일률 $\overline{P}$와 같다. 단, 이때 파동이 진행하는 도중에 어떤 요인에 의한 에너지의 흡수 및 산란에 의해 손실되는 에너지를 무시한 경우이다. 그러나 실제로는 여러 요인에 의해 연속적인 외부 에너지를 가하지 않는 한 정지하게 된다. 그러나 손실 에너지가 극히 적다고 가정한다면 1차원적 파동의 세기는 파원으로부터의 거리에 관계없이 일률과 같다.

즉,

$$I = \overline{P} \qquad (1-38)$$

따라서 줄을 타고 진행하는 파동의 세기는 식 (1-35) 또는 (1-36)에 의하여

$$I = \frac{1}{2}\sqrt{\mu F}\, w^2 A_0^2 \qquad (1-39)$$

이며, 종파의 경우에도 위와 같은 논리에 의해 유사한 일률의 관계식을 구할 수 있다. 여기서는 과정을 생략하고 그 결과만 소개한다. 어떤 관속의 기체나 액체에 대한 파동의 세기는

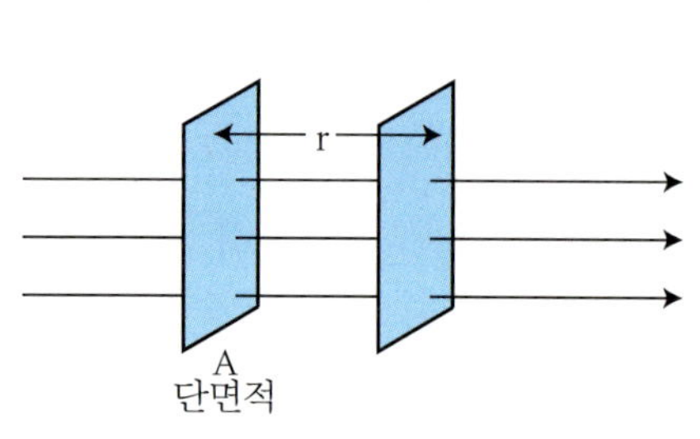

(a) 줄이나 관내의 파동의 세기 I (단면적의 크기 A는 떨어진 거리 r에 관계없다.)

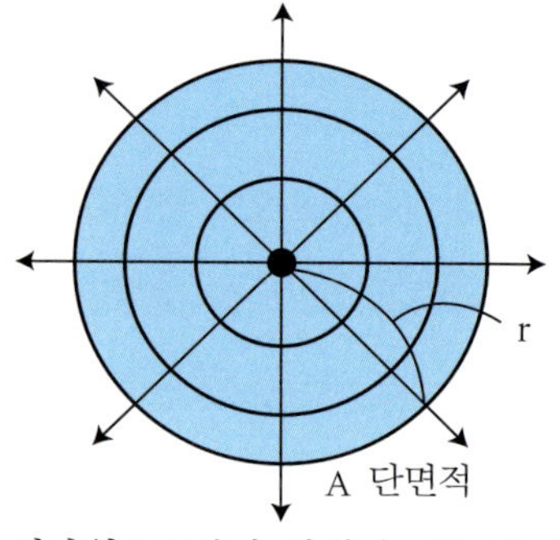

(b) 점파원으로부터 발생된 파동의 세기 (단면적의 크기 A는 $4\pi r^2$이므로 거리가 멀수록 크기는 커진다.)

[그림 1—35] 파동의 세기

$$I = \frac{1}{2}\sqrt{\varphi B}\,w^2 A_0^{\,2} \qquad (1-40)$$

여기서 φ 는 기체나 액체의 체적밀도이며 B는 체적탄성률이다.

따라서 식 (1−39)과 (1−40)은 공식의 형태가 유사함을 알 수 있다. 이렇듯 어떤 경우라도 일률은 진동수의 제곱과 진폭의 제곱에 비례함을 알 수 있다.

한편, 파동이 줄이나 관을 따라 진행하는 1차원이 아니고 점원으로부터 퍼져나가는 3차원적 파동인 경우, 예를 들면 전구로부터 나오는 빛은 공간 중을 퍼져나가거나 어떤 사람이 청중을 향하여 마이크 없이 외칠 때, 그 빛이나 소리는 거리가 멀어지면 빛의 세기나 소리의 세기가 점차 약해진다. 물론 중간에 잃어버리는 에너지가 없다고 하더라도 약해진다. 이것은 점파원에서 거리 r만큼 떨어진 곳에서의 구면적은 $A = 4\pi r^2$이므로, 떨어진 거리의 제곱만큼 단면적 당 통과하는 에너지 비율이 떨어지기 때문이다.

따라서 [그림 1−35] (b)에서 보듯이 3차원적으로 균일하게 방출되는 파동의 세기는

$$I = \frac{\overline{P}}{A} = \frac{\overline{P}}{4\pi r^2} \qquad (1-41)$$

가 된다. 단위는 w/m^2 이다.

예제 1-12

개가 짖는 소리는 약 1 mW 의 출력을 낸다. 이 출력이 사방으로 균일하게 퍼져 나간다면 개로부터 5 m 떨어진 곳에서의 소리의 세기는 몇 W/m^2 이 되겠는가?

풀이 3차원의 파동이므로 파동의 세기 I 는

$$I = \frac{P}{4\pi r^2} = \frac{1 \times 10^{-3}\,W}{4\pi \times 5^2\,m^2} = 3.15 \times 10^{-6}\,W/m^2$$

파동의 간섭 (Interference of wave) 1-4

1. 중첩의 원리 (Principle of superposition)

돌과 같은 물체는 같은 공간에 존재할 수 없으나 진동이나 파동은 동일시간과 동일영역에 존재할 수 있다. 이렇듯 동시에 존재할 수 있는 것은 파동이 중첩될 수 있다는 의미이다. 파동의 중첩에는 여러 가지 예가 있다.

강의실 내부의 잡음이라든가, 음악회장에서 연주되는 각종 악기로부터 들려오는 음악소리는 동시에 우리의 고막을 울린다. 눈에 보이지도 들리지도 않는 라디오나 TV 안테나에 있는 전자들은 여러 다른 방송국으로부터 보내는 신호파에 의해 중첩되어 운동한다. 눈으로 쉽게 볼 수 있는 예

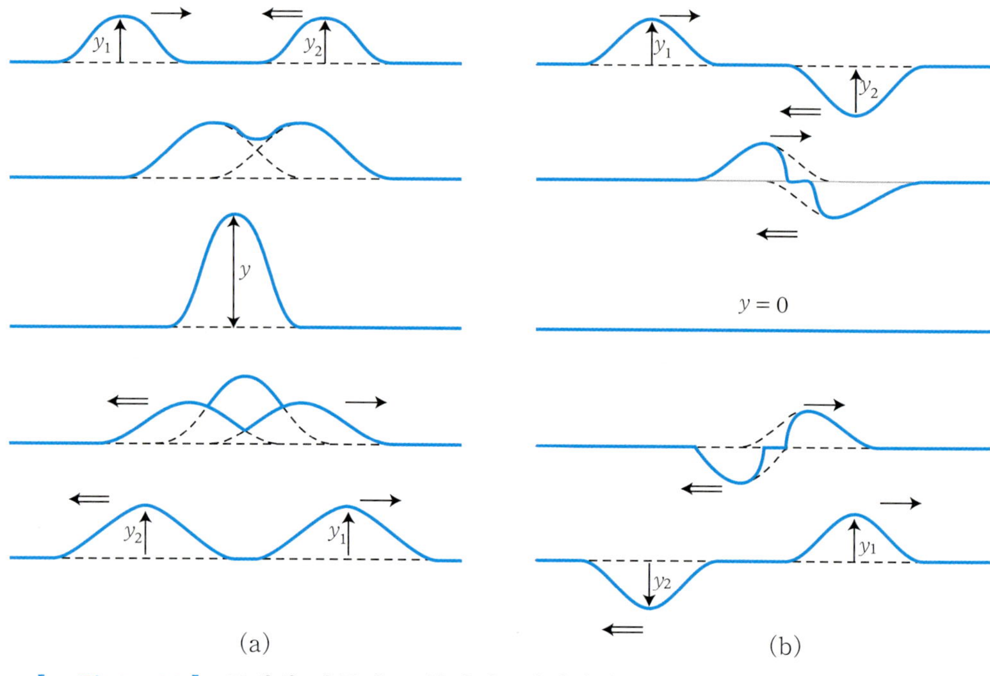

[그림 1-36] **두개의 파동이 중첩될때, 합성파의 변위는 두 변위의 합과 같다.**

로는 수면파의 중첩이다. 잔잔한 연못에 두 개의 돌을 동시에 던지면 두 개의 수면파가 중첩되어 물결이 생기지 않는 곳도 있고 한 개의 수면파보다 훨씬 큰 물결이 일어나는 곳도 있음을 관찰할 수 있다. 이와 같이 두 개 이상의 파동이 같은 공간을 동시에 지나가는 경우가 흔히 있다. 이러한 파동의 중첩현상을 설명하기 위하여 당겨진 줄에서 동시에 진행하는 두 개의 파동을 고려해 보자. 이때 각각의 파동이 홀로 있을 경우의 변위를 $y_1(x_1, t)$, $y_2(x_2, t)$ 라 하면 두 파동이 중첩되어 동시에, 같은 공간에 있을 경우의 변위 y 는 아래와 같이 합하면 된다.

$$y(x, t) = y_1(x, t) + y_2(x, t) \qquad (1-42)$$

이와 같은 원리를 **중첩의 원리**라 한다. 여기서 만약 y_1, y_2 가 파동 방정식을 만족하면 합성파 y 역시 파동 방정식을 만족하는 파동함수가 된다. 다음 [그림 1-36] 은 서로 같은 공간으로 향하는 두 개의 파동이 중첩되어 가는 모습을 나타낸 그림이다.

[그림 1-36] 과 같이 두 개의 파동 또는 그 이상이 중첩될 때 일어나는 현상을 **간섭** (Interference) 이라 한다. (a) 와 같이 두 파동함수가 같은 부호를 가질 때 간섭은 서로 보강되며 합성파의 변위 y 는 개개의 파동 변위보다 크다. (b) 와 같이 다른 부호를 가질 때 한 파동의 마루와 다른 파동의 골과 합쳐져서 간섭은 소멸적이고, 합성파의 변위 y 는 두 파동 변위의 어떤 것 보다 작아진다. 그러나 두 파동이 중첩된 이후에는 파들의 모양은 전혀 변하지 않고 진행한다. 이처럼 파동은 간섭할 수는 있지만 입자들처럼 상호 작용하지는 않는다. 만약 입자들이라면 서로 충돌하여 충돌 전 후의 각각의 방향이나 속도가 달라졌을 것이다. 그러나 파동은 서로의 에너지를 잃지 않고, 같은 속도 같은 방향으로, 즉 원래의 파동함수 그대로 진행해 나간다. 각각의 파동은 다른 파동이 없는 것처럼 진행할 뿐이다. 이러한 현상을 파동의 독립성이라 한다.

프랑스 수학자 J.B Fourier (1786–1830) 의 Fourier 정리에 의하면

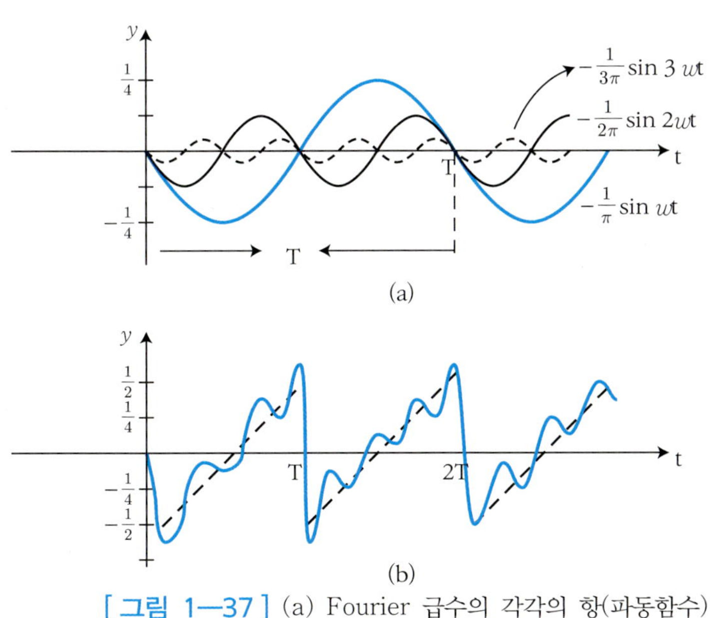

[그림 1—37] (a) Fourier 급수의 각각의 항(파동함수)
(b) 합성된 파의 모양

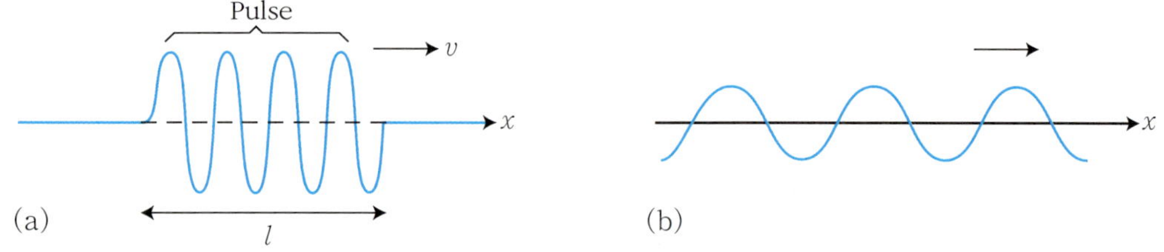

[그림 1-38] (a) 파동의 중첩으로 만들어진 파
(b) 보통의 조화파

어떤 형태의 곡선이라도 무수히 많은 sin 이나 cos 곡선(조화파)을 중첩시켜서 만들 수 있다. 이렇게 중첩되어 합성된 파동함수를 **퓨리에 급수**라고 하며 다음과 같다.

$$y(t) = -\frac{1}{\pi}\sin \omega t - \frac{1}{2\pi}\sin 2\omega t - \frac{1}{3\pi}\sin 3\omega t \cdots$$

이러한 함수를 합하면 합 할수록 곡선은 톱날모양의 곡선에 가깝게 된다.

한편 위와 같은 톱날 모양의 파동 뿐 아니라 [그림 1-38] 과 같은 형태의 신호도 무수히 많은 파동의 중첩으로 만들 수 있다.

[그림 1-38] (a) 는 여러 파동을 중첩시켜서 길이 l 인 펄스를 만들어내고 나머지는 상쇄된 합성파이다. 이러한 파는 한 지점에서 다른 지점으로 신호를 보내는데 사용될 수 있다. 그러나 [그림 1-38] (b) 와 같이 단일 파동함수나 진폭, 진동수, 속도, 파장이 일정한 보통의 조화파는 변화가 없기 때문에 신호로서 쓸모가 없다. 예를 들어 한 밤중에 조난당한 사람이 구조를 요청할 때 불빛을 깜박여서 신호를 보내는 것과 같다. 이 경우에도 손전등을 계속해서 켜 놓으면 신호로서 역할을 할 수가 없는 것과 같다. 이렇듯 파동을 중첩시켜서 무수히 많고 다양한 파를 만들 수 있으며, 다양하게 응용할 수도 있다.

2. 파동의 간섭

이상에서 설명한 바와 같이 중첩의 원리는 어떠한 형태의 파동운동에서도 적용되는 중요한 원리이다. 우리는 현을 가진 악기를 비롯하여 여러 요인에 의해 들려오는 음파, 빛을 포함한 전자기파 및 수면위의 파 등과 같이 자연적이든 인위적이든 수 많은 파동 속에 접하여 살고 있다. 이렇듯 두 개 이상의 파동이 동일한 공간 상에서 중첩되어 상쇄되거나 보강되는 현상을 **파동의 간섭**(Interference)이라 한다. 이와 같은 간섭현상을 수학적으로 표현해 보자. 이해를 돕기 위하여 파장과 진폭이 같은 두 사인곡선형 파동이 같은 방향으로 진행하는 경우를 고려해 보자. 이때 두 파동의 중첩으로 인하여 합성되는 파는 상쇄되거나 보강이 되는 간섭현상이 일어나는데, 이는 두 파동의 상대위상차에 따라 달라진다.

같은 방향으로 진행하는 두 개의 파동 함수를 각각 $y_1(x, t)$, $y_2(x, t)$라 하면

$$y_1(x, t) = A_0 \sin(kx - wt + \phi) \qquad (1-43)$$

$$y_2(x, t) = A_0 \sin(kx - wt) \qquad (1-44)$$

여기서 w는 각진동수, k는 파수(또는 각파동수), A_0는 진폭이며 이들 각각은 두 파동에서 같고, 다만 위상차 ϕ만 다르다. 이들이 같은 속도, 같은 방향으로 진행할 때 두 파동의 합성파는 식 (1-42)의 중첩의 원리에 따라 다음과 같다.

$$\begin{aligned} y(x, t) &= y_1(x, t) + y_2(x, t) \\ &= A_0[\sin(kx - wt + \phi) + \sin(kx - wt)] \end{aligned} \qquad (1-45)$$

한편, sin 항등식에 의하면

$$\sin a + \text{ain } b = 2\sin\frac{1}{2}(a+b)\cos\frac{1}{2}(a-b)$$

이므로 식 (1−45)는 다음과 같다.

$$y(x, t) = A_0 [2 \sin \frac{1}{2} (kx - wt + \phi + kx - wt) \cos \frac{1}{2} (kx - wt + \phi - kx + wt)]$$

$$= A_0 [2 \sin (kx - wt + \frac{\phi}{2}) \cos \frac{\phi}{2}]$$

$$= [2 A_0 \cos \frac{\phi}{2}] \sin (kx - wt + \frac{\phi}{2}) \qquad (1-46)$$

식 (1−46)에서 보듯이 합성파 역시 sin 곡선형 파동임을 알 수 있다. $[2 A_0 \cos\frac{\phi}{2}]$는 합성파의 진폭 A이며 위상차 ϕ에 따라 달라진다.

만약 위상차 ϕ가 0이면, 진행하는 두 개의 파동 y_1, y_2가 똑같은 파동이며 식 (1−46)은 다음과 같다.

$$y(x, t) = 2 A_0 \sin (kx - wt) \qquad (1-47)$$

여기서 두 파동의 위상차가 0이 되면 두 파동은 완전히 같은 파동이므로 합성파의 진폭은 2배가 된다. 좀더 일반적으로 표현하자면 식 (1−46)의 진폭에 해당하는 $[2 A_0 \cos\frac{\phi}{2}]$에서 $\cos\frac{\phi}{2} = \pm 1$이 되면 합성파의 진폭은 최대가 되며 **보강간섭**이 일어난다. 이 경우 $\cos\frac{\phi}{2}$가 ±1이 되는 조건은 다음과 같다.

$$\frac{\phi}{2} = 0, \ \pi, \ 2\pi, \ 3\pi \cdots$$

$$\phi = 0, \ 2\pi, \ 4\pi, \ 6\pi \cdots$$

$$\text{또는 } \phi = n\pi, \ (n = 0, 2, 4, 6 \cdots) \qquad (1-48)$$

한편 $\cos\frac{\phi}{2} = 0$일 때 합성파의 진폭은 최소가 되며 **상쇄간섭**이 일어난다. 이 경우 $\cos\frac{\phi}{2}$가 0가 되는 조건은 다음과 같다.

$$\frac{\phi}{2} = \frac{\pi}{2}, \ \frac{3\pi}{2}, \ \frac{5\pi}{2} \cdots$$

$$\phi = \pi, \ 3\pi, \ 5\pi, \cdots$$

$$\phi = n\pi (n = 1, 3, 5 \cdots) \qquad (1-49)$$

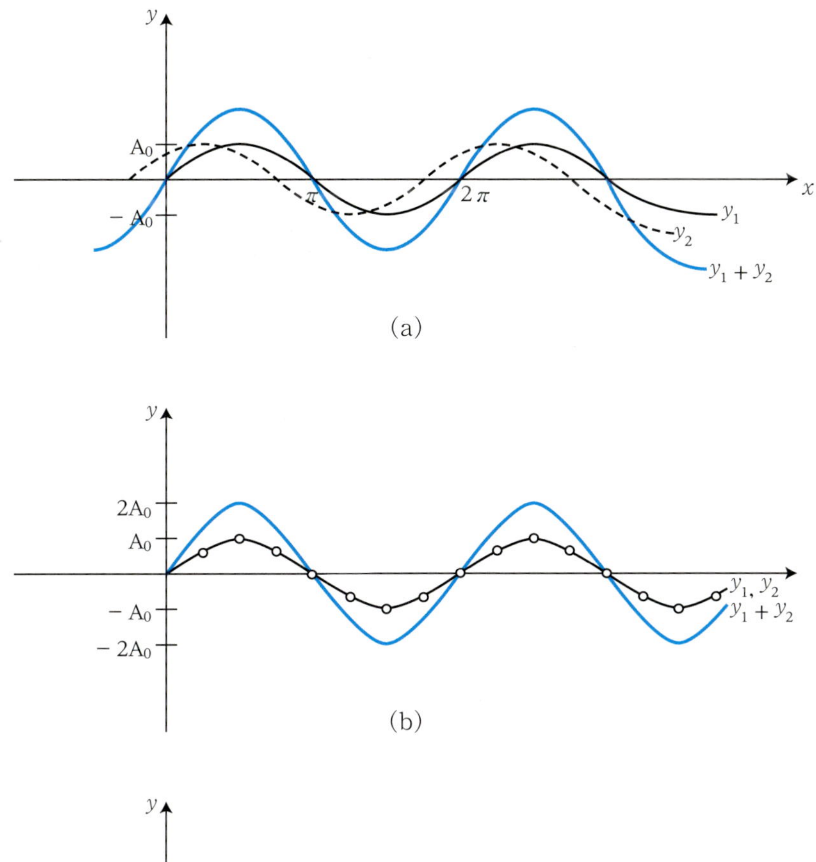

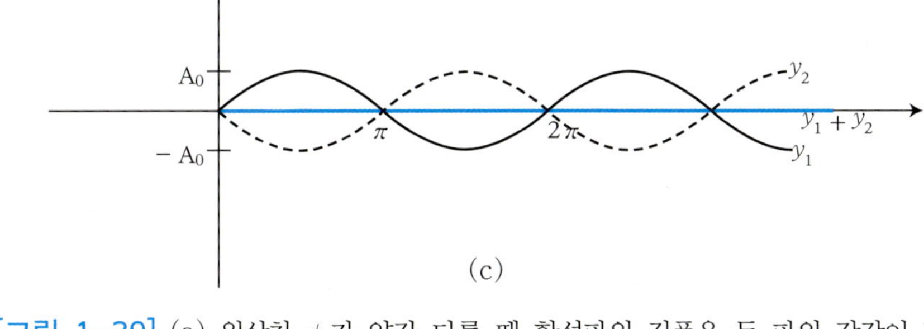

[그림 1-39] (a) 위상차 ϕ 가 약간 다를 때 합성파의 진폭은 두 파의 각각이 갖고 있던 진폭보다 크다.
(b) 위상차 ϕ 가 0° 일 때 합성파의 진폭은 $2A_0$
(c) 위상차 ϕ 가 180° 일 때 합성파의 진폭은 0

따라서 위 식 (1-48), (1-49) 에 의하여 위상차로 표현한 파동의 간섭 조건식을 다음과 같이 간단히 정리할 수 있다.

$$\phi = 2\pi n \quad ; \text{보강간섭} \tag{1-50}$$

$$\phi = 2\pi(n + \frac{1}{2}) \quad ; \text{상쇄간섭} \tag{1-51}$$

$$\text{단, } n = 0, 1, 2, 3 \cdots$$

따라서 같은 방향으로 진행하는 두 파동의 위상차 ϕ 가 0 이거나 π 의 짝수배일 때 진폭이 최대가 되는 보강간섭 현상이 일어나며, 위상차가 π 의 홀수배일 때 상쇄간섭 현상이 일어난다.

한편 위상차와 경로차의 관계식 식 (1−22) 으로부터 위상차 ϕ 대신 경로차 $\triangle$ 로도 파동의 간섭현상을 설명할 수 있다.

$$\phi = \frac{2\pi}{\lambda} \cdot \triangle \tag{1-22}$$

$$\triangle = \frac{\lambda}{2\pi}\phi \tag{1-52}$$

식 (1−48) 을 식 (1−52) 에 대입하면 경로차 $\triangle$ 는 다음과 같다.

$$\begin{aligned} \triangle &= \frac{\lambda}{2\pi}(n\pi) \\ &= \frac{\lambda}{2}n, \quad (n = 0,\ 2,\ 4,\ \cdots) \end{aligned} \tag{1-53}$$

따라서 [그림 1−40] (a)와 같이 경로차가 반파장 $\frac{\lambda}{2}$의 짝수배 (0을 포함)일 때 보강간섭이 일어난다.

한편 식 (1−49) 를 식 (1−52) 에 대입하면 경로차 $\triangle$ 는 다음과 같다.

$$\begin{aligned} \triangle &= \frac{\lambda}{2\pi}(n\pi) \\ &= \frac{\lambda}{2}n, \quad (n = 1,\ 3,\ 5,\ \cdots) \end{aligned} \tag{1-54}$$

[그림 1−40] (b) 와 같이 두 파동의 경로차가 반파장 $\frac{\lambda}{2}$의 홀수배일 때

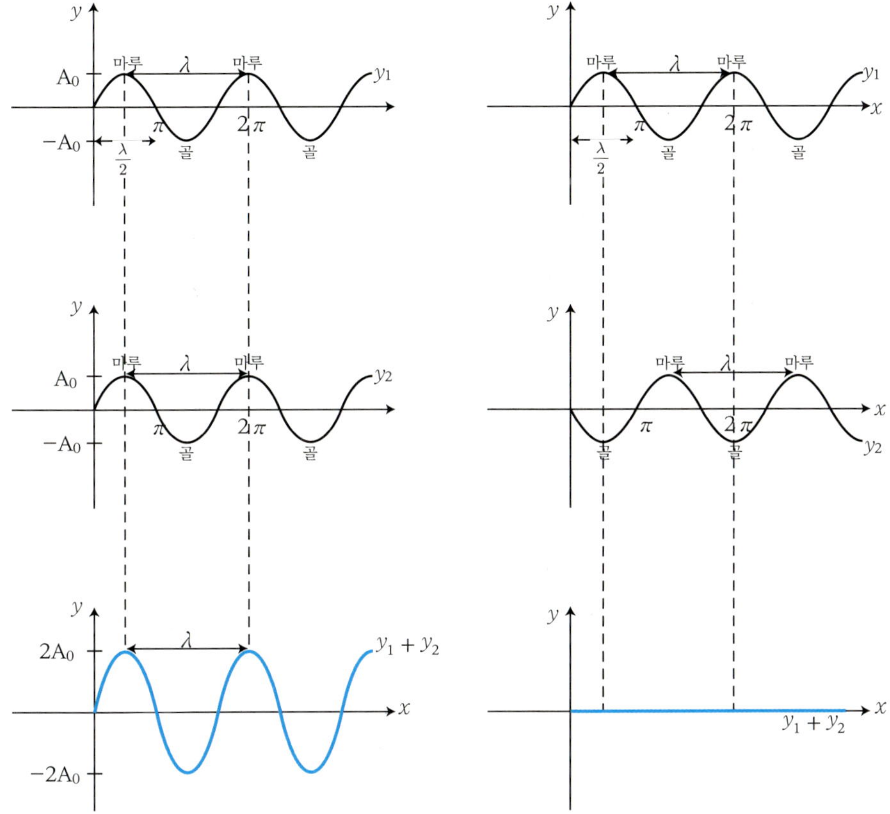

(a) 보강간섭
위상차가 π의 짝수배 또는 0
경로차가 $\frac{\lambda}{2}$의 짝수배 또는 0

(b) 상쇄간섭
위상차가 π의 홀수배
경로차가 $\frac{\lambda}{2}$의 홀수배

[그림 1—40] 보강간섭과 상쇄간섭

상쇄간섭이 일어난다. 따라서 경로차로 표현한 파동의 간섭조건식은 (1–53) 과 (1– 54) 에 따라 다음과 같이 간단히 정리할 수 있다.

$$\Delta = \lambda n \quad ; \text{보강간섭} \tag{1–56}$$

$$\Delta = \lambda\left(n+\frac{1}{2}\right) \quad ; \text{상쇄간섭} \tag{1–57}$$

단, n = 0, 1, 2, 3

이상과 같이 한 파동의 마루와 다른 파동의 마루가 만나는 곳은 보강간섭이 일어나서 진폭이 최대가 되며, 마루와 골이 만나는 곳은 상쇄간섭이 일어나서 합성파의 진폭은 최저가 된다.

3. 수면파의 간섭

호수 위에서 보트를 타고 있을 때 어떤 다른 보트가 스쳐 지나간다면, 타고 있던 보트가 심하게 흔들리는 경우를 쉽게 경험할 수 있다. 이는 타고 있던 보트가 만든 수면파와 다른 보트의 수면파가 서로 간섭하기 때문이다.

이를 쉽게 증명하기 위하여 [그림 1-41] 과 같은 수면파 발생장치(Ripple Tank)를 이용하여 간섭무늬를 만들 수 있다. 두 점파원 발생기에 연결된 진동판은 거리 5 cm 정도 떨어진 점파원 S_1, S_2 를 같은 위상으로 진동시킨다. 이때 원형으로 퍼져나가는 두 수면파는 같은 진폭과 진동수 및 파장을 갖고 물 위로 퍼져 나간다. 이때 유리판 위에 빛을 비춰주면 스크린 상에 [그림 1-41] (b) 와 같은 간섭무늬를 관찰할 수 있다.

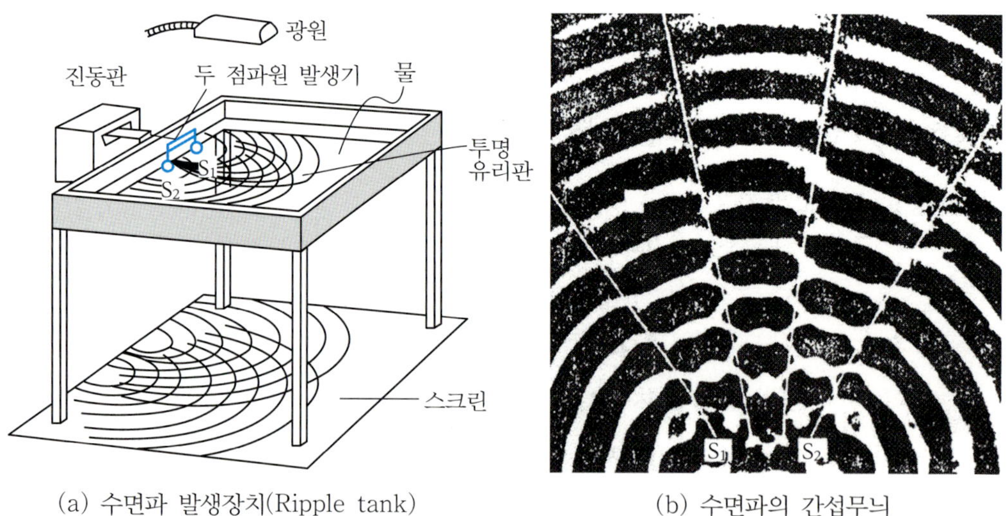

(a) 수면파 발생장치(Ripple tank)

(b) 수면파의 간섭무늬

[그림 1—41] 수면파의 발생장치

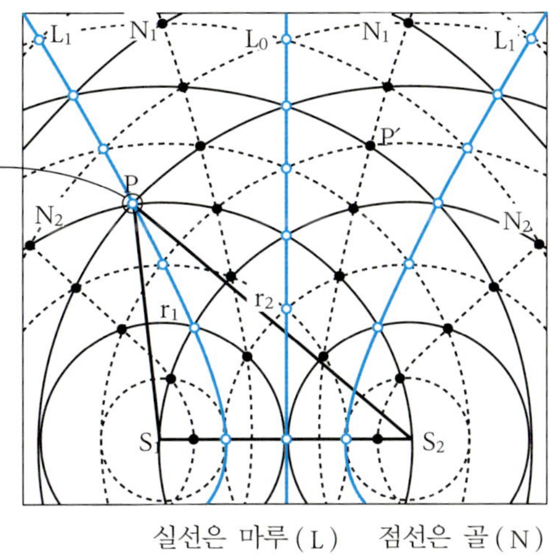

[그림 1—42] 수면파의 간섭무늬 작도

여기서 명암이 뚜렷한 곳은 각 수면파동의 마루와 마루 또는 골과 골이 만나 합성된 수면파의 변위가 커진 곳이고, 일정하게 어두운 곳은 마루와 골, 골과 마루가 만나 물 표면의 변위가 없어진 곳이다.

이러한 간섭현상은 입자의 충돌에서는 나타나지 않으나, 파동이 중첩될 때 생기는 파동 현상이다.

[그림 1-42] 는 스크린 상에 나타난 수면파의 간섭무늬를 상세하게 나타낸 것이다. 원형의 점선 무늬는 각 점파원 S_1, S_2 로부터 발생된 각 수면파의 골을 표시한 것이며, 원형의 실선 무늬는 마루를 표시한 것이다. S_1 과 S_2 로부터 떨어진 거리가 같은 중심선 L_0 는 항상 마루와 마루, 골과 골이 만나므로 보강간섭이 일어나는 곳이다. 한편 L_1 방향의 선은 S_1 과 S_2 가 떨어진 거리가 같지는 않으나 보강간섭이 일어나는 곳이며 N_1 방향의 선은 상쇄간섭이 일어나는 곳이다. 이때 상쇄간섭점을 **마디**(node)라 하며 마디를 연결한 선을 **마디선**이라 한다.

그렇다면 [그림 1-42] 를 통하여 두 점파원 S_1, S_2 로부터 r_1, r_2 만큼 떨어져서 만난 P 점에서의 보강 및 상쇄간섭이 일어날 조건에 대해서 알아보자. 우선 두 점파원 S_1, S_2 로부터 한 점 P 까지의 거리차, 즉 경로차

$\triangle$ 는 다음과 같다.

$$\triangle = r_2 - r_1 \tag{1-58}$$

중심선 L_0 상의 모든 점은 점파원으로부터 떨어진 거리가 같으므로 경로차가 0 이다. 한편 마루와 마루가 만나는 L_1 방향선 상의 P 점에서는 S_2로부터 나온 수면파가 S_1 으로부터 나온 수면파보다 한파장 λ 만큼 길며 보강간섭이 일어난다.

따라서 일반적으로 보강간섭은 경로차가 0을 포함하여 파장의 정수배이거나 반파장의 짝수배일 때 일어난다.

즉,

$$\triangle = n\lambda, \quad n = 0,\ 1,\ 2,\ \cdots \tag{1-59}$$

$$\triangle = \frac{\lambda}{2}m, \quad m = 0,\ 2,\ 4,\ \cdots \tag{1-60}$$

마루와 골이 만나는 마디선 상의 P′에서는 S_1 으로부터 나온 수면파가 S_2 로부터 나온 수면파보다 반파장 $\frac{\lambda}{2}$ 만큼 길며 상쇄간섭이 일어나므로 수면이 잔잔하다.

따라서 일반적으로 상쇄간섭은 경로차가 반파장의 홀수배일 때 일어난다.

또는

$$\triangle = (n + \frac{1}{2})\lambda, \quad n = 0,\ 1,\ 2,\ \cdots \tag{1-61}$$

$$\triangle = \frac{\lambda}{2}m, \quad m = 1,\ 3,\ 5,\ \cdots \tag{1-62}$$

이는 앞절에서 설명하였던 파동의 간섭조건 식 (1−50), (1−51), (1−56), (1−57) 과 일치한다.

스피커가 양쪽으로 배치된 야외음악당에서 연주되는 음악소리를 들을 때 앉은 위치에 따라 소리의 세기가 커졌다, 작아졌다 하는 것을 느낄 수 있다. 이것은 앞서 설명한 두 수면파가 중첩될 때 파동이 간섭되는 현상과 같다.

1801년 영(Young)이 이중 슬릿을 이용하여 빛에서도 간섭현상이 일어나는 것을 발견함으로써 빛도 파동의 일종이라는 사실을 확신하게 되었으며 3장에서 설명하기로 한다.

예제 1-13

아래 그림과 같이 수면 위의 두 점 A, B 에서 진폭이 1.5 cm, 파장이 5 cm 인 두 수면파가 같은 위상과 같은 진동수로 퍼져 나가고 있다. 점 A, B 에서 각각 30 cm, 40 cm 떨어진 한 점 P 에서 만나 간섭된 합성파의 진폭은 몇 cm인가?

풀이 P점에 만난 두 수면파는 파장과 진폭 및 진동수가 같으며, A, B 두 점에서 동일 위상으로 파동을 발생되고 있다.
P점에 만나는 두 수면파의 경로차 $\Delta = BP - AP = 40\text{ cm} - 30\text{ cm} = 10\text{ cm}$ 이고
경로차 10 cm 는 반파장 2.5 cm 의 4 배인 짝수배가 된다.
따라서 P 점에서 만난 두 수면파는 보강간섭을 일으키게 된다.
그러므로 합성파의 진폭은 두 수면파 진폭 A_0의 두 배가 된다.
$2A_0$, 즉, $A_0 = 1.5\text{ cm}$ 이므로 $2A_0 = 2 \times 1.5\text{ cm} = 3\text{ cm}$

답 합성파의 진폭 ; 3 cm

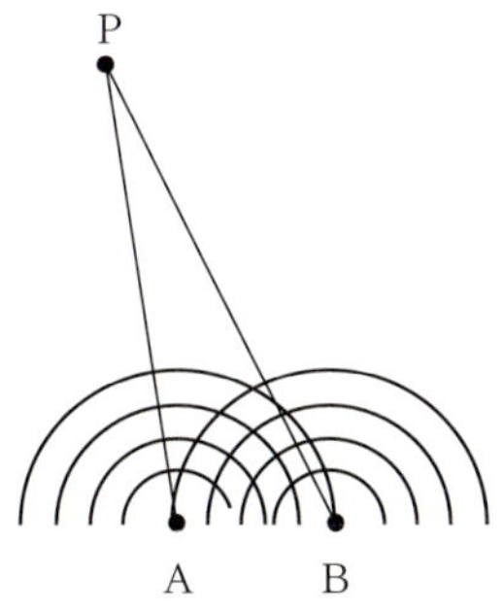

수면파의 간섭

예제 | 1-14

어떤 야외 음악당의 두 스피커로부터 각각 12 m, 7 m 떨어진 위치에서 음악을 감상하고 있다. 이 위치에서 소리의 세기가 최소가 되는 가장 작은 진동수는 얼마인가? 소리의 속도는 340 m/s 이다.

풀이 경로차 $\Delta = S_2P - S_1P$

$= 12\,(m) - 7\,(m) = 5\,(m)$

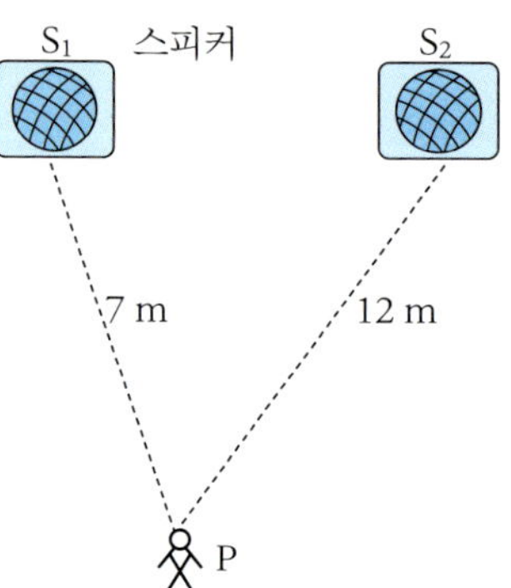

이며 진동수가 최소가 되려면 파장이 최대가 되는 경우와 같으므로 소멸간섭의 조건식 식 (1-57) 또는 식 (1-61)에서 n = 0 을 대입하면 파장은 다음과 같다.

$$\Delta = (n + \frac{1}{2})\lambda$$

$$5\,(m) = \frac{1}{2}\lambda$$

$$\therefore \ \lambda = 10\,(m)$$

이 때 진동수 $f = \frac{v}{\lambda} = \frac{340\,(m/s)}{10\,(m)} = 34\,Hz$

이며 이 진동수를 갖은 음이 잘 들리지 않는다.

4. 정상파

야외에서 연설을 할 경우와 실내에서 연설 할 경우 느낌이 다르며 야외에서가 훨씬 힘들다는 것을 알 수 있다. 같은 밀폐된 공간이라도 작은 소리로 이야기해도 잘 전달이 되는가 하면 큰 소리로 외쳐도 잘 전달이 안되는 경우도 있다. 연주가가 연주회를 할 때 음악당의 구조에 따라 성공적으로 공연할 수도 있고 그렇지 않은 경우도 있다. 우선 실내의 청중들은 처음순간에는 음원으로부터의 직접소리를 듣게 되며 시간이 경과한 후에는 벽에 부딪힌 음파가 반사되어서 돌아오는 반사음을 듣게 된다. 이 때 반사음은 다시 다른 벽에 부딪혀서 다시 반사될 때까지 온 방안을 진행하면서 서로 중첩되어 관중의 귀에 들어간다. 음의 세기는 밀폐된 공간에서 급격하게 증가하게 된다.

이렇듯 원래의 음원으로부터 나온 파와 반사파가 여러 모양으로 중첩되어 관중의 귀로 전달되는데, 실내의 구조, 형태, 크기, 장식, 관객수에 따라 아름다울 수도 시끄러울 수도 있다.

이와 같은 현상들을 이해하기 위하여 서로 반대 방향으로 진행하는 조화파(사인곡선형 파동)의 중첩에 의한 합성파의 특징에 대해 설명하기로 한다.

[그림 1-43] 은 파장과 진폭 및 진동수가 같은 두 1차원의 파동(줄의 파동)이 일직선상에서 서로 마주보고 와서 겹치게 될 때의 합성파 모양을 1/4 주기로 나타낸 그림이다. 이 두 파동을 계속 진행시키면 결국에는 어느 방향으로도 진행하지 않고 제자리에서 계속 진동하는 부분과 전혀 진동하지 않고 정지해 있는 부분이 번갈아 나타나는 합성파가 만들어진다. 이와 같은 파동을 **정상파** 또는 **정지파** (standing wave) 라 한다.

정상파에서 변위가 0 이 되어 전혀 진동하지 않는 부분을 **마디** (node)

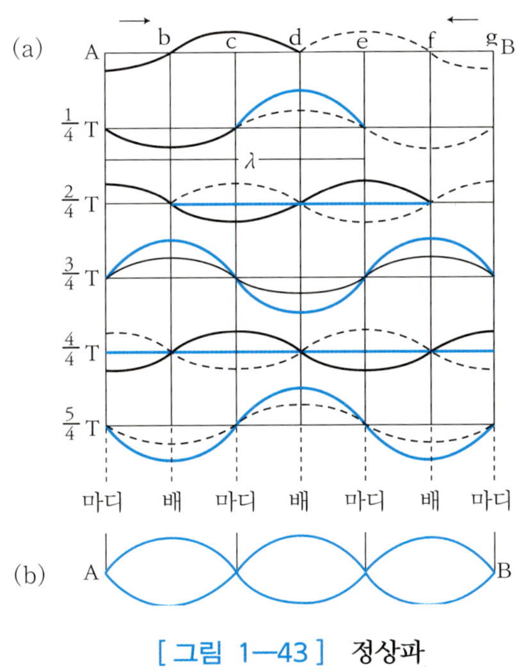

[그림 1-43] 정상파

진폭, 파장 및 진동수가 같은 두 파동이 서로 마주보고 진행하여 중첩될 때 정상파가 생긴다.

라 하고, 정상파의 변위가 최대가 되는 곳을 배(antinode)라고 한다. 이 때 두 인접한 배와 배, 또는 마디와 마디 사이의 거리는 반파장($\lambda/2$)이 된다.

1) 정상파의 수학적 고찰

[그림 1-43] (a)의 실선은 오른쪽으로 점선은 왼쪽으로 진행하는 파동이고 [그림 1-43] (b)는 중첩의 원리로 얻은 합성파이다. 이때 C선 상에 위치한 합성파는 서로 상쇄되어 항상 정지상태로 고정된 점을 이루게 되며 **마디**라 불리운다. 인접한 마디 사이의 중간점을 **배**라 부르며 합성파의 진폭이 최대가 되는 위치가 된다. 이와 같이 합성된 파동의 형태가 전혀 움직이지 않기 때문에 **정지파**라고도 부른다.

이와 같은 현상을 수학적으로 고찰해 보자. 우선 방향이 서로 반대이므로 위상차는 고려하지 않는다. 따라서 파장과 진동수, 진폭이 같은 두 파동은 다음과 같이 표현할 수 있다.

$$y_1(x,\ t) = A_0 \sin(kx - wt) \tag{1-63}$$

$$y_2(x,\ t) = A_0 \sin(kx + wt) \tag{1-64}$$

식 (1-13)과 식 (1-13′)에 의하면 식 (1-63)은 오른쪽으로 진행하는 파동함수이며 식 (1-64)는 왼쪽으로 진행하는 파동함수임을 알 수 있다.

중첩의 원리를 적용하면 다음과 같은 합성파를 얻을 수 있다.

$$\begin{aligned} y(x,\ t) &= y_1(x,\ t) + y_2(x,\ t) \\ &= A_0 \sin(kx - wt) + A_0 \sin(kx + wt) \end{aligned}$$

한편, 부록의 사인함수 항등식인 $\sin a + \sin b = 2\sin\frac{1}{2}(a+b)\cos\frac{1}{2}(a-b)$를 이용하여 위 식을 변형하면

$$y(x,\ t) = [2A_0 \cos wt] \sin kx \tag{1-65}$$

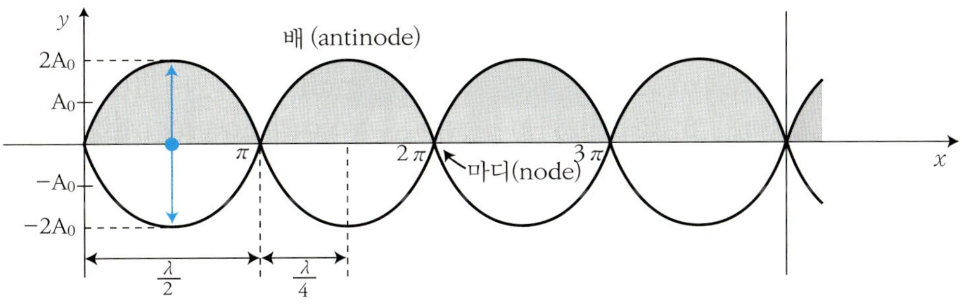

[그림 1-44] 정상파의 배와 마디의 위치

이것은 진행하는 조화파의 파동함수를 나타내는 식 (1-16)의 형태가 아니므로 진행파가 아니다. 따라서 위 식 (1-65)는 정지해 있는 파, 즉 정상파를 기술하고 있음을 알 수 있다.

식 (1-65)는 시간 t와 위치 x의 함수로 되어 있다. 여기서 $\sin kx$는 각 순간 정상파의 모양이 [그림 1-44]와 같이 사인 곡선임을 나타낸다. [ ] 속의 식 $2A_0 \cos \omega t$는 정상파의 진폭을 나타낸다. 이 진폭은 시간에 따라 코사인 형태로 $2A_0$부터 $-2A_0$까지 변하며, 각 지점들은 단조화 운동을 하게 된다.

$\sin kx$가 0인 모든 점에서 정상파의 변위 y는 0가 되며 이 조건을 만족하는 모든 x의 위치를 마디라 한다. 물론 kx 값이 0를 포함한 π의 배수, 즉 π, 2π, 3π ... 지점에서도 변위 y가 0이므로 마디의 위치 x는 다음과 같다.

$$kx = 0,\ \pi,\ 2\pi,\ 3\pi,\ ....$$

$$\text{또는 } kx = n\pi, \quad n = 0,\ 1,\ 2,\ .... \tag{1-66}$$

또는 파수 k가 $k = \frac{2\pi}{\lambda}$이므로 다음과 같이 파장 λ로도 마디의 위치를 표현할 수 있다.

$$x = 0,\ \frac{\lambda}{2},\ \frac{2\lambda}{2},\ \frac{3\lambda}{2}\ \cdots$$

$$x = n\frac{\lambda}{2}, \quad n = 0,\ 1,\ 2,\ \cdots \tag{1-67}$$

따라서 마디와 마디 사이의 거리는 항상 반파장 $\frac{\lambda}{2}$ 임을 알 수 있다. 한편 $\sin kx = 1$ 일 때 정상파의 변위 y 는 최대가 되므로 진폭이 최대가 된다. 이러한 조건을 만족하는 x 의 위치는 마디와 마디 중간점에 있는 배(antinode) 가 된다. 따라서 배의 위치 x 는 다음과 같다.

$$kx = \frac{\pi}{2},\ \frac{3}{2}\pi,\ \frac{5}{2}\pi\ \cdots$$

$$kx = \left(n + \frac{1}{2}\right)\pi, \quad n = 0,\ 1,\ 2,\ \cdots \tag{1-68}$$

또는 파수 $k = \frac{2\pi}{\lambda}$ 를 대입하면 파장 λ 로 배의 위치를 표현할 수 있다.

$$x = \frac{\lambda}{4},\ \frac{3}{4}\lambda,\ \frac{5}{4}\lambda\ \cdots$$

$$x = \left(n + \frac{1}{2}\right)\frac{\lambda}{2}, \quad n = 0,\ 1,\ 2,\ \cdots \tag{1-69}$$

식 (1-69) 은 정상파에서 진폭이 최대가 되는 배의 위치를 나타내며 반파장 $\frac{\lambda}{2}$ 씩 떨어져 있다.

따라서 정상파의 가장 흥미로운 특징 중의 하나는 진행파와는 달리 한 끝에서 다른 끝으로 에너지를 전달하지 못한다는 것이다. 물론 각 마디에서 이웃한 배까지 지역적인 에너지 흐름은 있으나 에너지 전달의 평균율은 모든 점에서 0 가 된다. 다시 말하면 매질을 구성하고 있는 각 위치점들은 진동하지만 파는 진행하지 못한다. 현의 진동이나 기주(공기 기둥)의 진동은 정상파의 좋은 예가 된다.

예제 1-15

두 파동이 서로 반대 방향으로 이동 후 중첩되어 정상파를 만들고 있다. 진폭 20 mm, 진동수 100 Hz, 속도 60 m/sec 일 때 a) 마디의 위치 b) 정상파의 파동함수는 각각 얼마인가?

풀이 a) 파장 $\lambda = \frac{v}{f} = \frac{60\ \text{m/s}}{100\ \text{s}^{-1}} = 0.6\ \text{m}$ 이므로

마디의 위치는 식 (1-67) 에 의해

$$x = n\frac{\lambda}{2} \quad (n = 0,\ 1,\ 2,\ \cdots)$$

$$x = 0,\ 0.3\ \text{m},\ 0.6\ \text{m},\ \cdots$$

b) $w = 2\pi f = (2\pi\ \text{rad})(100\ \text{s}^{-1}) = 628\ \text{rad/s}$

$$k = \frac{2\pi}{\lambda} = \frac{2\pi\,\text{rad}}{0.6\ \text{m}} = 10.47\ \text{rad/m}$$

이므로 파동함수는 식 (1-65) 를 이용하면 다음과 같다.

$$y = [2A_0 \cos wt] \sin kx$$
$$= [0.04 \cos(628\ \text{rad/s})]\, t \sin(10.47\ \text{rad/m})x$$

2) 현의 진동

[그림 1-45] 와 같이 팽팽하게 당겨진 줄의 양 끝을 고정시킨 다음 줄의 가운데를 튕겨 주면 [그림 1-46] 과 같이 양 끝의 고정부위에서 반사되어 오는 반사파와 입사파가 간섭을 일으켜서 정상파를 만들게 된다. 이 때 줄의 양 끝은 언제나 마디가 되며 줄의 장력과 진동수에 따라 마디의

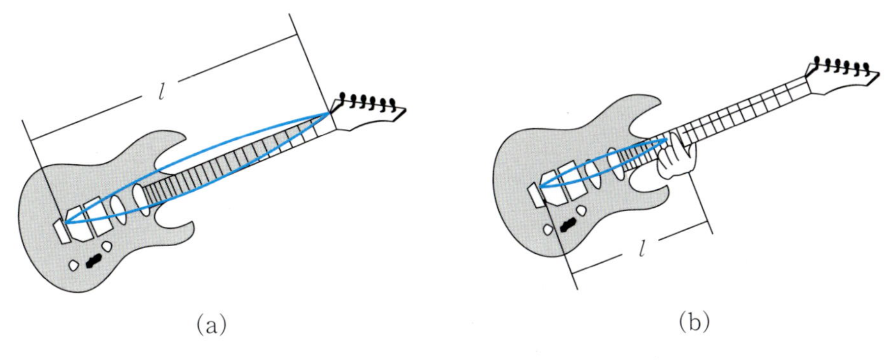

[그림 1-45] 현의 진동(기타줄)

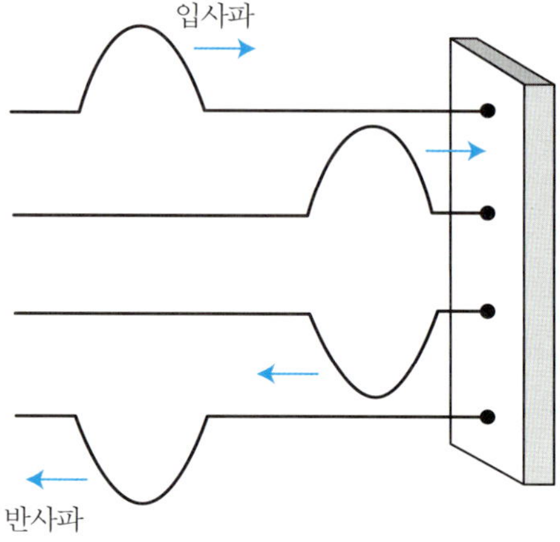

[그림 1—46] 줄의 입사파와 반사파

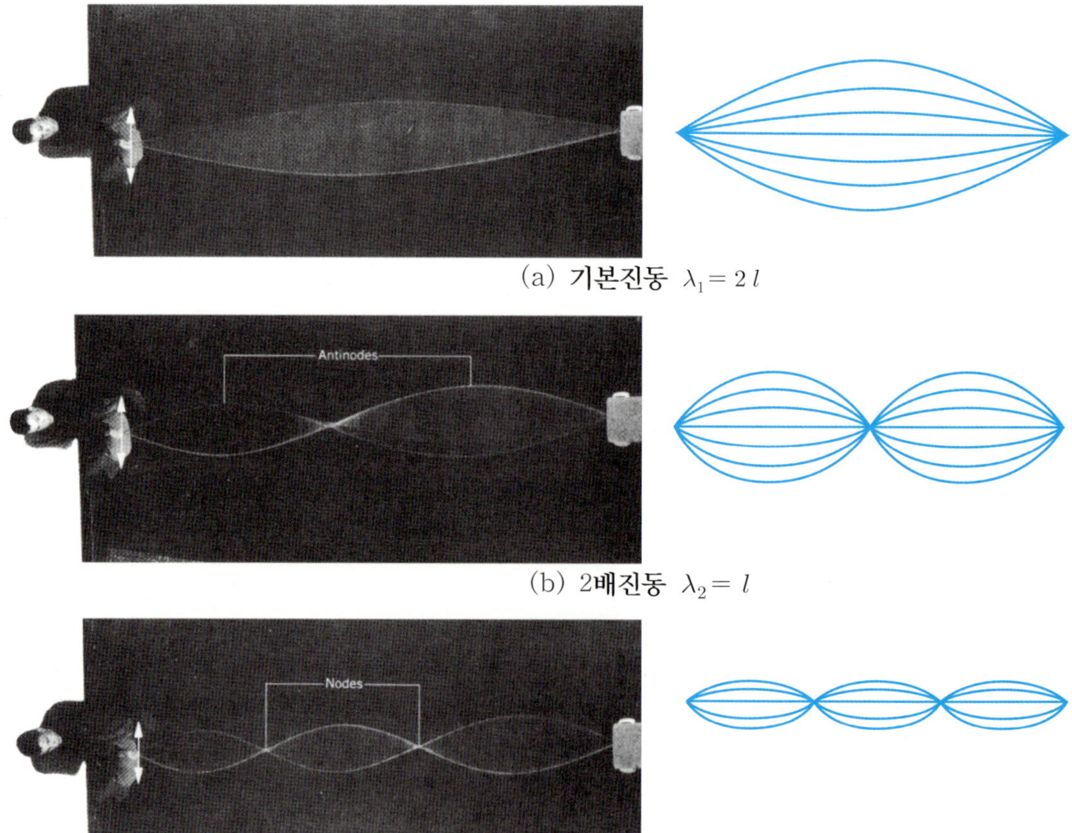

(a) 기본진동 $\lambda_1 = 2l$

(b) 2배진동 $\lambda_2 = l$

(c) 3배진동 $\lambda_3 = \frac{2}{3}l$

[그림 1—47] 현의 진동(줄의 길이 ℓ)

수가 다른 파동이 생긴다. 이와 같은 현상은 바이올린, 가야금 등 모든 현악기에서 일어난다.

[그림 1-47] 에는 3가지 형태의 진동모드가 있는데, 이러한 진동모드는 특별한 진동수에서만 나타나며, 이러한 진동수를 **공명진동수**라 한다. 만약 이러한 진동수로 현을 진동시키지 않으면 정상파는 생기지 않는다.

[그림 1-47] 의 (a) 와 같이 줄에 생긴 정상파의 중앙에 마디가 없는 진동을 **기본진동**이라 하고, 기본진동에서 생기는 진동음을 **원음** 또는 **기본음**이라 한다.

또한 [그림 1-47] 의 (b), (c) 와 같이 줄의 중앙에 1개, 2개 또는 그 이상의 마디가 생기는 진동을 **배(倍)진동**이라 하고, 배진동에서 생기는 진동음을 **배음**이라 한다. 줄의 길이를 l 라 할 때 [그림 1-47] 에서 보듯이 기본진동의 파장은 $\lambda_1 = 2l$ 이고, 2배진동의 파장은 $\lambda_2 = l$ 이며, 3배진동의 파장은 $\lambda_3 = 2l/3$ 이 됨을 알 수 있다.

따라서 공명진동이 일어나는 파장을 일반적으로 표현하면 다음과 같다.

$$\lambda_n = \frac{2l}{n}, \quad n = 1,\ 2,\ 3 \cdots \qquad (1-70)$$

만약 파장이 위의 값들 중의 하나와 일치하지 않으면 정상파가 만들어지기는 불가능하다.

한편 가장 작은 진동수 f_1 는 가장 긴파장 λ_1 에 대응하고, $f = \frac{v}{\lambda}$ 이므로

$$f_1 = \frac{v}{2l} \qquad (1-71)$$

가 되며, 이것을 **기본진동수**라고 한다. 마찬가지로 $f_2 = \frac{2v}{2l}$, $f_3 = \frac{3v}{2l}$ 등등 … 이 되므로 공명진동수 f_n 을 일반적으로 표현하면 다음과 같다.

$$f_n = n\frac{v}{2l} = n f_1, \quad n = 1,\ 2,\ 3 \cdots \qquad (1-72)$$

보통 기본진동수 f_1 의 정수배인 경우의 진동수를 **어울림**(harmonics)이라고 하고, **배음**(overtones) 이라고도 한다.

또 줄의 선밀도가 μ(kg/m) 이고 장력이 F(N) 인 줄의 파동에서 전파속도 v는 식 (1-7) 과 같이 $v = \sqrt{F/\mu}$ (m/s) 이므로 길이 l(m) 인 현의 기본진동수 f_1 은

$$f_1 = \frac{v}{\lambda_1} = \frac{1}{2l}\sqrt{\frac{F}{\mu}} \tag{1-73}$$

이 된다. 그러므로 일반적인 공명진동수 f_n 은 다음과 같다.

$$f_n = \frac{v}{\lambda_n} = \frac{n}{2l}\sqrt{\frac{F}{\mu}}, \quad n = 1, 2, 3 \cdots \tag{1-74}$$

식 (1-74) 에서 현의 진동음은 줄이 짧을수록, 가벼울수록, 또 팽팽할수록 현이 일으키는 정상파의 진동수가 커져서 높은 소리를 내게 됨을 알 수 있다.

모든 현악기는 줄의 장력 F 를 변화시키므로서 진동수를 정확하게 조율한다. 피아노 현의 끝을 철사줄로 감는 이유는 현의 선밀도 μ를 조정함으로서 높낮이를 조율하며, 현의 길이를 불필요하게 길게 하지 않아도 되기 때문이다. 기타나 바이올린인 경우에는 손가락으로 눌러줌으로서 현의 길이 l 을 조정하여 진동수를 조절한다.

3) 기주(氣柱)의 진동

통소나 피리와 같은 관악기는 소리를 내기 위해 공기기둥(기주)의 정상파를 이용한다. 관(管)속에 공기를 불어넣어 공기를 진동시키면 관을 따라 진행하는 종파가 발생하게 되는데, 이 종파가 관의 한 끝에 도달하게 되면 반사파를 만들고 이 반사파가 다시 반대쪽으로 진행하면서 다시 반사하게 된다. 이렇게 해서 관의 양 끝으로 입사하는 파동과 거기서부터 반사하는 파동 사이에는 간섭이 일어나게 되어 열린 쪽은 배, 닫힌 쪽은

마디로 되는 정상파가 생긴다.

(1) 한쪽 끝이 열린 기주의 진동

[그림 1-48] 의 (a) 와 같은 진동을 **기본진동**이라 하며, 이때 생기는 진동음을 **원음** 또는 **기본음**이라 하고, [그림 1-48] 의 (b), (c) 와 같은 진동을 **배(倍)진동**이라 하고 이때 생기는 진동음을 **배음**이라 한다. 한쪽 끝은 열려 있고 다른 한쪽 끝이 닫혀 있는 길이 l 인 관에서 생기는 기본진동, 3배진동, 5배진동 …… 의 파장은 $\lambda_1 = 4l$, $\lambda_3 = 4l/3$, $\lambda_5 = 4l/5$…… 이 된다. 따라서 일반적으로 공명이 일어날 조건의 파장은

$$\lambda_n = \frac{4l}{n} \qquad n = 1,\ 3,\ 5,\ \cdots \tag{1-75}$$

가 된다.

따라서 기주 내의 음속을 v 라 하면, 한쪽 끝이 막혀 있고 다른 쪽 끝이

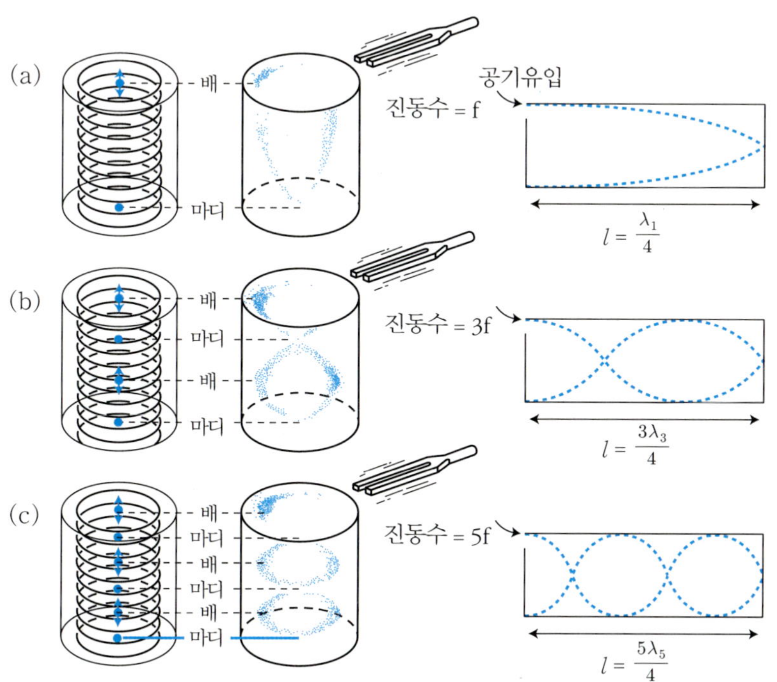

[그림 1-48] 한쪽 끝이 열린 개관 내 기주의 진동

열려 있는 개관이 내는 기본음의 진동수 f_1은 다음과 같다.

$$f_1 = \frac{v}{\lambda_1} = \frac{v}{4l} \text{ [Hz]} \quad (1-76)$$

그러므로 한쪽 끝이 열린관의 공명진동수를 일반적으로 표현하면 다음과 같다.

$$f_n = \frac{v}{\lambda_n} = \frac{nv}{4l}, \quad n = 1, 3, 5, \cdots \quad (1-77)$$

(2) 양쪽 끝이 열린 기주의 진동

[그림 1-49] 와 같이 양쪽 끝 모두 열려 있는 개관인 경우는 양쪽 끝이 배가 되는 정상파를 일으키게 된다. [그림 1-49] 의 (a) 와 같은 기주의 진동을 **기본진동**, (b) 와 (c) 같은 기주의 진동을 **배(倍)진동**이라 한다. 길이가 l 인 개관(開管)에서 생기는 기본진동, 2배진동, 3배진동, …… 의 파장은 각각 $\lambda_1 = 2l$, $\lambda_2 = 2l/2$, $\lambda_3 = 2l/3$, …… 이 된다. 그러므로 일반적으로 공명이 일어날 파장은

$$\lambda_n = \frac{2l}{n}, \quad n = 1, 2, 3, \cdots \quad (1-78)$$

가 된다.

따라서 기주 내의 음속이 v 일 때, 양쪽 끝이 열려 있는 개관이 내는 기본음의 진동수 f_1은 다음과 같이 된다.

$$f_1 = \frac{v}{\lambda_1} = \frac{v}{2l} \text{ Hz} \quad (1-79)$$

그러므로 양쪽 끝이 열린 개관의 공명진동수는 다음과 같다.

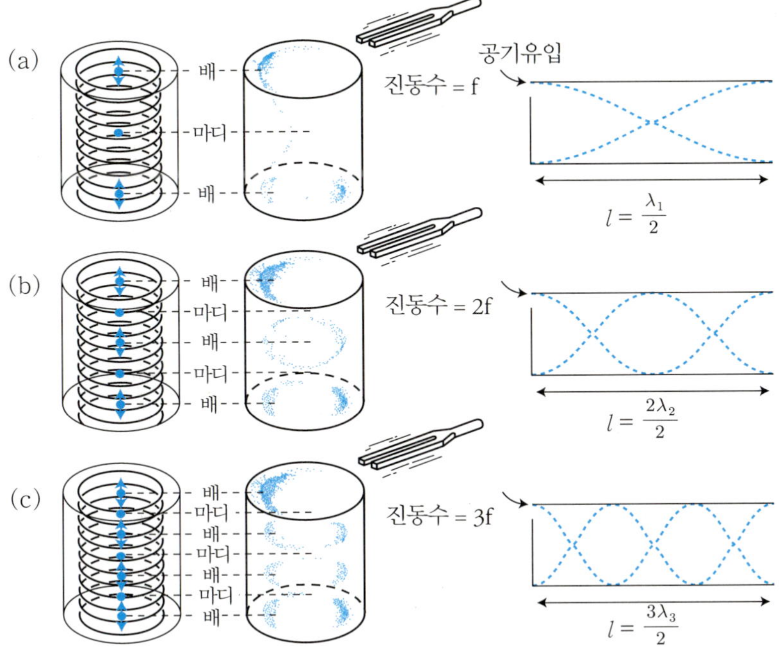

[그림 1—49] **양쪽 끝이 열린 개관 내 기주의 진동**

$$f_n = \frac{v}{\lambda_n} = \frac{nv}{2l} \qquad n = 1, 2, 3, \cdots \tag{1-80}$$

식 (1-76)과 식 (1-79)를 비교하면, 양쪽 끝이 열린 개관의 기본음의 진동수가 한쪽 끝만 열린 폐관의 기본음의 진동수 보다 2배로 되어 개관이 폐관보다 높은 소리를 내게 됨을 알 수 있다.

이렇듯 관악기의 기주는 현악기를 뜯거나 두들겨서 만드는 현과 비슷하다. 좁은 관은 가늘고 고음으로 들리며 굵은 관은 플룻처럼 부드럽고 저음으로 들린다. 악기에 구멍이 뚫어져 있는 피리와 같은 악기는 손가락으로 구멍을 열거나 막음으로써 관의 길이 l을 변화시켜 음의 높낮이(진동수)를 조절하게 된다.

길이가 짧으면 진동수는 더 높으며, 또한 공기의 온도에 따라서도 속도가 변하게 되는데 온도가 상승하면 전파 속도가 증가한다. 따라서 모든 관악기는 온도가 상승하면 음의 높낮이(진동수)가 올라간다.

예제 | 1-16

1. 길이 10 cm 이고 질량이 0.5 g 인 끈을 2.45×10^3N 의 힘으로 당겨서 양 끝을 고정시켰다. 이 끈의 기본진동의 진동수는 몇 Hz 인가?
2. 한쪽 끝만 닫힌 길이 17 cm 의 폐관인 공기기둥의 기본음의 진동수는 몇 Hz 인가? 단, 기온은 15 ℃이다.

풀이 1. 줄에서 일어나는 파동의 전파속도 v는 식 (1-7)에 따라

$$v = \sqrt{\frac{F}{\mu}} = \sqrt{\frac{2.45 \times 10^3}{0.5 \times 10^{-3}/10 \times 10^{-2}}} = 700\ \text{m/s}$$

이고, 현의 기본진동 파장 $\lambda_1 = 2l = 0.2\,(\text{m})$ 이므로, 기본진동의 진동수 f_1 는

$$f_1 = \frac{v}{\lambda_1} = \frac{700}{0.2} = 3500\ \text{Hz} \qquad \therefore\ f = 3500\ \text{Hz}$$

2. 15℃ 때 공기 중에서의 소리속도 v는 식 (1-10′)에 따라

$$v = 331 + 0.6\,t = 331 + 0.6 \times 15 = 340\ \text{m/s}$$

이고, 한쪽 끝이 닫힌 폐관에서의 기본진동의 파장은 $\lambda_1 = 4l = 0.68$ m 이므로, 기본진동의 진동수는

$$f_1 = \frac{v}{\lambda_1} = \frac{340}{0.68} = 500\ \text{Hz} \qquad \therefore\ f = 500\ \text{Hz}$$

5. 맥놀이 (Beat)

정확하게 같아야 할 두 악기의 진동수가 조율이 덜 되어 약간 차이가 나거나 진동수가 거의 같은 두 개의 소리굽쇠를 가까이 놓고 동시에 울려 주면 합성음의 세기가 커졌다 작아졌다 하면서 소리의 세기가 주기적으로 변하게 된다. 이것은 [그림 1-50] 과 같이 두 음파가 어떤 시각에 위상이 같아지면 보강간섭이 되어 소리가 커지고, 얼마 후 위상이 서로 반대가 되면 소멸간섭이 되어 약해지기 때문이다. 이와 같이 진동수가 아주 비슷한 두 파동이 합성되어 합성파의 세기가 반복해서 커졌다 작아졌다 하면서 주기적으로 변하게 되는 것을 **맥놀이** (beat) 라 하고, 세기 변화의 진동수를 **맥놀이 진동수** (beat frequency) 라 한다.

[그림 1-51] 의 (a), (b) 는 진동수가 거의 같고, 진폭이 같은 두 파동을 하나의 시간-변위의 좌표 상에 나타낸 것이고, (c) 는 두 파동의 합성파를 나타낸 것이다. 시각 $t = 0$ 일 때는 두 파동의 위상이 다르고, 시각 t_1 일 때는 두 파동의 위상이 같으며, 시각 t_2 일 때는 두 파동의 위상이 180° 달라지며, 시각 t_3 일 때는 두 파동의 위상이 다시 같게 된다. 시간축의 점 0, t_1, t_2, t_3, ········· 간의 간격은 등간격을 이룬다. 즉 시각 0, t_2, t_4, ······ 에서는 합성파 진폭은 0 이 되어 진동이 없어진다.

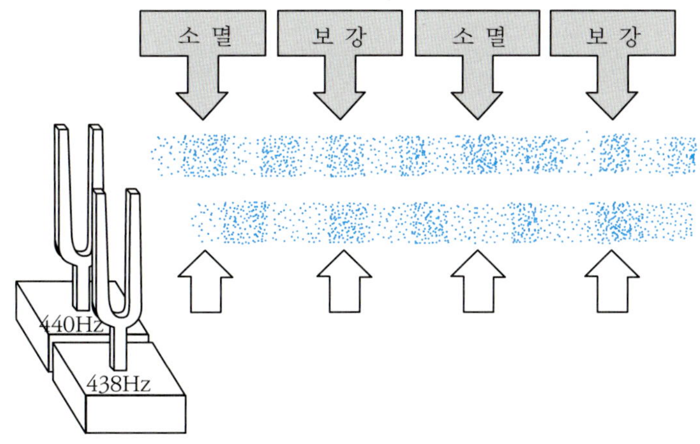

[그림 1—50] 두 개의 소리굽쇠에 의한 맥놀이 현상

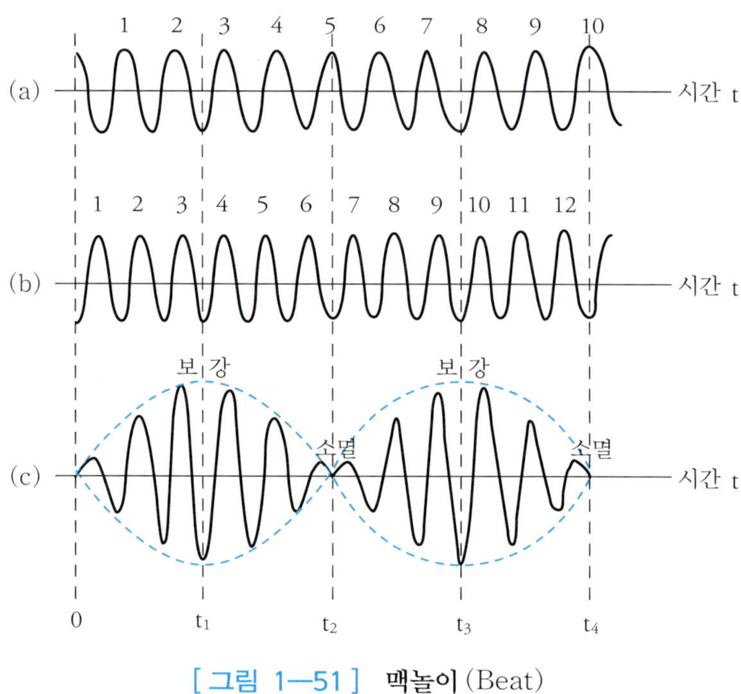

[그림 1—51] **맥놀이** (Beat)

시각 t_1, t_3, t_5, …… 에서의 합성파는 최대 진폭 $2A_0$ 로 진동하게 된다. 파동의 세기는 진폭의 제곱에 비례하므로 합성파의 세기는 [그림 1−51] 의 (c) 에서 점선파 (변조파) 와 같이 주기적으로 세어졌다 약해졌다 하는 맥놀이를 일으키게 된다.

1) 맥놀이의 수학적 고찰

수학적인 방법으로 맥놀이 진동수를 구하여 보도록 한다. 두 파동 A, B 는 진폭 A_0 로 같고, 각진동수가 각각 w_1, w_2 로 다르며, 초기 $t = 0$ 일 때의 위상은 0 이다. 그러면 한 점 (편의상 $x = 0$) 에서의 2개의 파동함수는 다음과 같이 여현파(cosine wave)로 나타낼 수 있다.

$$\text{A 파} : y_1 = A_0 \cos w_1 t$$
$$\text{B 파} : y_2 = A_0 \cos w_2 t \qquad (1-81)$$

참고로 위 2개의 파동함수를 sin 파로도 나타낼 수 있으나 여기서는 위

[그림 1-51] 을 참고로 하기 위하여 편의상 cosin 파를 택했으며 결과는 같다.

식 (1-81) 의 두 파동의 합성파 파동함수는 식 (1-42) 의 중첩의 원리에 의하여

$$y = y_1 + y_2 = A_0 \cos w_1 t + A_0 \cos w_2 t \qquad (1-81')$$

이고, 여기서 첫 번째 파동의 각진동수와 두 번째 파동의 각진동수는 각각 $w_1 = 2\pi f_1$, $w_2 = 2\pi f_2$ 이므로 식 (1-81′) 에 대입한 후 삼각함수 항등식 $\cos A + \cos B = 2\cos\frac{1}{2}(a+b)\cos\frac{1}{2}(a-b)$ 을 이용하면 다음과 같이 정리할 수 있다.

$$\begin{aligned} y &= A_0 \cos(2\pi f_1 t) + A_0 \cos(2\pi f_2 t) \\ &= 2A_0 \cos\left\{2\pi\left(\frac{f_1 - f_2}{2}\right)t\right\} \cdot \cos\left\{2\pi\left(\frac{f_1 + f_2}{2}\right)t\right\} \end{aligned} \qquad (1-82)$$

위 (1-82)식을 좀더 간단히 정리하면

$$y = [2A_0 \cos w_A t] \cos w_{av} t \qquad (1-82')$$

와 같으며 여기서 $[2A_0 \cos w_A t]$ 는 합성파의 진폭이 된다. 이때 $w_A = 2\pi (\frac{f_1 - f_2}{2}) t$ 이므로 합성파의 진폭은 $(f_1 - f_2)/2$ 의 진동수로 시간에 따라 변하게 됨을 알 수 있다. 한편 식 (1-82′) 에서 합성파의 평균 각진동수는 $w_{av} = 2\pi f_{av} = 2\pi\left(\frac{f_1 + f_2}{2}\right)$ 이므로 합성파의 평균진동수는 다음과 같다.

$$f_{av} = \frac{f_1 + f_2}{2} \qquad (1-83)$$

2) 맥놀이 진동수

합성파의 진폭인 $2A_0 \cos 2\pi\left(\frac{f_1 - f_2}{2}\right)t$ 에서 최대 진폭은 $\cos 2\pi\left(\frac{f_1 - f_2}{2}\right)t$ 가 +1 또는 −1 될 때 일어나므로 한 주기당 두 번의 맥놀이 현상을 일으키게 된다. 그러므로 맥놀이 진동수는 $(f_1 - f_2) / 2$ 의 2배가 된다.

즉, 맥놀이 진동수 f 는 두 파동의 진동수 차와 같다.

$$f = f_1 - f_2 \text{ Hz} \tag{1-84}$$

예를 들면, 두 소리굽쇠의 진동수가 각각 241 Hz, 243 Hz일 때, 맥놀이 합성음의 평균진동수는 (241 + 243)/2 = 242 Hz 이고, 맥놀이 진동수는 243 − 241 = 2회가 된다.

따라서 우리는 평균진동수 f_{av} 를 듣게 되지만, 소리의 크기는 맥놀이 진동수 f로 크고 작게 변하게 된다.

예제 1-17

진동수가 301 Hz, 299 Hz 인 두 음차를 동시에 울릴 때 생기는 합성음의 진동수와 초당 발생하는 맥놀이 진동수를 구하여라.

풀이 합성음의 진동수, $f_{av} = \frac{f_1 + f_2}{2} = \frac{301 + 299}{2} = 300 \text{ Hz}$

맥놀이 진동수, $f = f_1 - f_2 = 301 - 299 = 2$ 회/s

3) 맥놀이의 이용

맥놀이 현상은 피아노를 조율(調律)할 때에 음차(音叉)를 사용하듯이, 알고 있는 진동수에 모르는 진동수를 비교하는데 사용한다. 사람의 귀는 맥놀이 진동수 10 Hz 까지는 식별할 수 있으나 그 이상이 되면 너무 빨라 맥놀이 현상을 식별할 수 없게 된다. 정지한 교통경찰관의 스피드 건(speed gun)에서 보내어진 입사파의 진동수와 달려오는 자동차에 의하여 반사되어 되돌아 올 때 감지되는 반사파의 진동수와는 약간 다르다. 즉 발사된 파의 진동수보다 반사파가 약간 크게 되어 맥놀이 현상이 일어나게 된다. 이 맥놀이 수를 이용하여 자동차의 속도를 측정하게 된다. 이때 진동수 변화는 다음에 소개될 도플러(Doppler) 효과에 기인한다.

도플러 효과 (Doppler effect) 1-5

1. 음파의 도플러 효과

자동차가 경적을 울리면서 사람에게 다가오다가 지나갈 경우, 소리가 커졌다가 작아짐을 경험하게 된다. 이것은 자동차가 가까이 접근하게 되면 자동차의 정상진동수보다 더 높게 들리며, 멀어져 갈 때는 정상 진동수 보다 급격하게 낮은 진동수로 들리게 되기 때문이다. 이렇듯 발원체(음원)와 관측자의 상대운동으로 생긴 진동수 변화 때문에 발생되는 현상을 **도플러 효과**라 한다. 이 효과는 1842년 오스트리아 물리학자 Joan Christian Doppler에 의해 제안 되었으며, 1845년 Buys Ballot에 의해 실험적으로 검증되었다.

이러한 효과는 음파만이 아니라 전자기파에서도 성립한다. 앞서 예로 들었던 도로변의 과속 담당 경찰관이 상대 차량의 속력을 측정할 때 도플러 효과를 이용하게 되는데, 속력 측정기로부터 나오는 진동수와 상대 차량에 반사되어 나오는 진동수의 차이를 환산하여 차량의 속력을 측정하게 된다. 이때 속력측정기로부터 나오는 파는 전자기파이다.

이제 음원과 관측자의 상대적 운동에 따른 도플러 효과에 대하여 알아보도록 하자.

1) 음원과 관측자가 정지해 있는 경우

[그림 1-52] 의 (a) 에서 파장 λ 와 진동수 f 를 가지고 음속 v 로 전파되는 구면파, 즉 경적소리를 발사하는 트럭(음원)이 있다. 이때 트럭과 관측자들은 모두 정지해 있다. 이 경우 트럭 양측 같은 거리에 있는 관측자는 모두 같은 크기의 소리를 듣게 된다. 그 이유는 시간 t 동안 구면파는 거리 vt 만큼 방사형으로 움직인다. 이 거리 vt 내에 들어 있는 파장의 수는 vt/λ 와 같다. 따라서 관측자가 듣게 되는 진동수 f 는 다음과 같으며 결과는 식 (1-5) 와 일치한다.

$$f = \frac{vt/\lambda}{t} = \frac{v}{\lambda} \qquad (1-85)$$

양쪽 A, B 위치에 서 있는 관측자들은 트럭으로부터 같은 거리 S′에 있으므로 같은 진동수를 듣게 된다. 이와 같이 음원과 관측자가 정지해 있는 경우에서는 도플러 효과는 존재하지 않으며 관측자가 듣게 되는 진동수는 음원이 발사한 진동수와 같다.

2) 관측자가 정지해 있고 음원이 움직이는 경우

[그림 1-52] 의 (b) 와 같이 파장 λ 와 진동수 f, 음속 v 의 구면파, 즉 경적소리를 내는 트럭이 속도 v_s 로 움직이고 있다. 이때 정지하고 있는 관측자 A, B 를 향하여 접근하거나 멀어져 가고 있을 때 관측자가 듣게 되는 진동수 f′은 트럭의 고유 진동수 f 로부터 어떠한 변화가 있는지 알아보도록 하자.

우선 트럭이 B 를 향하여 접근 할 경우, 트럭이 S 에서 S′ 까지 가는데 걸리는 시간이 t 라면, 이 동안에 트럭은 $v_s t$ 만큼 진행할 것이고, 경적 소리는 vt 만큼 진행하게 된다.

이때 경적 소리의 고유진동수가 f 이므로 t 초 동안 트럭이 내는 경적 소리의 파동수는 ft 개이다. 이 파동수는 관측자 B 에게는 $vt - v_s t$ 길이에

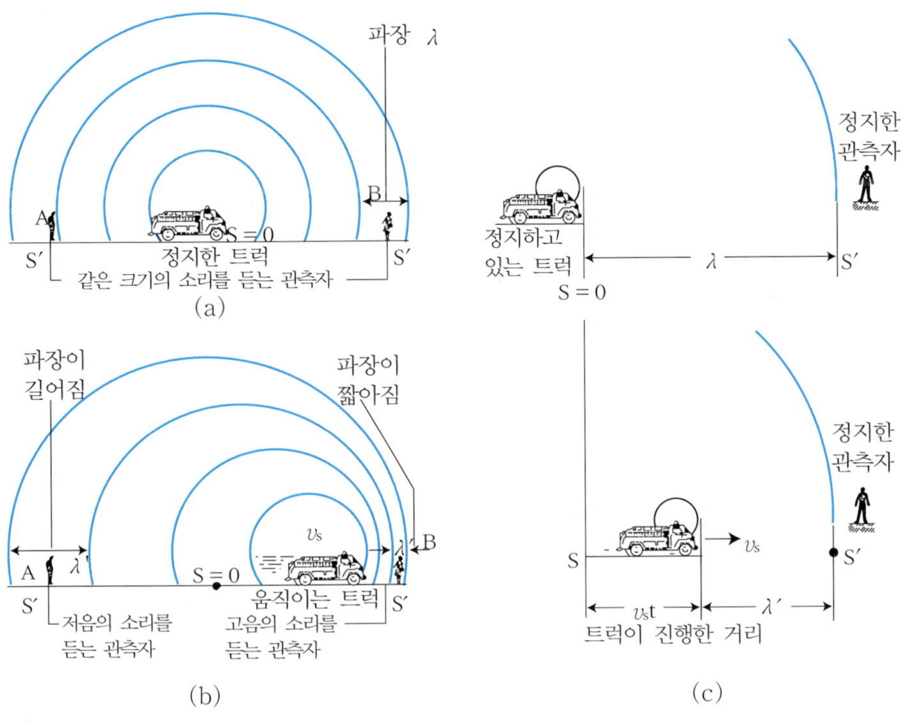

[그림 1—52] 음파의 도플러 효과

(a) 음원과 관측자 모두 정지해 있는 경우
(b) 관측자가 정지해 있고 음원이 움직이는 경우
(c) 트럭이 관측자를 향하여 움직일 때 관측자는 높은 음을 듣게 된다.

들어 있으므로 이 부분에 있는 음파의 파장 λ′은 다음과 같다.

$$\lambda' = \frac{vt - v_s t}{ft} = \frac{v - v_s}{f} \tag{1-86}$$

따라서 관측자 B가 듣게 되는 진동수 f′은 다음과 같다.

$$f' = \frac{v}{\lambda'} = f\frac{v}{v - v_s} \tag{1-87}$$

그러므로 음원이 정지하고 있는 관측자를 향하여 접근할 때, 관측자가 듣게 되는 소리의 진동수 f′은 음원의 고유진동수 f보다 커져서 높은 소리를 듣게 된다.

같은 방법으로 음원이 정지한 관측자로부터 멀어지고 있을 때, 관측자가 듣게 되는 진동수 f′은 다음과 같다.

$$f' = f\frac{v}{v+v_s} \qquad (1-88)$$

이 경우 관측자가 듣게 되는 진동수 f′는 음원의 고유진동수 f 보다 작아져서 낮은 소리를 듣게 된다.

3) 음원이 정지해 있고 관측자가 움직이는 경우

다음은 관측자가 정지하고 있는 발음체(음원)을 향하여 접근하거나 멀어져 갈 때, 소리의 높낮이에 대하여 알아보자. [그림 1–53] 은 고유진동수 f, 음속 v 인 확성기(음원)이 정지해 있고, 관측자가 이 확성기를 향하여 v_0의 속도로 **접근**하고 있는 상황을 나타낸 그림이다. 여기서 t 시간 동안 관측자가 접근하면서 듣게 되는 진동수 f′은 관측자가 정지하고 있을 때 보다 접근한 거리 v_0t 속에 들어있는 파동의 수 만큼 더 높게 들을 수 있게 된다. 즉 이 관측자가 정지하고 있을 때 받는 파동의 수 vt/λ 개보다 v_0t/λ 개 만큼 더 많은 파동을 받게 된다. 따라서 관측되는 소리의 진

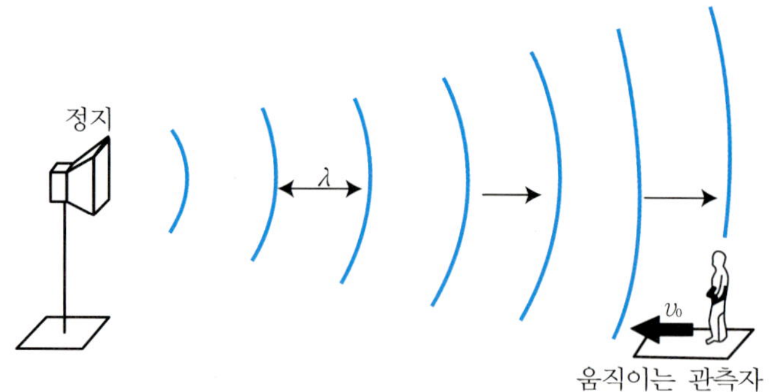

[그림 1—53] **도플러 효과**

음원이 정지해 있고 관측자가 움직이는 경우

동수 f′은 다음과 같다.

$$f' = \frac{vt/\lambda + v_0 t/\lambda}{t} = \frac{v + v_0}{\lambda}$$

$$f' = f\,\frac{v + v_0}{v} \qquad (1-89)$$

여기서 λ 는 음원이 내는 소리의 고유 파장이다. 따라서 관측자가 듣는 소리의 진동수는 음원의 고유진동수 f 보다 커져서 관측자는 음원으로 접근할 때 더 높은 소리로 듣게 된다.

같은 원리로 관측자가 정지하고 있는 음원으로부터 속도 v_0 로 멀어져 갈 때 관측자가 듣는 소리의 진동수 f′은 다음과 같다.

$$f' = f\,\frac{v - v_0}{v} \qquad (1-90)$$

이와 같이 관측자가 음원으로부터 멀어져 가면서 관측되는 진동수는 음원의 고유진동수 f 보다 작아지므로 보다 낮은 소리를 듣게 된다.

4) 음원과 관측자가 함께 움직일 경우

식 (1-87), (1-88), (1-89), (1-90) 을 정리하면 음원과 관측자가 함께 움직일 경우에 대한 일반적인 Doppler 효과 방정식을 다음과 같이 나타낼 수 있다.

$$f' = f\,\frac{v \pm v_0}{v \mp v_s} \qquad (1-91)$$

이 식에서 윗 부호는 서로 접근 할 경우를 나타내며, 아랫부호는 서로 멀어져 갈때의 Doppler효과를 나타낸다. 한편 $v_0 = 0$ 인 경우는 관측자가 정지해 있을 경우이므로 식 (1-87), (1-88)이 되며, $v_s = 0$ 인 경우는 음원이 정지해 있는 경우이므로 식 (1-89), (1-90) 을 만족한다.

한편, $v_0 = 0$, $v_s = 0$ 가 되면 음원과 관측자가 모두 정지해 있는 경우이므로 $f = f' = \frac{v}{\lambda}$ 인 식 (1-85) 를 만족한다. 따라서 식 (1-91) 은 Doppler효과를 만족하는 일반적인 방정식이 된다.

2. 별 빛의 도플러 효과

도플러 효과는 빛에서도 일어난다. 음파는 진동수에 따라 소리가 높게 또는 낮게 들리나 광파는 진동수에 따라 색상이 변한다. 즉 광원과 관측자가 상대적으로 가까워지면 광원이 방출하는 빛의 고유진동수보다 커져서 파장이 짧은 보라색 쪽으로 치우친 색으로 보이게 되며, 광원과 관측자가 상대적으로 멀어지고 있을 때는 광원의 고유진동수보다 적은 진동수의 빛, 즉 고유파장보다 긴 붉은색 쪽으로 치우친 색으로 보이게 된다.

[그림 1-54] 의 관측자 A와 같이 항성에 가까이 접근하고 있을 때는 항성은 고유파장 보다 짧은 푸른색 쪽으로 치우쳐 보이게 되고, 관측자 C와 같이 항성으로부터 멀어질 때는 항성은 고유파장 보다 긴 붉은 색 쪽으로 치우쳐 보이게 된다. 이와 같은 사실은 별빛의 스펙트럼 중의 흡수선의 위치를 조사해 보면 알 수 있는데, 반년 동안에는 붉은 색 방향으로 치우쳤다가 나머지 반년 동안은 푸른색 쪽으로 치우쳐 1년을 주기로 제자리에 되돌아온다. 이것은 지구가 공전할 때 임의의 별에 대해 지구가 가까워 졌다, 멀어 졌다 하기 때문에 일어나는 현상으로 지구공전의 좋은 증거가 된다.

별빛의 고유파장이 λ_0 인 항성이 지구를 향하여 v_s 속도로 가까워지거나 멀어 질 때 지구상의 관측자가 관측하게 되는 별빛의 파장 λ 은 식 (1-91) 을 이용하여 구할 수 있다.

별빛의 속도를 c 라 하면, 식 (1-91) 에서 v 대신 c 를 대입하고 별빛의 고유 파장 λ_0 에 대한 고유 진동수 f_0 는 $f_0 = c/\lambda_0$ 이고, 관측되는 별빛의 파장 λ 에 대한 진동수는 $f = c/\lambda$ 이므로 항성이 지구를 향하여 v_s의 속도

로 가까워 질 때는 식 (1−91) 에서 윗 부호를 적용하여

$$\frac{c}{\lambda} = \frac{c}{\lambda_0} \cdot \frac{c}{c - v_s}$$

$$\lambda = \lambda_0\left(1 - \frac{v_s}{c}\right) \qquad (1-92)$$

이 된다. 여기서 관측자는 정지하고 있으므로 $v_D = 0$ 이다. 따라서 항성이 관측자에게로 접근하거나 멀어질 때의 파장변화는 다음과 같다.

$$\triangle\lambda = \lambda - \lambda_0 = \mp\, \lambda_0 \frac{v_s}{c} \qquad (1-93)$$

식 (1−93) 에서 (−)부호는 관측자에게 접근하는 방향이고 청색이동이

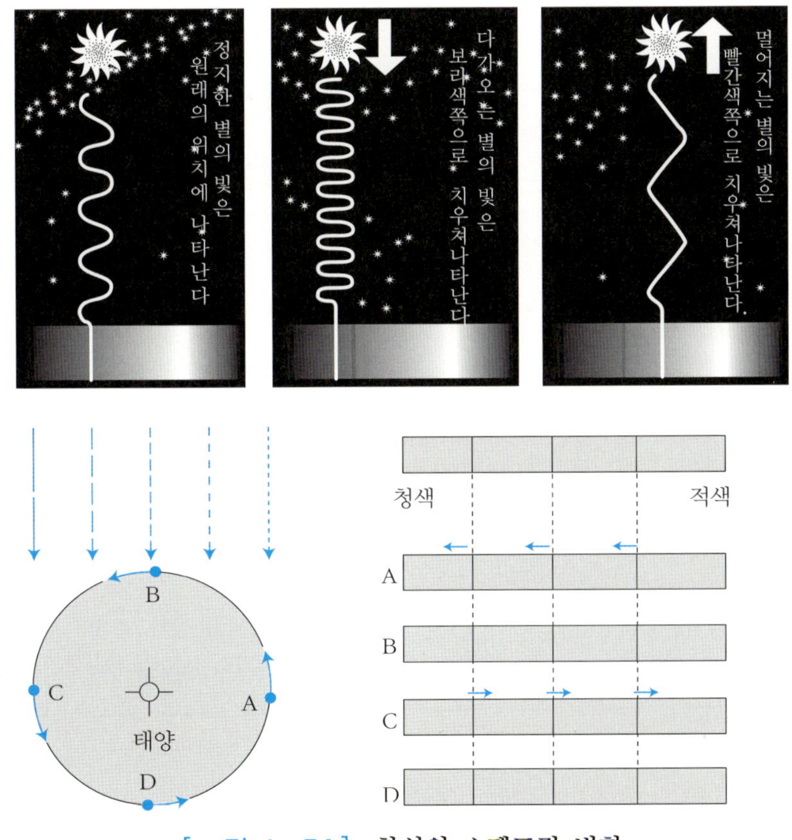

[그림 1—54] 항성의 스펙트럼 변화

라 부른다. 이는 파장이 짧고, 진동수가 증가하므로써 청색에 가까워지기 때문이다. (+)부호는 항성이 관측자에게서 멀어지는 방향을 표시하며 적색이동이라 부른다. 이는 파장이 길고, 진동수가 감소하므로써 적색에 가까워지기 때문이다.

예제 | 1-18

1. 자동차 경적의 고유진동수는 400 Hz 이다. 자동차가 정지하고 있는 관측자 쪽으로 속도 30 m/s 로 접근하고 있다면, 관측자가 듣게 되는 소리의 진동수는 얼마인가? 단, 공기 중에서 소리의 속도는 340 m/s 이다.
2. 고유파장이 500 nm 인 황색광을 내는 별을 향하여 30 km/s 로 접근할 때 파장 변화는? 단, 빛의 속도는 3×10^8 m/s 이다.

풀이 1. $f' = f\dfrac{v}{v - v_s}$ 에서 $f = 400$ Hz, $v = 340$ m/s, $v_s = 30$ m/s

$$f' = 400 \times \frac{340}{340 - 30} = 439\ (\text{Hz}) \qquad \therefore\ f' = 439\ \text{Hz}$$

2. $\Delta\lambda = \lambda - \lambda_0 = \mp\lambda_0\dfrac{v_s}{c}$ 에서 $\lambda = 500$ nm, $v_s = 3 \times 10^4$ m/s, $c = 3 \times 10^8$ m/s

$$\Delta\lambda = -500 \times \frac{3 \times 10^4}{3 \times 10^8} = -0.05\ (\text{nm}) \qquad \therefore\ \Delta\lambda = -0.05\ \text{nm}$$

관측자가 보게 되는 별빛의 파장은 고유파장보다 0.05 nm 만큼 짧아진다.

파동의 회절 (Diffraction of wave) 1-6

1. 호이겐스(Huygens)의 원리

파동의 회절현상은 호이겐스의 원리를 이용하여 설명할 수 있다. 네델란드의 물리학자 호이겐스(Christian Huygens, 1629 ~1695)는 빛의 본성은 파동이라고 주장하였다. 호이겐스는 현재의 파면을 알면 어떤 시간이 경과한 후에 특정 파면이 어디에 있는 가를 알 수 있는 기하학적 방법을 제시하였다. 임의의 파면 상의 무수히 많은 모든 점들은 다음에 일어날 이차적인 점파원이 되고, 점파원에서 나온 구면파가 공통으로 접하는 곡면(포락면)이 다음 순간의 파면이 되는데 이것을 **호이겐스의 원리**라 한다.

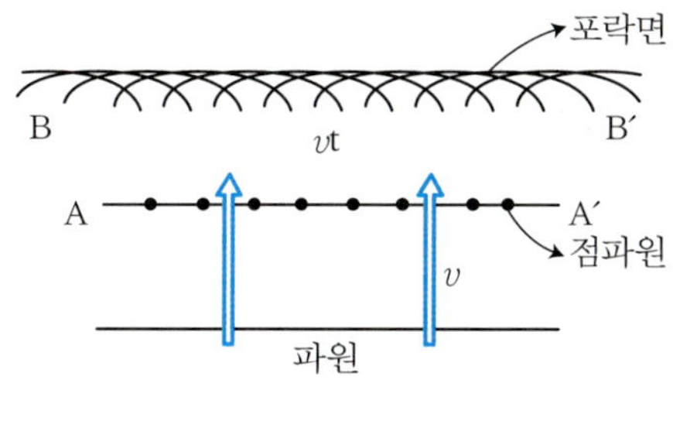

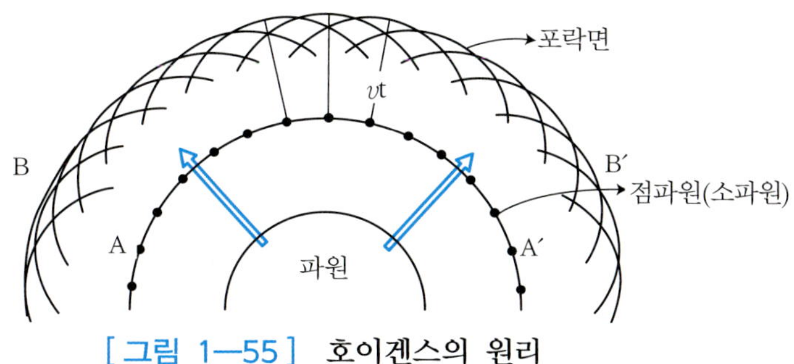

[그림 1—55] **호이겐스의 원리**

AA′은 현재의 파면이고, BB′은 t 초 후의 새로운 파면이다.

[그림 1-55] 와 같이 파동의 진행속도가 v 일 때 현재의 파면 AA′ 상에 있는 무수히 많은 점들을 중심으로 반지름이 vt 가 되는 원을 그릴 때 파동의 진행방향 쪽에 생기는 공통으로 접하는 포락면(envelope) BB′ 가 t 초 후에 있을 새로운 파면이 된다.

2. 파동의 회절

파동이 진행하다가 장애물에 도달하면 장애물 뒤 쪽으로 돌아서 전파하는 현상을 **파동의 회절**이라 한다. 예를 들면, 방파제 뒤 쪽에 매여 있는 배가 흔들리는 것은 수면파의 회절 때문이고, 산 넘어 달리는 기차의 기적소리가 들리는 것은 음파의 회절 때문이다. 이와 같은 회절 현상은 파

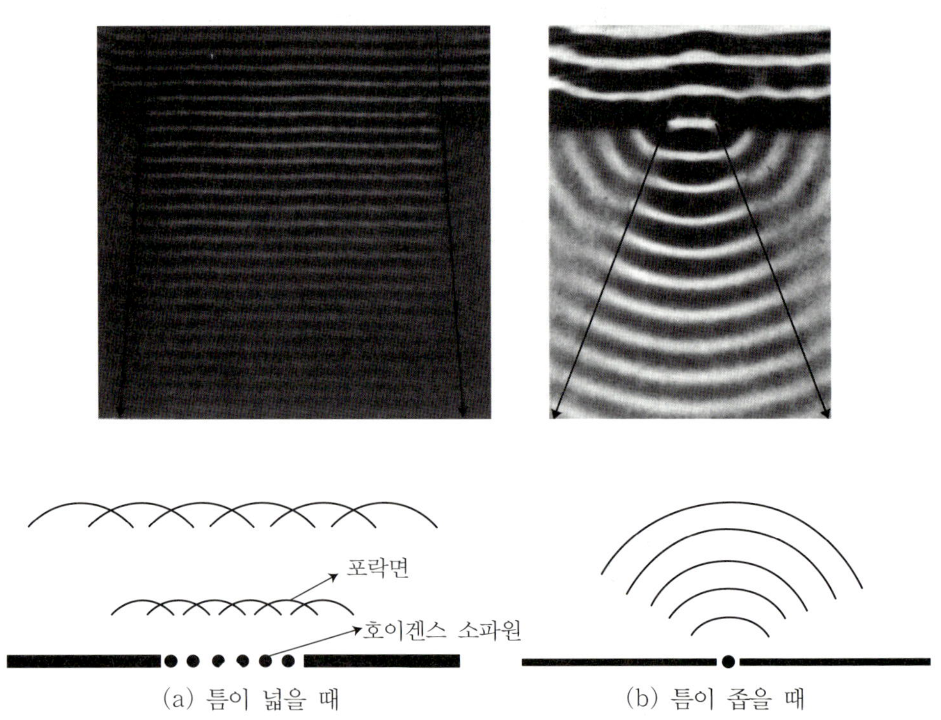

[그림 1—56] **파동의 회절**

장이 긴 파동에서 더욱 잘 일어나게 되므로 음파나 수면파에서는 쉽게 관찰할 수 있다. 그러나 광파는 파장이 매우 짧기 때문에 빛의 회절현상은 쉽게 관찰되지는 않는다. 회절은 장애물의 성질에 따라서도 회절하는 정도의 차이가 생기며, 장애물의 가장자리가 예리할수록 회절현상이 크게 나타난다. 그리고 틈에서 생기는 회절은 틈의 폭이 파장에 비하여 좁을수록 회절의 정도가 커지게 된다. 이와 같은 회절현상에 대한 정도 차이는 호이겐스(Huygens)의 원리를 이용하면 쉽게 이해될 수 있다.

[그림 1-56] 의 (a) 는 틈의 폭이 파장에 비하여 넓을 때의 회절을 나타낸 것이다. 틈에 도달한 파면에는 비교적 많은 수의 호이겐스 소파원(小波源)이 있게 되므로 그들로부터 형성되는 포락면은 원래의 모습 그대로 진행하며 단지 틈의 양쪽 모서리 근처에서는 파면이 일그러져 약간 휘어져 나타난다. [그림 1-56] 의 (b) 와 같이 틈의 간격이 파장과 비슷하거나 더 좁을 때는 틈에 도달한 평면파가 틈을 지날 때 마치 구멍에 하나의 호이겐스 소파원이 있는 것처럼 되어 구멍을 중심으로 하는 구면파가 형성되면서 틈의 뒤 쪽으로 나아가게 된다.

이런 이유로 확성기의 짧은 파장의 고주파음은 긴파장의 저주파음보다 적게 퍼져 나가고 전방으로 모이게 된다.

1815년 프레넬(Fresnel)은 빛에서도 회절현상을 발견함으로써 빛도 파동의 일종임을 확신하게 되었다.

연·습·문·제 I

01 진동과 파동의 차이점이 무엇인가?

02 파동의 종류에는 무엇이 있으며 각각의 차이점은 무엇인가?

03 고정단 반사와 자유단 반사의 차이점은 무엇인가?

04 진동수가 200 Hz인 파동은 1초에 몇 번 진동하는가?

05 어떤 빌딩이 심한 바람에 의해 0.2 Hz의 진동수로 흔들리고 있다면 주기는 얼마인가?

06 피아노 D 음의 진동수는 282 Hz 이다. 이 음의 파장은 얼마인가?
(단, 20 ℃ 공기 중의 음속은 344 m/s 이다.)

07 번갯불을 본 후 5초 만에 천둥소리를 들었다. 이 때 공기 중의 온도는 상온(15 ℃)였다.

a) 천둥 소리의 속도는 얼마인가?

b) 관측자로부터 번개가 일어난 곳까지의 거리는 몇 km인가?

08 10초 동안에 80회 진동하는 물결파의 a) 진동수 b) 주기 c) 각진동수는 각각 얼마인가?

09 해안으로 밀려오는 파도를 관찰하였더니 파도의 주기는 평균 5초이고, 파도의 인접한 마루와 마루 사이의 거리는 30 m이었다. 이 파도의 전파 속도는 얼마인가?

10 진동수가 500 Hz인 기적을 울리면서 달려오는 기차의 기적 소리가 정지하고 있는 관측자에게 525 Hz로 들렸다면 기차의 속력은 약 몇 m/sec인가?
(단, 이 때 공기 중 음속은 340 m/s 이었다.)

11 정지한 벽쪽을 향하여 속도 17 m/s로 움직이는 자동차가 있다. 차가 내는 경적의 고유 진동수가 200 Hz이고 음속은 340 m/s이다.

a) 자동차가 내는 경적소리의 파장은 얼마인가?

b) 경적소리가 벽에 도달했을 때의 진동수는 얼마인가?

c) 경적 소리가 벽에서 반사되어 돌아오는 소리를 운전자가 들었을 때 이 반향음의 진동수는 얼마인가?

12 음원이 관측자로부터 멀어지거나 가까워 질 때 관측자가 듣게 되는 음파의 속력은 어떻게 변하는가?

13 빨간색 빛이 파란색 빛보다 파장이 길다. 그렇다면 진동수는 어느 색이 더 큰가?

14 다음 중 도플러 효과가 관측되지 않은 경우는?

① 관측자와 음원이 같은 방향과 속도로 움직이는 경우
② 관측자와 음원이 서로 마주보면서 접근하고 있는 경우
③ 관측자는 정지해 있고 음원이 멀리 또는 가까이 움직이는 경우
④ 음원이 정지해 있고 관측자가 멀리 또는 가까이 움직이는 경우

15 주기가 T인 파동이 보기와 같이 오른쪽 방향으로 진행할 때 $\frac{3}{4}$T 후의 파동모양으로 옳은 것은?

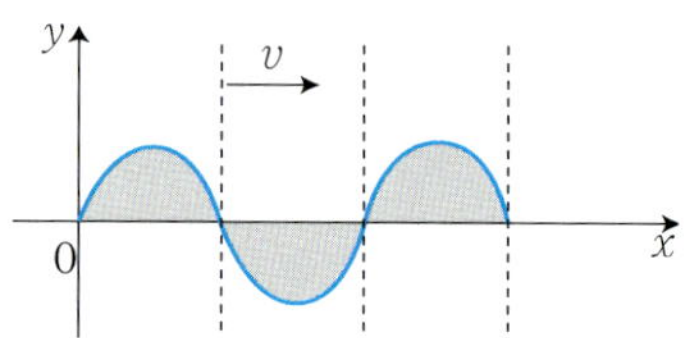

①

②
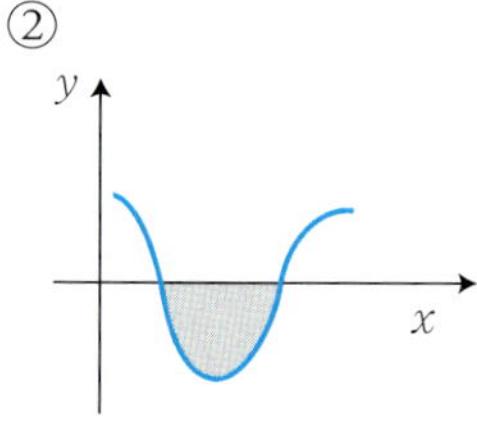

③
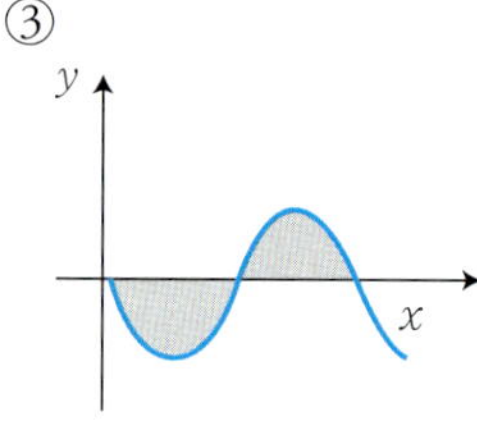

④

⑤
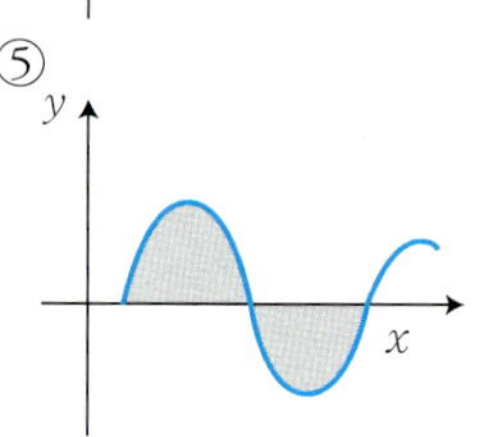

16 오른쪽 그림과 같이 한쪽 끝을 고정시킨 줄의 다른 한쪽 끝을 잡고 흔들어 펄스(pulse)파를 발생시켰다. 이 펄스파가 벽면에서 반사되어 나오는 반사파의 모양으로 옳은 항은?

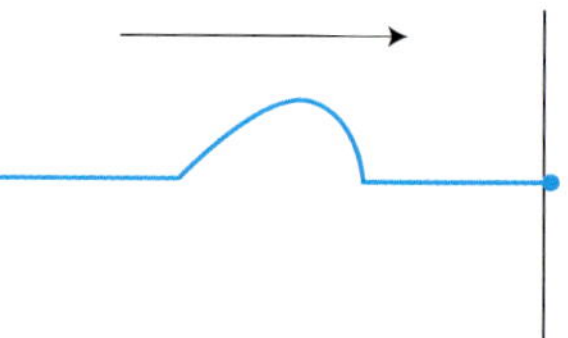

①
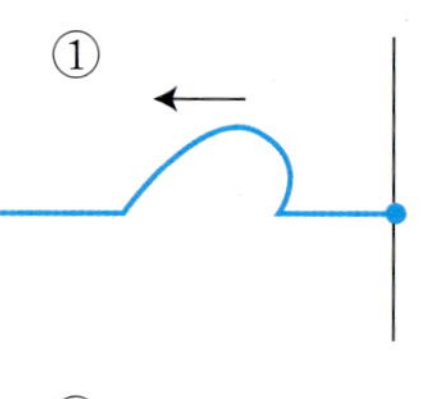

②
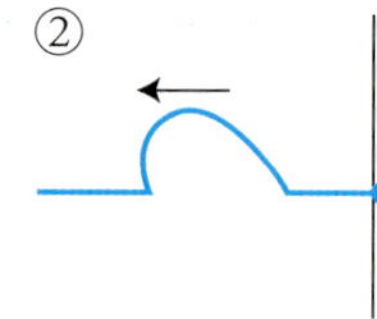

③
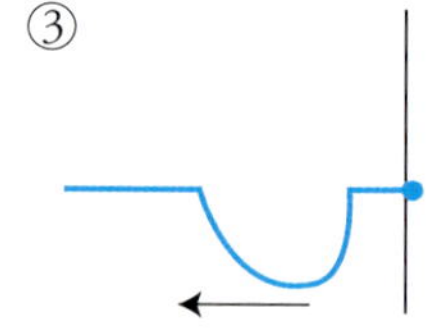

④
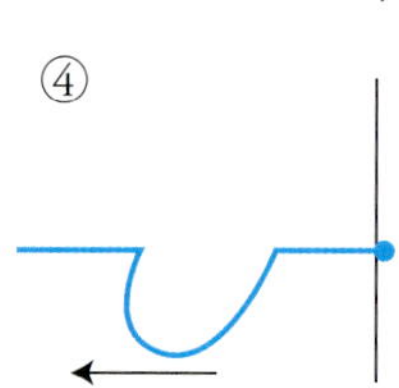

⑤
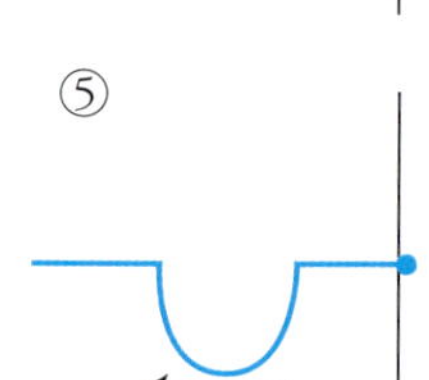

17 다음은 파동이 전달하는 단위 시간당 에너지 즉 평균 일률에 대한 설명이다. 잘못 설명한 항을 고르시오.

① 진폭의 제곱에 비례한다.
② 진동수의 제곱에 비례한다.
③ 전파속도가 클수록 증가한다.
④ 매질이 가벼울수록 증가한다.

18 어떤 사람이 바다에서 낚시를 하고 있다. 파도에 의해 배는 상하 50 cm로 진동하며, 이때 오르내릴 때 걸린 시간은 5초이다. 그리고 파도의 마루와 마루는 10 m이다.

a) 파도의 진폭은 얼마인가?

b) 파도의 속도는 얼마인가?

19 어떤 줄에서 생긴 횡파의 전파속도 20 m/s, 파장 0.2 m, 진폭이 0.1 m이다. 이 파동의 a) 진동수 b) 각진동수 c) 주기 d) 파수 e) 파동함수를 구하여라.

20 어떤 철사줄에서 생긴 정상파의 파장이 0.2 m일 때 정상파의 a) 마디의 위치 b) 배의 위치를 구하여라.

21 관의 길이가 0.8 m인 관악기가 있다.
a) 관의 양쪽이 열려 있을 때 b) 관의 한쪽 끝은 열리고 다른 끝이 닫혀 있을 때의 기본진동수를 각각 구하시오(단, 음속은 340 m/s 이다).

22 300 Hz의 소리굽쇠와 304 Hz의 소리굽쇠를 동시에 진동시키고 있다. 이 때 생기는 맥놀이의 진동수는 얼마인가?

23 A 연주자가 B 연주자와 함께 악기를 조율하고 있다. B 연주자가 갖고 있는 악기의 진동수는 400 Hz 이고, 초당 5개의 맥놀이가 들린다면 A 연주자가 갖고 있는 악기의 진동수는 얼마가 되겠는가?

연·습·문·제 Ⅱ

01 다음 중 한 곳에서 다른 곳으로 파가 전파될 때 이동되는 것은?

① 에너지 ② 매질 ③ 질량
④ 파장 ⑤ 진동수

02 파동에 대한 설명이다. 잘못된 것은?

① 팽팽한 줄은 파동을 빠르게 전달한다.
② 파동은 진행하면서 에너지를 전달한다.
③ 파원의 진동이 빠를수록 파장은 길어진다.
④ 지진파의 P파는 진행방향과 진동방향이 나란하다.
⑤ 파동이 전파될 때 매질은 이동하지 않고 평형점을 중심으로 진동만 한다.

03 수면파에서 진행방향과 파면이 이루는 각도는 몇 °인가?

① 0° ② 45° ③ 90°
④ 125° ⑤ 180°

04 횡파와 종파가 갖는 공통적인 성질로서 잘못된 것은?

① 에너지를 전달한다.
② 매질의 경계면에서 반사된다.
③ 매질의 경계면에서 굴절된다.
④ 파동의 진행방향과 매질의 운동방향이 수직이다.
⑤ 매질은 한 점을 중심으로 진동할 뿐 이동하지는 않는다.

05 매질의 진동방향과 파동의 진행방향이 나란한 파동에 대한 설명이다. 옳은 것은?

① 전자기파가 해당된다.
② 지진파의 S파가 한 예이다.
③ 파동과 함께 매질도 이동한다.
④ 매질이 없어도 전파가 가능하다.
⑤ 이웃해 있는 매질 입자의 간격이 가까워졌다 멀어졌다 한다.

06 긴 용수철의 한 끝을 고정시키고, 다른 끝은 규칙적으로 진동시켜 종파를 발생시킨다. 1주기 동안 손이 움직인 거리가 20 cm 라면 이 파의 진폭은 몇 cm인가?

① 80 ② 40 ③ 20
④ 10 ⑤ 5

07 용수철 끝에 추를 매달아 놓고 정지된 상태에서 10 cm 당겼다가 놓았다. 1주기 동안 추가 움직인 거리는 몇 cm 인가?

① 10 ② 20 ③ 40
④ 80 ⑤ 160

08 용수철 끝에서 진동하는 어떤 물체의 운동이 $(0.5\text{ m})\cos\left(\frac{\pi}{8.0}t\right)$와 같이 표현된다. 잘못된 것은?

① 진폭은 1.0 m 이다.
② 주기는 16초 이다.
③ 4초일 때 물체의 위치는 0 이다.
④ 1주기 동안 움직인 거리는 2.0 m 이다.
⑤ 8초일 때, 물체는 정지한다.

09 그림과 같은 파동에 대하여 A점에서 B점까지 진행하는데 2초 걸렸다. 다음 중 옳은 것은?

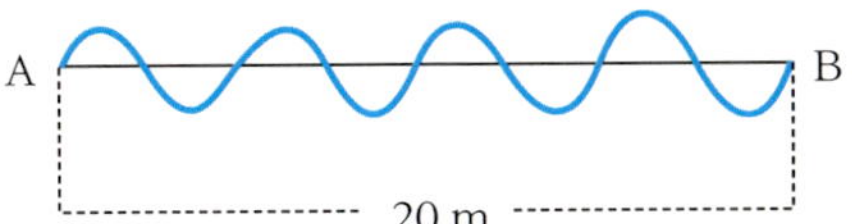

① 주기는 1초이다. ② 파장은 1.25 m 이다. ③ 속도는 20 m/s 이다.
④ 진동수는 2 Hz 이다. ⑤ 초기위상은 π 이다.

10 그림은 양의 x축 방향으로 진행하는 두 시각에서의 파동을 나타낸 것이다. P에서 Q까지 진행하는데 0.2초 걸렸다. 다음 중 옳은 것은?

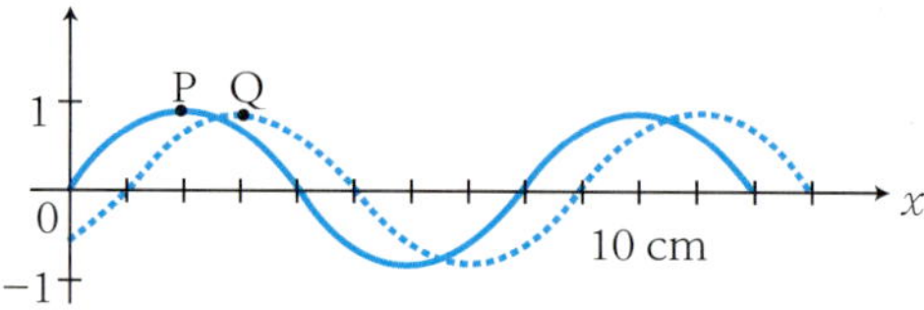

① 전파속도는 2 cm/s이다.
② 파장은 4 cm이다.
③ 파수는 4이다.
④ 진폭은 2 cm이다.
⑤ 주기는 1.6 s이다.

11 그림은 왼쪽 방향으로 진행하고 있는 $t=4\text{s}$에서의 횡파의 모습이다. $t=12\text{s}$에서 동일한 모습이 처음 관측되었다면, $t=6\text{s}$였을 때 파동의 모습을 나타내는 것은?

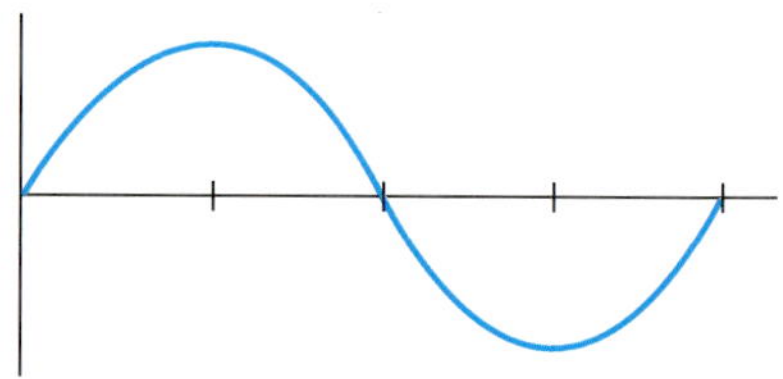

① ④

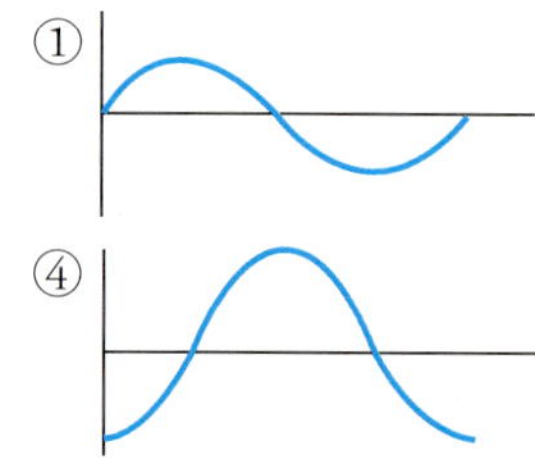

② ⑤

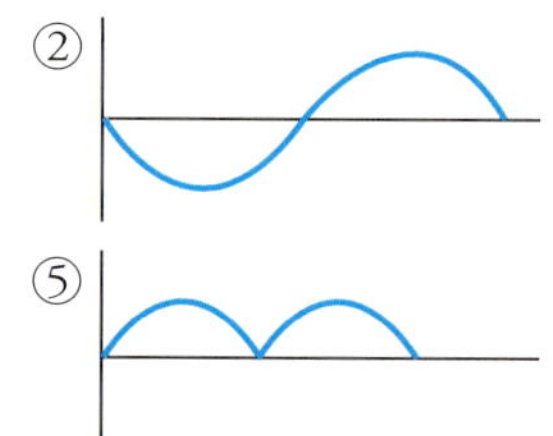

③

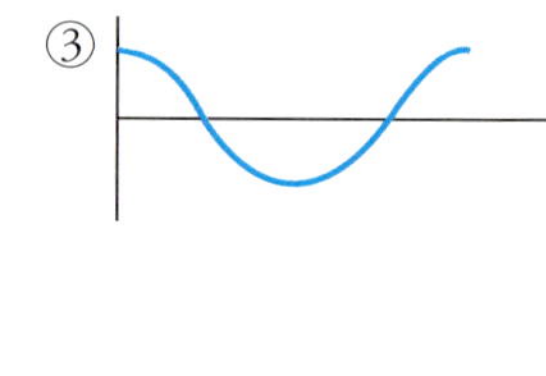

12 그림은 오른쪽으로 진행하는 파동의 모습으로, 실선은 $t=0\text{s}$, 점선은 $t=4\text{s}$에서의 상태이다. $t=12\text{s}$일 때 점 P의 변위 y는 얼마인가?

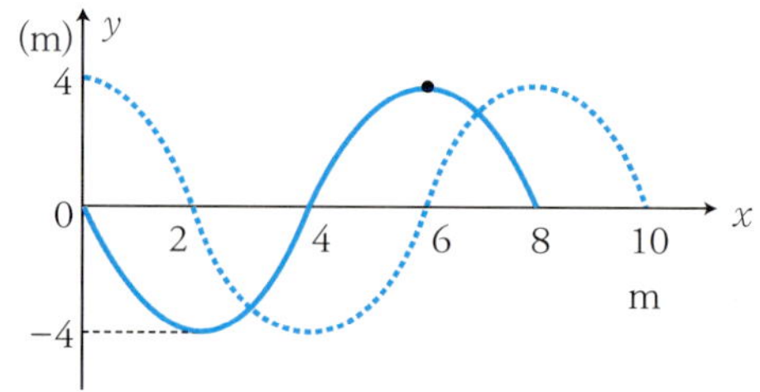

① 2 m
② 1 m
③ 0 m
④ −1 m
⑤ −2 m

13 파동의 일부를 나타내는 그림으로 수평축은 시간을, 수직축은 매질의 변위를 나타낸다. 이로부터 구할 수 있는 양들로 맞게 짝지은 것은?

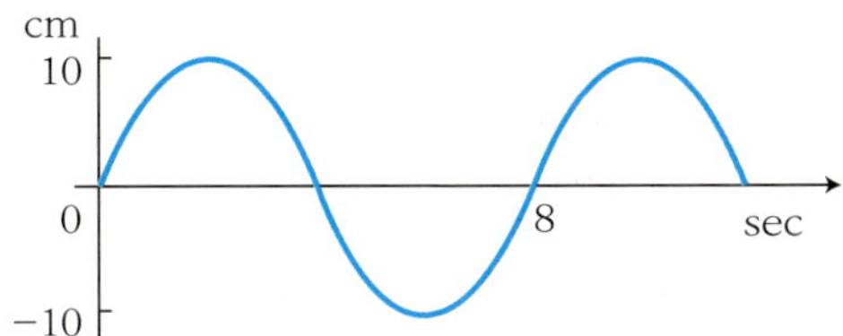

① 주기, 속도　② 속도, 파장　③ 파장, 진폭
④ 파장, 진동수　⑤ 진폭, 진동수

14 그림과 같이 두 파동이 가운데 있는 한 점 Q를 향하여 같은 속력으로 접근하고 있다. 점 Q에서 일어나는 현상으로 맞는 것은?

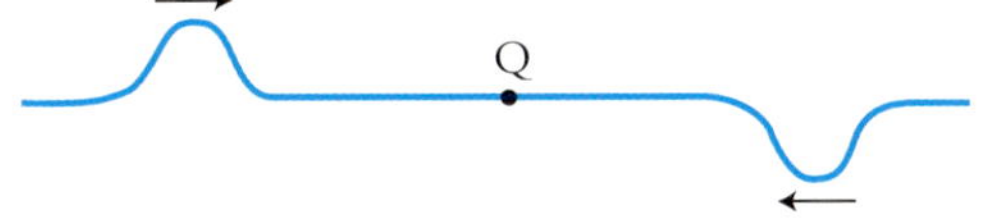

① 위로 움직인다.
② 아래로 움직인다.
③ 왼쪽으로 움직인다.
④ 오른쪽으로 움직인다.
⑤ 시간이 경과해도 움직이지 않는다.

15 파동함수 $y=5\sin\pi(0.5x-7t)$ 인 조화파에 대한 전파속도는 몇 m/s 인가? 단위는 m, s 이다.

① 10　② 11　③ 12
④ 13　⑤ 14

16 파동함수 $y=5\sin\pi(0.5x-7t)$ 으로 표현되는 파동이 있다. 10 m 떨어진 두 지점에서의 위상차는 얼마인가? 단위는 m, s 이다.

① π　② 2π　③ 3π
④ 4π　⑤ 5π

17 수면 위의 두 점 A, B에서 진폭 5 cm, 파장 8 cm인 두 파동이 같은 위상과 진동수로 퍼져나간다. A로부터 64 cm, B로부터 80 cm 떨어진 위치에서 두 수면파의 합성파에 대한 진폭은 몇 cm 인가?

① 0 ② 5 ③ 10
④ 15 ⑤ 20

18 진동수가 440 Hz 인 소리굽쇠와 진동수를 모르고 있는 다른 소리굽쇠를 동시에 진동시켰더니 매초 3회의 맥놀이 현상이 일어났다. 다른 소리굽쇠의 가능한 진동수는 몇 Hz 인가?

① 440 ② 441 ③ 442
④ 443 ⑤ 444

19 양 끝 A, B가 고정된 정상파에 대한 가능한 파동의 모습으로 옳게 짝지어진 것은?

①
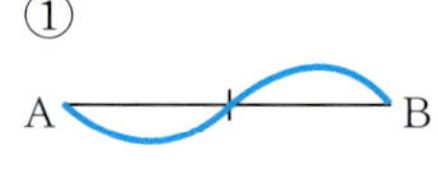

②
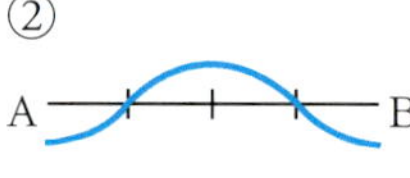

③

④
A B

① 1−3 ② 3−4 ③ 2−4
④ 3−4 ⑤ 2−3

20 그림은 어느 순간에서의 두 파동 (가)와 (나)의 모습이다. 다음 중 옳게 설명된 것은?

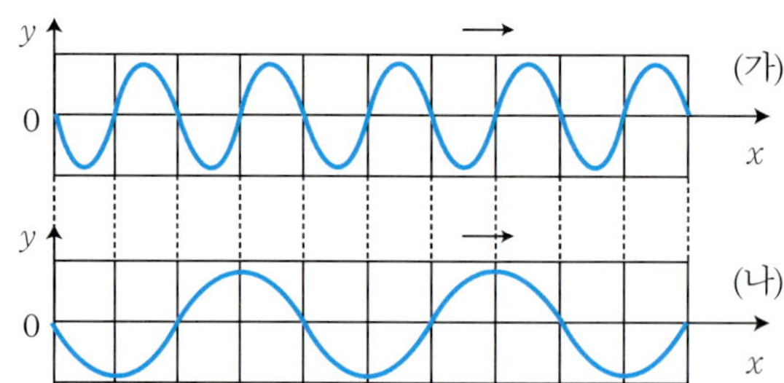

① 진폭은 (나)가 크다. ② 속력은 (가)가 크다.
③ 파장은 (나)가 크다. ④ 진동수는 (가)가 크다.
⑤ 파동의 속력은 시간이 갈수록 빨라진다.

21

그림은 방향만 서로 반대인 동일한 두 파에 대한 $t=0$ 일 때와 $t=2$ 일 때의 모습이다. $t=2$ 일 때는 4 m 와 8 m 사이에서 두 파가 중첩되어 있다. 다음 중 옳게 설명된 것은?

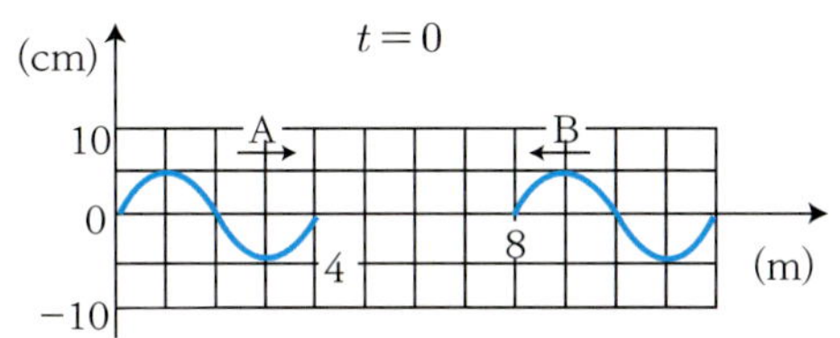

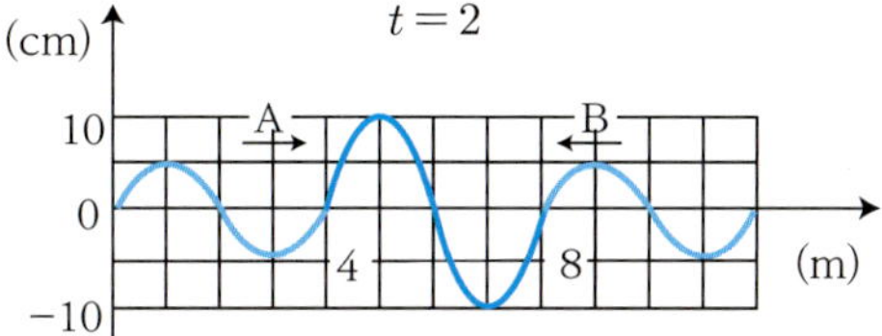

① A의 주기는 4초이다.
② B의 진동수는 2 Hz 이다.
③ 각 파의 속력은 1 m/s 이다.
④ $t=1$ 일 때, 8 m 지점에서의 변위는 5 cm 이다.
⑤ $t=4$ 일 때, 1 m 위치에서의 변위는 10 cm 이다.

22

그림은 오른쪽으로 진행하는 종파에 대한 $t=0\text{s}$ (점선)과 $t=3\text{s}$ (실선)에서의 파형을 나타내는 그림이다. 다음 중 옳은 것은?

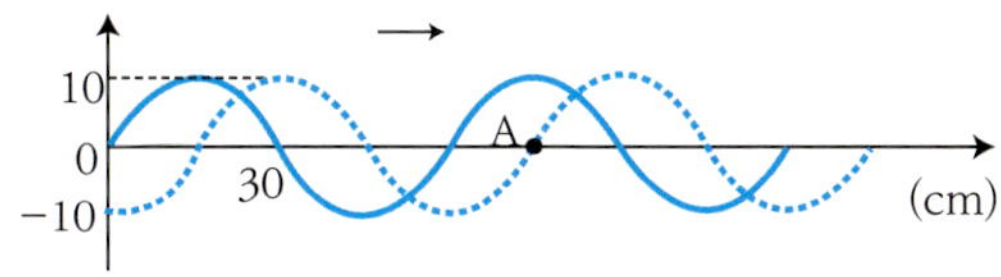

① 진폭은 20 cm 이다.
② 파장은 30 cm 이다.
③ 속력은 5 cm/s 이다.
④ 진동수는 0.25 Hz 이다.
⑤ A점에 있는 매질은 상하방향으로 움직인다.

23

수면파가 5 m/s 의 속력으로 진행하고 있다. 수면 위에 있는 종이배가 2초에 한번씩 최고점에 도달한다면 이 수면파의 파장은 몇 m 인가?

① 0.4　② 2.5　③ 10
④ 20　⑤ 50

24

기차가 144 km/h 의 속력으로 달리면서 진동수 500 Hz의 기적 소리를 낸다. 기차가 관측자를 향하여 다가오고 있을 때, 정지하고 있는 관측자가 듣는 진동수는 몇 Hz 인가? 음속은 345 m/s 이다.

① 566 ② 577 ③ 588
④ 599 ⑤ 610

25

구급차가 진동수 400 Hz 의 사이렌을 울리면서 144 km/h 의 속력으로 달리고 있다. 맞은 편에서 90 km/h 의 속력으로 달려오고 있는 승용차 운전자가 듣는 사이렌의 진동수는 몇 Hz 인가? 음속은 345 m/s 이다.

① 425 ② 440 ③ 455
④ 470 ⑤ 485

26

길이 8 m, 질량 40.0 g의 줄이 양끝이 고정된 채로 팽팽하게 당겨져 있다. 줄의 장력은 49.0 N 이다. 이 줄을 튕겼을 때, 기본진동수는 몇 Hz 인가?

① 5.8 ② 6.2 ③ 6.6
④ 7.0 ⑤ 7.4

27

1차원 평면파 $E(x,t) = E_0 \sin(kx - \omega t + \phi)$ 에서 물리적 의미로 틀린 것은?

① E = 변위 ② E_0 = 진폭 ③ k = 파수
④ ω = 진동수 ⑤ ϕ = 초기위상

28

파동함수 $y = 6\sin\pi(5x - 10t)$ cm 로 표현되는 파동이 있다. 다음 중 올바른 것은?

① 파장은 5 cm 이다.
② 진폭은 12 cm 이다.
③ 주기는 0.2 sec 이다.
④ 전파속도는 0.5 cm/s
⑤ 파동의 진행방향은 음의 x 축 방향이다.

29

다음 설명들 중 잘못된 것은?

① 입사파와 투과파의 진동수는 변함이 없다.
② 자유단에서 반사파는 위상이 변하지 않는다.
③ 고정단에서 투과파는 위상이 변하지 않는다.
④ 자유단에서 투과파는 위상이 정반대로 바뀐다.
⑤ 고정단에서 반사파는 위상이 정반대로 바뀐다.

30

아래와 같은 파동이 A에서 B까지 진행하는 데 24초가 걸렸다면, 다음 설명 중 잘못된 것은?

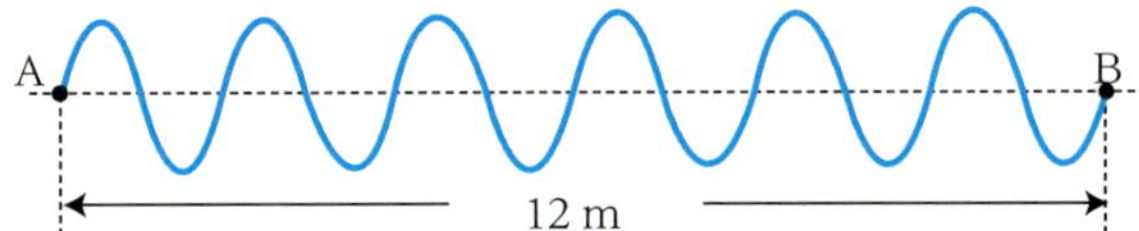

① 파수는 6이다.
② 주기는 4초이다.
③ 파장은 2 m 이다.
④ 속력은 0.5 m/s 이다.
⑤ 진동수는 0.25 Hz 이다.

31

그림의 보기는 줄의 오른쪽 끝은 묶여 있고, 왼쪽에서 흔들어 발생된 파동이 벽에 부딪히기 전의 모습이다. 반사 후의 파동의 모습을 올바르게 묘사한 것은?

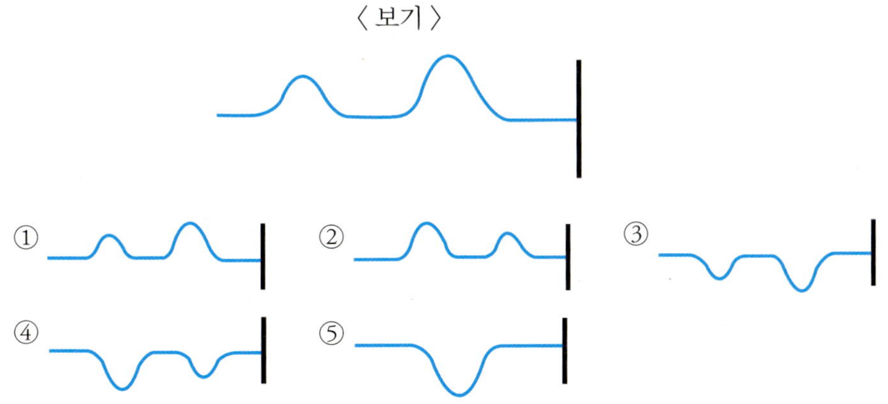

32

파동이 넓은 벽에 부딪쳐 반사된다. 벽으로 진행하는 파동과 반사된 파동이 중첩되면 어떤 결과가 나타나는가?

① 공명이 일어난다. ② 파동이 사라진다.
③ 배진동이 생긴다. ④ 정상파가 생긴다.
⑤ 진폭이 절반으로 감소된 파동이 생긴다.

33

진동수 4 Hz, 속도 20 cm/s 인 진행파에 대한 그림으로 적당한 것은?

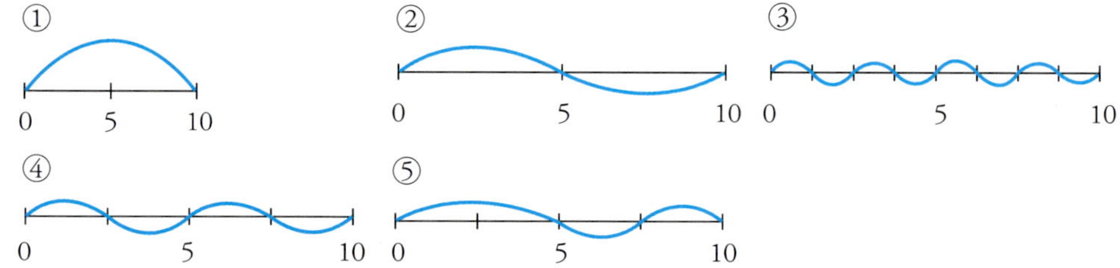

34

진폭과 파장이 같은 두 파동이 서로 반대 방향으로 진행하면서 정상파를 만들고 있다. 어느 순간, 두 파의 모양이 그림과 같다고 할 때, 정상파의 마디가 되는 지점은?

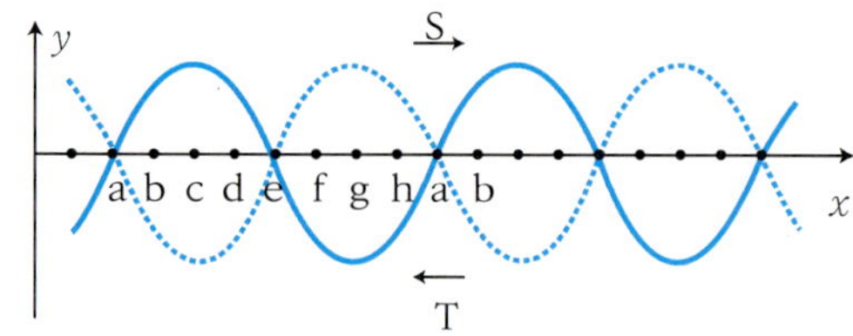

① a, e ② b, f ③ c, g
④ d, h ⑤ 알 수 없다.

35

진행방향이 반대인 그림과 같은 두 펄스가 서로 마주보며 진행한다. 두 펄스가 만나서 만들어낼 수 있는 최대 변위의 값은 몇 cm 일까?

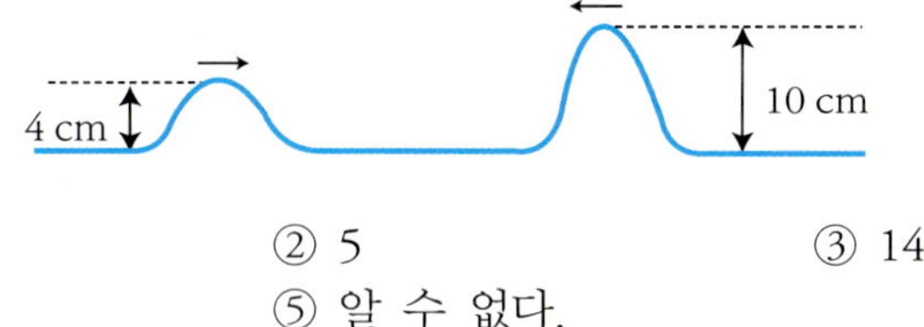

① 3　② 5　③ 14
④ 9　⑤ 알 수 없다.

36

그림은 좌우에서 발생된 방향만 반대인 동일한 파가 서로 만나기 직전의 모습을 나타낸 것이다. 잘못 해석한 것은?

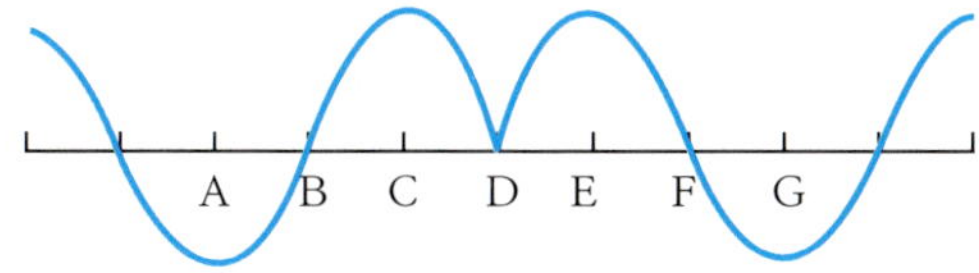

① A는 마디이다.
② B점의 진동은 진폭이 2배인 진동을 한다.
③ C점은 진동을 하지 않는다.
④ D점은 배이다.
⑤ 맥놀이가 일어난다.

37

그림은 진행방향만 다른 두 개의 동일한 파동에 의해 형성된 정상파의 일부를 보여주는 그림이다. 다음 중 잘못된 것은?

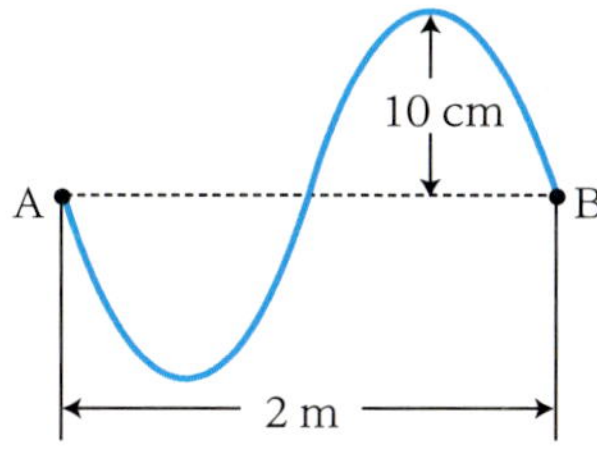

① 점 A에서의 변위는 언제나 0 이다.
② 정상파를 만들어낸 파동의 파장은 2 m 이다.
③ 정상파를 만들어낸 파동의 진폭은 5 cm 이다.
④ 두 파동의 속력이 4 m/s 라면 진동수는 2 Hz 이다.
⑤ 1/2 주기가 지나면 A, B 중간지점에서의 변위는 10 cm 가 된다.

38 그림은 동일한 진폭과 진동수로 수면을 진동시켜 파동의 간섭 현상을 알아보고자 하는 실험에 대한 모식도이다. 실선은 수면파의 마루를, 점선은 골을 나타낸다. 파원은 보이지 않고 있다. 다음 중 옳은 것은?

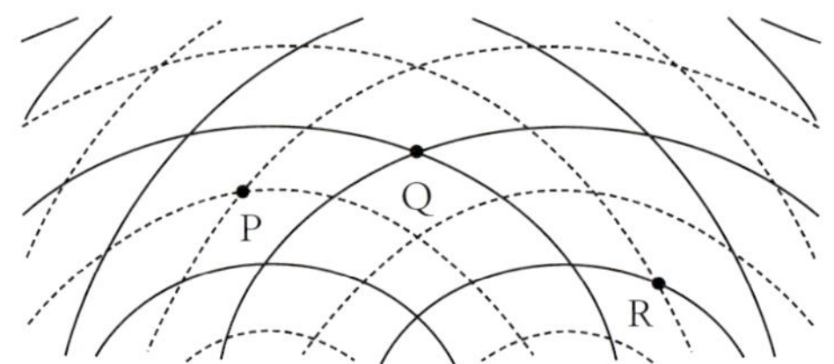

① 점 P에서는 보강간섭이 일어난다.
② 점 Q에서는 소멸간섭이 일어난다.
③ 점 R에서는 보강간섭이 일어난다.
④ 파장은 점선과 실선 사이의 거리와 같다.
⑤ 두 파동의 속력은 다르다.

39 수면파발생장치를 이용하여 수면파의 간섭무늬를 관찰하고 있다. 이때 진폭 2 cm, 파장 3 cm 인 두 파동이 동시에 같은 위상으로 그림과 같이 발생된다. S_1 으로부터 14 cm, S_2 로부터 24.5 cm 떨어진 지점에서의 파동의 진폭은 몇 cm 인가?

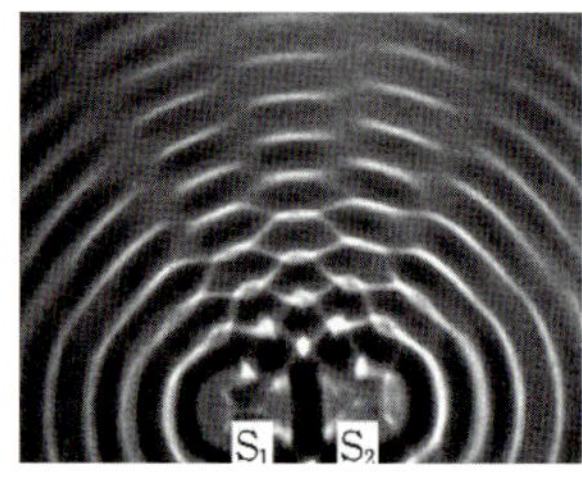

① 0　② 1　③ 2
④ 3　⑤ 4

40 길이 17 cm 의 양쪽 열린관이 진동하면서 정상파를 만들어내고 있다. 소리의 속력이 340 m/s 일 때, 아래의 그림에서와 같은 진동에 대한 파장(cm)과 진동수(Hz)는 각각 얼마인가?

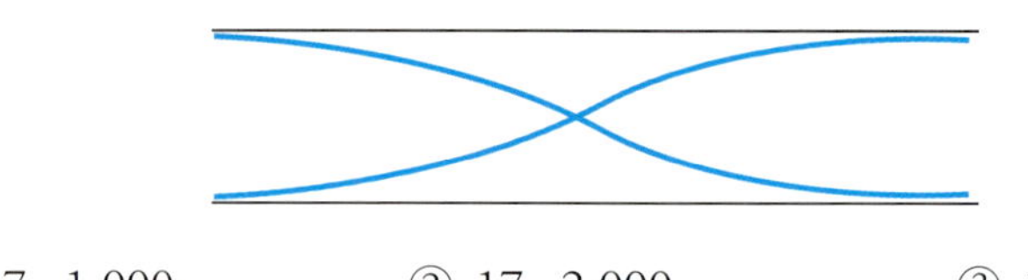

① 17, 1,000　② 17, 2,000　③ 17, 4,000
④ 34, 1,000　⑤ 34, 2,000

41 한쪽 끝이 닫힌 25 cm 길이의 피리를 불어서 낼 수 있는 최저 진동수는 몇 Hz 인가? (음속은 340 m/s 이다)

① 85 ② 170 ③ 340
④ 680 ⑤ 1,360

42 한쪽 끝이 열린 12 cm 의 관 속의 공기가 진동하여 정상파를 만든다. 소리의 속력이 336 m/s 이면, 이 관의 기본진동수는 몇 Hz 인가?

① 700 ② 1,400 ③ 2,800
④ 5,600 ⑤ 11,200

43 다음 중 올바른 설명은?

① 맥놀이 현상은 두 파동의 진동수가 일치할 때 발생한다.
② 맥놀이에서 합성파의 진동수는 두 파동의 진동수의 차와 같다.
③ 가까이 다가오는 뱃고동 소리는 실제 소리의 진동수보다 더 커져서 높게 들린다.
④ 시선 방향과 수직한 방향으로 움직이는 기차의 기적소리는 진동수가 일정하다.
⑤ 두 파동이 만나 정상파가 만들어질 때, 두 파동은 진행을 멈추고 제자리에서 상하 진동만 한다.

44 다음 중 올바른 설명은?

① 맥놀이는 음파에서만 일어나는 현상이다.
② 도플러 효과는 음파에 대해서만 일어난다.
③ 지구로부터 멀어지는 황색별의 스펙트럼은 청색쪽으로 이동한다.
④ 정상파에서 원래 파동의 진폭의 2배가 되는 지점을 마디라고 한다.
⑤ 서로 반대 방향으로 다가온 두 파동은 지나친 후에도 만나기 전의 모양을 그대로 유지하면서 멀어진다.

45 다음 중 호이겐스의 원리를 잘 표현하고 있는 것은?

① 빛의 속력은 물질 속에서 느려진다.
② 반사된 파동의 위상은 변할 수도 있다.
③ 파원과 관측자가 상대적으로 운동하면 파동의 진동수는 변한다.
④ 어느 순간 파면 상의 모든 점은 다음 순간에 새로운 파동을 형성한다.
⑤ 파동이 다른 매질로 진행하면 진행속도가 변하므로 그 경계면에서 굴절된다.

46 파동의 회절과 관련된 설명이다. 잘못된 것은?

① 파장이 길수록 잘 일어난다.
② 담 너머 이야기 소리가 들린다.
③ 호이겐스의 원리로 설명할 수 있다.
④ 슬릿의 폭이 넓을수록 잘 일어난다.
⑤ 파동이 진행 도중, 좁은 틈을 지날 때 장애물 뒷부분까지도 파동이 전달된다.

47 호이겐스 원리에서는 파면 상의 각 점들을 어떻게 다루나?

① 새로운 파면이다.
② 새로운 파원이다.
③ 굴절이 일어나는 경계면이다.
④ 간섭이 일어나는 경계면이다.
⑤ 회절이 일어나는 경계면이다.

Chapter 2
빛의 본성
Nature of light

빛이란 무엇일까? 고대 그리스 시대부터 많은 학자들이 논의하여 왔으나 별 진전이 없었다. 17세기에 역학이 완성되면서 빛과 파동에 관하여 새로이 확립된 과학의 방법을 이용한 연구와 논의가 활발히 진행되었다. 데카르트와 뉴우튼은 입자설로, 호이겐스 등은 파동설로 빛의 성질을 설명하려고 하였으며, 각기 빛의 본질을 이해하는데 기여하였다. 그러던 중 영과 퓨우코 등의 실험에 의하여 빛의 파동설이 드디어 지지를 받게 되었다. 19세기 말에는 전자기파가 발견된 후 빛이 전자기파의 일종이라는 것이 밝혀졌으며, 이러한 전자기파는 원자의 내부구조나 상태에 밀접한 관계가 있다는 것이 확인되었고 나아가서 레이저 등이 발명되었다. 레이저 광을 이용한 홀로그래피, 광통신 등의 기술이 개발되면서, 현대사회는 크게 변화하고 있다.

이 장에서는 전자기파 성질이나 발생에 관한 수식 전개는 복잡하여 이 책의 범위를 벗어나므로 개념 위주로 설명되었음을 이해하기 바란다.

빛의 본성 (Nature of light) 2-1

빛은 에너지의 한 형태이다. 에너지가 한 곳에서 다른 곳으로 운반될 때 입자가 에너지를 직접 운반하는 경우도 있고, 입자의 진동을 매개로 하는 파동을 통하여 운반되는 경우도 있다. 따라서 빛이 입자인가? 파동인가? 하는 논쟁의 역사는 오래 되었으며 빛의 전달을 설명하기 위하여 빛의 입자설, 파동설 등 여러 가지 모형이 제안되었다.

1. 빛의 입자설

1669년 뉴우튼(Issac Newton(1642-1727))은 빛은 광원에서 방출되어 매우 빠른 속도로 공간을 퍼져나가는 작은 입자의 흐름이라고 주장하였다. 그 당시로서는 입자설로서 여러 가지 빛의 현상을 설명하는데 무리가 없었다. 예를 들면, 빛의 반사는 광입자가 반사면에 부딪쳐 완전 탄성충돌로 되돌아 나오는 것으로, 빛의 굴절은 빛이 공기 중에서 다른 매질로 진행할 때 매질의 경계면에 도달한 광입자가 경계면에 수직한 방향으로 공기 속에서 보다 더 큰 인력을 받아 속도가 커진다고 설명하였다. 입자설에 의하면 빛의 속도는 공기 속에서 보다 물 속에서 더 커야 하는데 이것은 1850년 퓨우코(Foucault)의 실험으로 물 속에서의 광속도가 공기 속에서 보다 느리다는 것이 측정되었고, 또한 빛의 현상 중에서 파동성으로만 설명이 가능한 회절과 간섭 성질이 발견됨으로서 빛의 입자설을 부정하게 되었다.

2. 빛의 파동설

1678년 호이겐스(Huygens)는 빛은 에테르(ether)라고 하는 가상적인 매질을 통하여 파동의 형태로 전달된다고 하고, 파동설로서 빛의 반사와 굴절 등 여러 현상을 설명하였다. 그러나 빛이 파동이라면 회절이나 간섭현상을 보여야 하는데 그 당시로서는 그러한 현상을 볼 수 없었기 때문에 초기에는 빛의 입자설을 더 믿게 되었다. 그러나 1801년 영(Young)의 간섭실험과 1815년 프레넬(Fresnel)의 회절현상 등이 관측되어 다시 빛의 파동설이 확립되었고, 특히, 1850년 퓨우코(Foucault)가 회전 거울을 이용하여 물 속에서 빛의 속도를 측정한 결과 공기 속에서 보다 늦다는 사실을 밝히므로 입자설이 부정되고 파동설을 믿게 되었다.

여기서 빛의 파동설을 주장한 호이겐스(Huygens)의 원리를 이용하여 빛의 굴절법칙을 증명하여 보자.

[그림 2-1]은 빛이 굴절률 n_1 인 매질에서 굴절률이 n_2 인 매질로 진행하고 있다. 이때 굴절률 n_1 인 매질에서의 빛의 속도는 v_1, 파장은 λ_1 이라 하고, 굴절률 n_2 인 매질에서의 빛의 속도는 v_2, 파장은 λ_2 라 하자. 그리고 입사각은 θ_1, 굴절각은 θ_2 이다. 여기서 파면과 파면 사이의 간격은 한 파장을 나타낸 것이다.

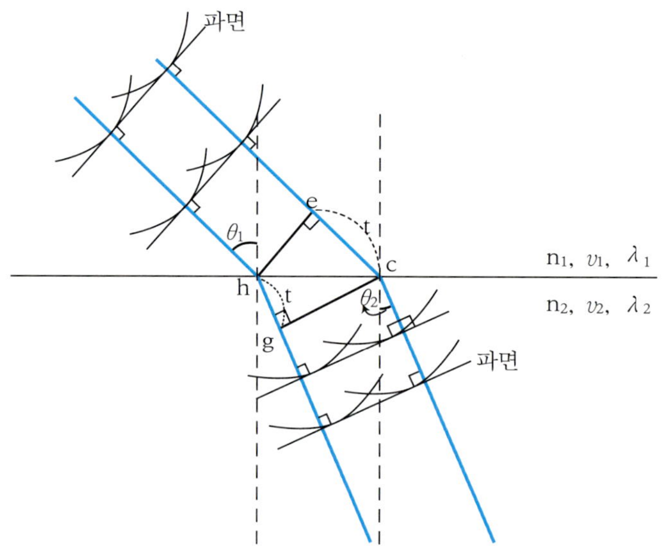

[그림 2—1] Huygens **원리에 의한 빛의 굴절**

빛이 위치 e에서 c까지 가는데 걸린 시간 t는 h에서 g까지 가는데 걸리는 시간 t와 같다.

$$즉,\ t = \frac{\lambda_1}{v_1} = \frac{\lambda_2}{v_2} \qquad (2-1)$$

$$한편,\ \triangle hce 에서 \quad \sin\theta_1 = \frac{\lambda_1}{hc} \qquad (2-2)$$

$$\triangle hcg 에서 \quad \sin\theta_2 = \frac{\lambda_2}{hc} \qquad (2-3)$$

이다. 그러므로 식 (2-2)을 식 (2-3)으로 나누면 다음과 같다.

$$\frac{\sin\theta_1}{\sin\theta_2} = \frac{\lambda_1}{\lambda_2} = \frac{v_1}{v_2} \qquad (2-4)$$

한편 굴절률 $n = \frac{c}{v}$이므로 $n_1 = \frac{c}{v_1}$, $n_2 = \frac{c}{v_2}$가 된다.

이때 c는 빛의 속도를 나타낸다.

그러므로 속도를 굴절률로 표현하면 다음과 같다.

$$\frac{v_1}{v_2} = \frac{n_2}{n_1} \qquad (2-5)$$

가 된다.

위 식을 이용하여 식 (2-4)를 정리하면 다음과 같다.

$$\frac{\sin\theta_1}{\sin\theta_2} = \frac{n_2}{n_1}\left(= \frac{v_1}{v_2} = \frac{\lambda_1}{\lambda_2}\right)$$

$$n_1 \sin\theta_1 = n_2 \sin\theta_2 \qquad (2-6)$$

따라서 빛의 굴절 법칙(Snell의 법칙)을 호이겐스의 원리로 증명할 수 있다.

이 법칙에 의하면 빛이 굴절률이 작은 곳에서 큰 곳으로 진행할 때 속도는 느려지고, 파장은 짧아지며, 입사각보다 굴절각이 작아진다. 단, 진동수는 굴절률에 관계없이 언제나 일정하게 된다.

3. 전자기파설

1873년 맥스웰(Maxwell)은 전기장과 자기장의 세기가 주기적으로 변할 때 주변의 공간 중으로 전기적 원인과 자기적 원인으로 파동이 형성되어 나아가게 되는 것을 예언하였다. 이와 같은 파동을 **전자기파**(Electromagnetic wave)로 명명하였다. 그는 전자기파의 속도가 진공 속에서는 광속도 C (3×10^8 m/s) 와 일치하며, 빛도 전자기파의 일종이라고 주장하였다. 그 후 1888년 헤르츠(Hertz)는 전자기파의 존재를 실험으로 확인하였으며 빛과 같이 직진, 반사, 굴절, 회절, 간섭현상이 일어남을 발견하였다.

4. 빛의 이중성

1905년 아인쉬타인(Einstein)은 광전효과(Photoelectric effect)를 설명하기 위하여 빛은 "광자(photon)라는 입자의 흐름"이라는 새로운 입자설인 **광량자설**을 제안하게 되었다. 그 후 1923년 컴프턴(Compton)이 X선을 전자에 조사할 때 입사파의 파장보다 산란된 X선의 파장이 길어진다는 사실을 발견하였다. 이것을 **컴프턴 산란**(Compton scattering)라 한다. 이것은 광입자와 전자간의 입자적 충돌로만이 설명이 가능하므로서 아인쉬타인(Einstein)의 광량자설을 뒷받침하게 되었다. 그러나 광전효과나 컴프턴 산란으로 보면 빛은 에너지를 가진 입자이고, 회절이나 간섭 등의 현상은 파동적으로만 설명이 가능하게 되므로서 빛은 파동인

동시에 입자성을 띠고 있는 양면성이 있음을 결론짓고 **파립이중성**(波粒二重性)이 나오게 되었다. 그 후 전자와 같은 입자의 운동에서도 파동적으로만이 설명이 가능한 회절현상이 발견되므로서, 이러한 현상은 파동, 입자에 관계없이 모든 것에 공통된 성질이며, 자연의 모습이라고 생각하게 되었다.

예제 2-1

빛이 공기 중에서 물 속으로 진행할 때의 광선의 진행경로는 [그림 2-2]와 같다. 즉 입사각 i는 굴절각 i'보다 크다. 입자설로서 굴절법칙을 유도하고 파동설에 의한 굴절법칙과 비교하여라.

풀이 빛이 입자라면 광입자가 공기와 물 속에서 받는 인력은 F, F′이고, [그림 2-2]과 같이 연직 아래 방향이며 $F < F'$ 이다.

x성분, $Fx = Fx' = 0$; $v_x = v_x'$: 등속도 운동

y성분, $Fy < Fy'$; $v_y < v_y'$: 가속도 운동

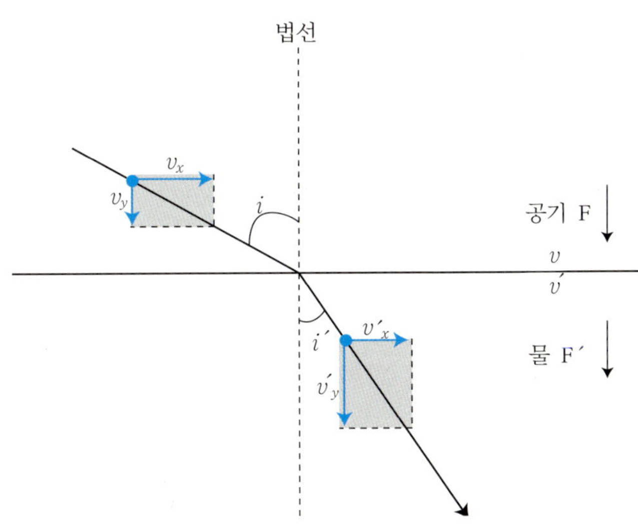

[그림 2-2] **입자성에 의한 굴절 법칙**

$$\frac{\sin i}{\sin i'} = \frac{vx/v}{vx'/v'} = \frac{v'}{v} \tag{2-7}$$

여기서 $v_x = v_x{'}$이다.

식 (2−7)은 빛의 입자설에 의한 굴절법칙으로 $i > i'$이므로 $v' > v$가 된다. 즉, 물 속에서의 빛의 속도 v'가 공기 속에서의 빛의 속도 v 보다 커진다. 그러나 실제로 빛의 파동 이론에 의한 굴절의 법칙은 식 (2−6)에서도 증명한 바와 같이 $\sin i / \sin i' = v / v'$가 되어 $i > i'$이면 $v > v'$가 되어 공기 속에서의 빛의 속도 v가 물 속에서의 빛의 속도 v' 보다 크다. 1850년 퓨우코(Foucault)의 실험으로 빛의 속도는 물 속에서 보다 공기 속에서 빠르다는 사실이 밝혀짐으로서 빛의 입자설을 부정하게 되었다.

예제 | 2-2

(1) 빛의 입자성을 최초로 주장한 사람은?

(2) 빛의 파동성을 최초로 주장한 사람은?

(3) 빛이 전자기파의 일종이라고 이론적으로 정립한 사람은?

(4) 광량자설로 빛의 이중성을 최초로 주장한 사람은?

(5) 빛이 파동임을 입증할 수 있는 물리현상들은?

(6) 빛이 입자임을 입증할 수 있는 물리현상들은?

풀이 (1) 뉴 우 튼(Newton)
(2) 호이겐스(Huygens)
(3) 맥 스 웰(Maxwell)
(4) 아인쉬타인(Einstein)
(5) 회절, 간섭
(6) 광전효과, 컴프턴(Compton) 산란

전자기파 (Electromagnetic wave) 2-2

전자기파는 라디오, TV 등의 무선 통신에 이용되며 빛이나, X 선, γ 선은 모두 전자기파의 일종이다. 맥스웰(Maxwell)은 전자기파의 존재를 이론적으로 예언하였는데, 그의 전자기 이론은 뉴우튼의 역학적 이론, 아인쉬타인의 상대성 이론과 함께 물리학의 역사에서 가장 빛나는 업적 중의 하나이다. 여기서는 이러한 전자기파의 발생과 성질 및 종류에 대하여 알아보기로 한다.

1. 전자기파의 발생

도선에 전류가 흐르면 도선 주위에는 자기장이 발생한다. 이 때 도선에 흐르는 전류의 세기와 방향이 변하면 그 주위에 생기는 자기장의 세기와 방향도 변하게 된다. 따라서 도선 내부에 존재하는 전자의 운동방향이 주기적으로 변하면 전류의 방향도 변하므로 도선 안의 전기장과 도선 주위에 생기는 자기장이 주기적으로 변하게 되고, 이 때 전기장의 변화 때문에 생기는 전기파(電氣波)와 자기장의 변화 때문에 생기는 자기파(磁氣波)가 공간 중으로 퍼져 나가게 된다. 이것을 **전자기파**(electromagnetic wave)라고 한다. 이 때 전기파와 자기파는 진동방향이 서로 수직이고 각각의 진동방향은 파동의 진행방향에 수직이다. 또한 이러한 전자기파는 어떤 매질도 필요없이 공간중에 퍼져 나가게 된다.

이것은 마치 잔잔한 수면 위에 손가락을 담갔다 뺐다 하면 수면파가 주위로 퍼져 나가는 것과 같다.

맥스웰(Maxwell)은 변화하는 전류가 흐르는 회로 주변에는 전자기파가 방출한다는 사실을 이론적으로 예언하였고, 1888년 헤르츠(Hertz,

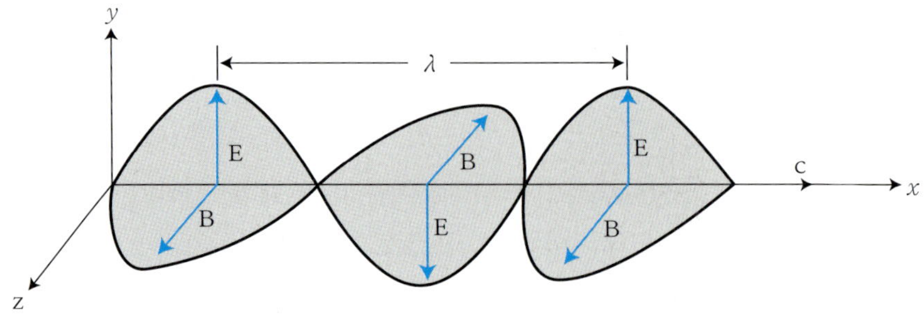

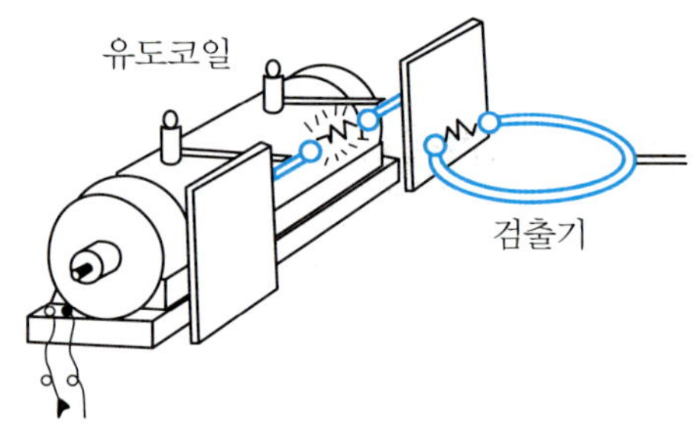

[그림 2-3] **전자기파의 발생**

H.R, 1857 ~ 1894, 독일)는 변화하는 전류가 흐르는 회로(LC 회로) 주위의 공간을 통하여 에너지가 전달되는 것을 발견 함으로서 전자기파의 존재를 확인하였다. [그림 2-3] 과 같이 유도코일의 고전압으로 불꽃 방전을 일으키고, 고리모양의 도선 양 끝 사이에 틈을 만들어 이것을 유도코일에 가까이 가져간 다음 유도코일 또는 검출기의 단자거리와 방향을 조절하면 검출기에서도 불꽃 방전이 일어나는 것을 볼 수 있는데, 이것은 유도코일의 방전으로 전자기파가 발생하여 검출기에 공진(共振)하기 때문이다. 이러한 유도코일과 검출기는 발전을 거듭하여 현재의 첨단 송·수신기로 개발되었다.

[그림 2-4] 에서 [그림 2-6] 까지는 전자기파가 발생하여 라디오나 TV에 도달하기까지의 경로를 그림으로 나타낸 것이다. [그림 2-4] 는 도선 내 전자가 주기적으로 도선 내를 왕복 운동할 때 주변에는 전기장과 자기장이 생기며 이렇게 형성된 전자기파가 송신기로부터 [그림 2-5] 와

같이 공간을 퍼져 나간다. 한편, 각종 TV 및 라디오에 도달된 전자기파는 [그림 2-6] 과 같이 증폭회로 및 각종 회로를 거쳐서 시청할 수 있게 된다.

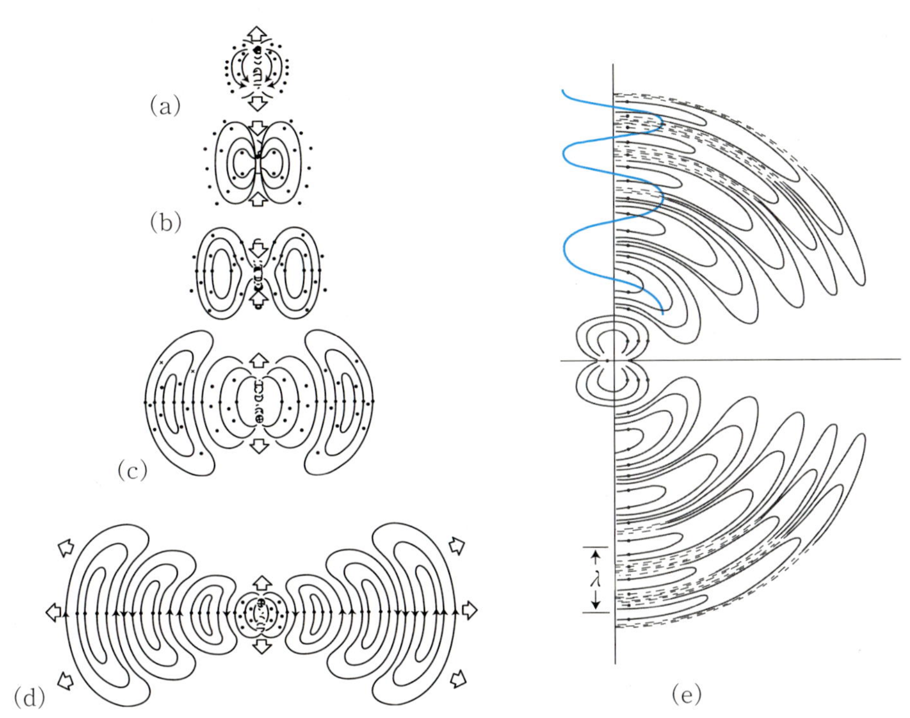

[그림 2—4] 전자기파의 단면도(실선은 전기장 E, •과 는 자기장 B)

[그림 2—5] 송신기로부터 방출되는 전자기파

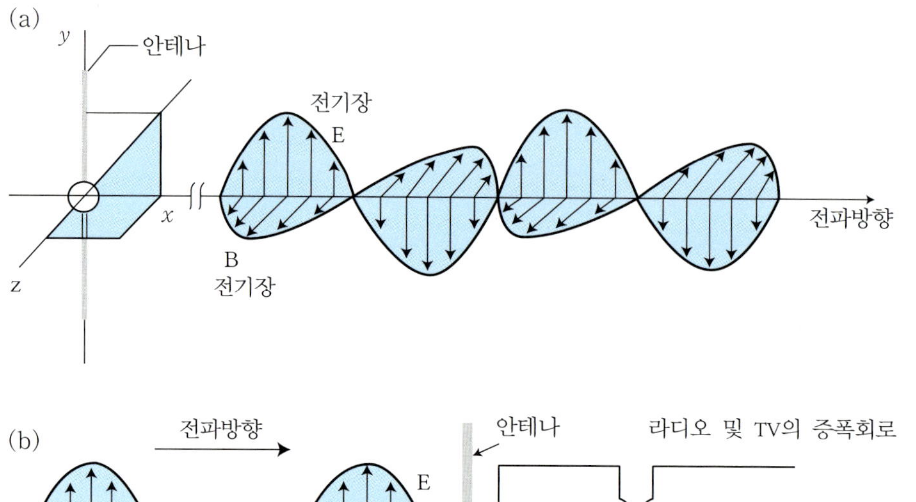

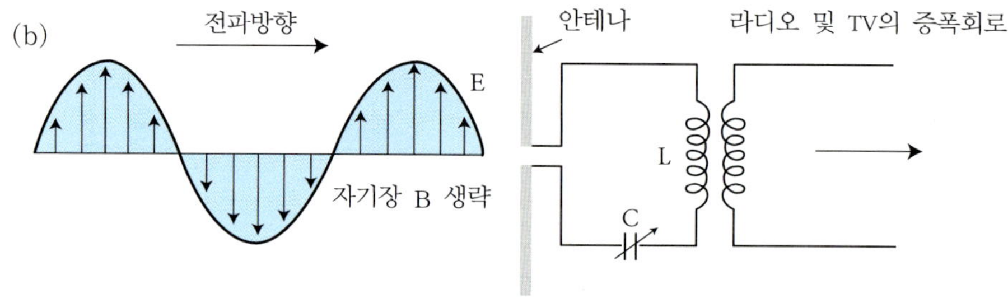

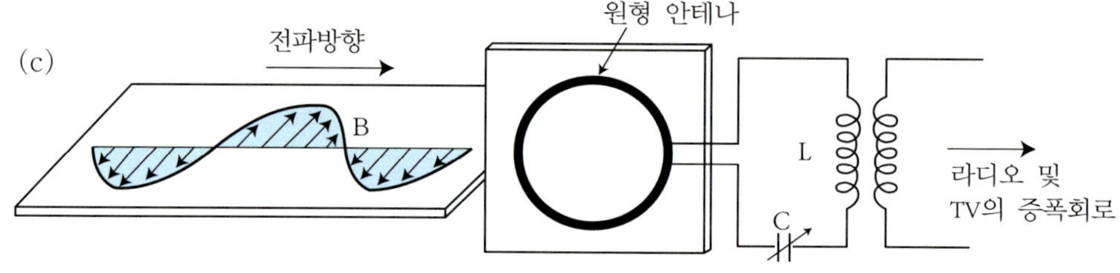

[그림 2–6] 전자기파의 송신과 수신

(a) 송신기 안테나로부터 생성된 전자기파
(b), (c) TV·라디오 안테나에 도달되는 전자기파

2. 전자기파의 성질

맥스웰(Maxwell)의 전자기파 이론에 의하면 진공 중에서 전자기파의 속도 C는

$$C = \frac{1}{\sqrt{\varepsilon_0 \mu_0}} \qquad (2-8)$$

이 되며, 여기서, ε_0 는 진공의 유전율로서

$$\varepsilon_0 = \frac{1}{4\pi \times 9 \times 10^9} \text{ Coulomb}^2/\text{N} \cdot \text{m}^2$$

이고, μ_0 는 진공의 투자율로서

$$\mu_0 = 4\pi \times 10^{-7} \text{ N/A}^2$$

이다. 따라서

따라서 ε_0 와 μ_0 의 값을 식 (2−8)에 대입하면

$$C = 3 \times 10^8 \text{ m/sec}$$

가 되어 전자기파의 속력이 빛의 속력과 같음을 알 수 있다. 즉, 전자기파의 속력은 전자기파의 진동수, 파장, 세기에 관계없이 항상 일정하다. 또 전자기파가 굴절률 n 인 매질 속으로 진행할 때의 속력을 v 라 하면

$$v = \frac{C}{n} \quad \text{또는} \quad n = \frac{C}{v} \qquad (2-9)$$

의 관계가 성립한다.

이는 빛이 굴절률 n 인 매질 내로 굴절할 때의 속력과 같다. 그리고 전자기파는 빛과 같이 회절, 간섭도 일어난다. 따라서 맥스웰이 주장한 바와 같이 빛도 전자기파의 하나임을 알 수 있다.

예를 들어 전하가 4.3×10^{14} Hz 에서 7.5×10^{14} Hz 로 진동한다면 이때 우리 눈은 빨강색에서 보라색까지 감지할 것이다. 이때 발생하는 전자기파는 우리가 볼 수 있는 빛의 영역(가시광선 영역)이므로 빛은, 곧 폭넓은 전자기파 중 한 부분이라 할 수 있다.

3. 전자기파의 종류

[표 2-1] 과 같이 전자기파는 파장 또는 진동수에 따라 여러 종류로 구분하지만 그 본질은 모두 같으며 종류에 따라 다른 특성을 갖는다.

1) 전자기파의 용도

γ 선 : 재료의 흠을 조사하거나, 의료용으로 사용된다.

X 선 : 뼈나 치아에 흡수되므로 각종 뼈 사진 및 치료에 사용한다.

자외선 : 살균 및 화학작용이 강하다.

[표 2-1] 전자기파 스펙트럼

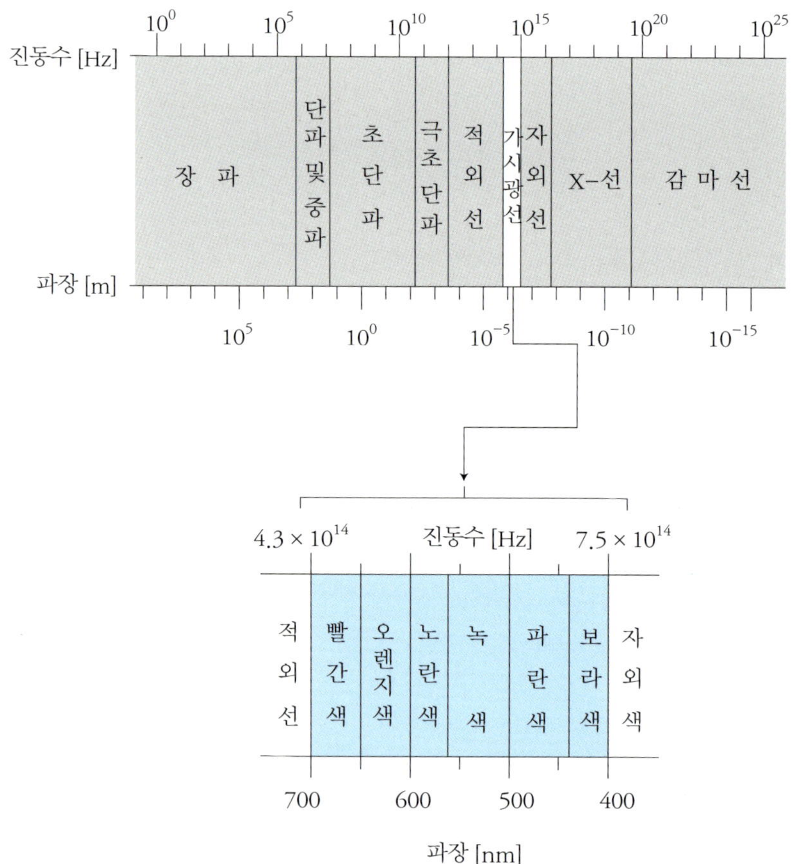

가시광선 : 피부에는 투과하지 못하며 눈의 각막 및 수정체, 초자체에 흡수되어 망막신경을 자극함으로써 물체를 식별할 수 있다.

극초단파 : 레이다, 전화 중계에 사용한다.

초 단 파 : TV, FM 방송

단파 및 중파 : 국내 방송(AM)

장 파 : 비행기 및 선박 수신에 사용한다.

2) 전리층에서의 반사와 투과

전자기파 중 라디오나 TV 방송파로 수신이 가능한 이유는 전파가 지구의

(a) 전리층에서 라디오파의 반사

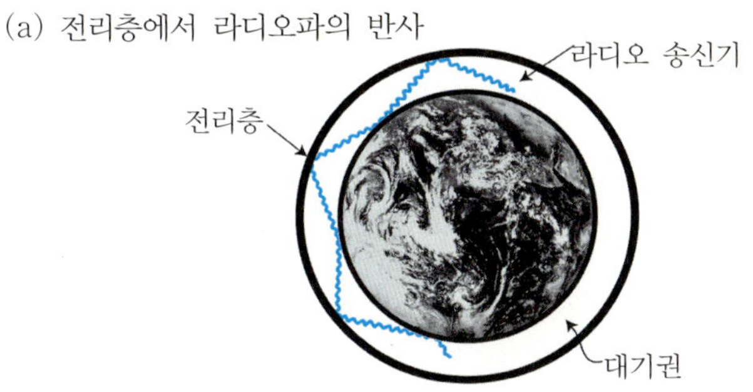

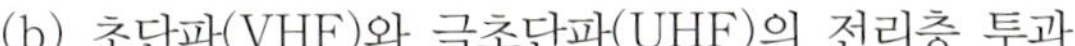

(b) 초단파(VHF)와 극초단파(UHF)의 전리층 투과

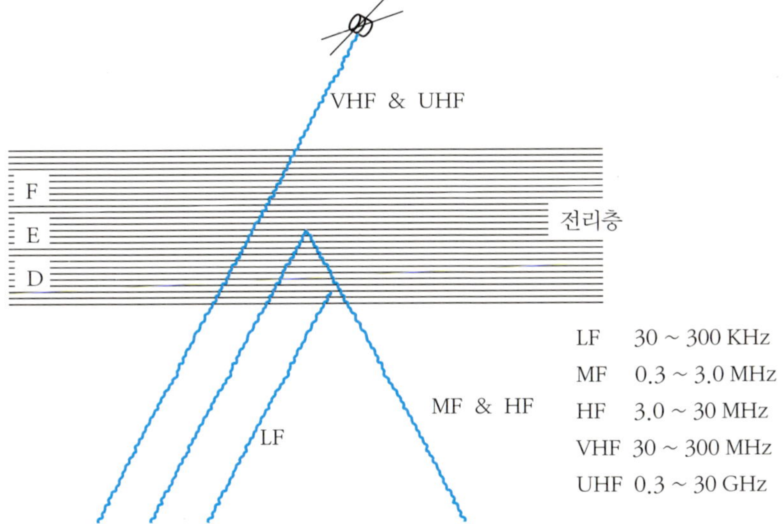

[그림 2—7] 방송에 사용되는 전자기파

대기권 내에 있는 전리층에서 반사되기 때문이다. [그림 2-7] 과 같이 파장이 짧을수록 높은 전리층에서 반사되며, 초단파와 극초단파는 전리층을 투과하여 우주공간으로 나아가게 된다. 즉, 장파 (Low Frequency)는 지상 70 ~ 80 km 상공에 위치한 D층에서 대부분 흡수되고 일부 반사하게 되며, 중파 (Medium Fre-quency)는 지상 80 ~ 100 km 상공에 위치한 E 층에서 반사되며, 단파(High Frequency)는 200 ~ 300 km 상공에 위치한 F 층에서 반사한다. 그러나 초단파 (Very High Frequency)나 극초단파 (Ultra High Frequency)는 전리층을 통과해 버리므로 통신위성을 이용하여 국제 간의 TV 중계를 하게 되며 국내 TV 방송 시에는 방송 전파를 지면에 수평하게 방출함으로서 가능하게 된다.

광속도의 측정 (Measurement of light velocity) 2-3

자유공간에서 광속은 기본적인 자연 정수의 하나다. 그 크기가 매우 크기 때문에 (약 3×10^8 m/sec) 1676년까지 측정할 수가 없었다. 그 때까지는 빛이 일반적으로 무한의 속도로 전달된다고 믿었다. 광속을 측정하려는 첫 시도로 갈릴레이 (Galilei, Gallileo)가 한 가지 방법을 제안하였다. 두 사람의 실험자가 약 1 mile 떨어진 두 산 정상 위에 서 있고 각자 손전등을 들고 밤에 실험을 실시하였다. 한 사람이 먼저 등을 비추게 하고, 또 한 사람이 그 빛을 보는 즉시 자기 등을 비추게 하는 것이었다. 그러면 양자 간의 거리와, 첫 번째 관측자가 빛을 냈을 때와 두 번째 관측자로부터 보내어진 빛을 보았을 때의 시간 차이로 광속을 산출할 수 있었다. 이론상으로는 광속 측정이 가능할 것으로 생각되나, 이러한 방법으로 시간을 정밀하게 측정하기에는 광속이 너무나 빠르기 때문에 실패하였다. 그 후 뢰머 (Olaf Römer), 피조우 (Fizeau), 퓨우코 (Foucault), 마이켈슨 (Michelson) 등이 광속도를 측정하는데 성공하였다. 이들의 광속 측정방법을 알아보도록 한다.

1. 뢰머 (Olaf Römer)의 광속도 측정

1675년 덴마크 천문학자 뢰머 (Olaf Römer)는 목성의 위성 하나를 관측해서 빛이 유한한 속도로 전파한다는 뚜렷한 사실을 처음으로 밝혔다. 목성은 여러 개의 조그마한 위성을 갖고 있고, 그 중 네 개는 보통의 망원경이나 쌍안경이면 충분히 선명하게 볼 수 있다. 위성은 목성 둘레의 이쪽 저쪽에서 조그마한 반짝이는 점처럼 보인다. 그 위성들은 목성 둘레를 돌고 있으며, 지구 둘레를 달이 돌고 있는 것과 같다. 목성 주위의 위성 궤도면은 지구와 목성이 회전 (공전)하는 궤도면과 거의 같기 때문에 .

매 회전 때마다 일부분이 목성에 가려져서 식(蝕)이 생긴다. 여기서 식이란 목성 주변을 돌고 있는 한 위성이 목성의 본그림자 안에 들어가서 안 보이는 상태를 말한다. 뢰머는 개기되는 식(蝕) 사이의 시간 간격(약 42시간)을 알고 달의 회전 시간을 측정하려고 하였다. 그는 장기간에 걸친 측정 결과를 비교하여 본 결과 지구가 목성에서 멀어지고 있는 동안에는 식(蝕) 주기가 모두 평균치 보다 조금 길고, 가까워지고 있는 동안에는 식(蝕) 주기가 평균치 보다 조금 짧다는 것을 발견하였다. 그는 이러한 변화의 원인이 목성과 지구사이의 거리가 변하고 있기 때문이라고 결론지었던 것이다.

[그림 2-8] 에서와 같이 지구와 목성이 E_1, J_1에 있을 때의 광축을 시작으로 하자. 지구가 E_1 위치로부터 3 개월 후에는 E_2 위치로 가게 될 때 매회 일어나는 식의 지연시간의 총합이 8 분 18 초가 됨을 알게 되었다. 이것은 빛이 지구 공전궤도 지름의 1/2 배인 거리를 통과하는 시간이 되므로, 빛의 속도 C 를 다음과 같이 계산할 수 있었다.

$$C = \frac{1.5 \times 10^{11}\ \text{m}}{(8 \times 60 + 18)\ \text{sec}} = 3.02 \times 10^{8}\ \text{m/s}$$

여기서 태양에서 지구까지의 평균거리는 1.5×10^{11} m 이고 식의 지연시간은 8분 18초 이다.

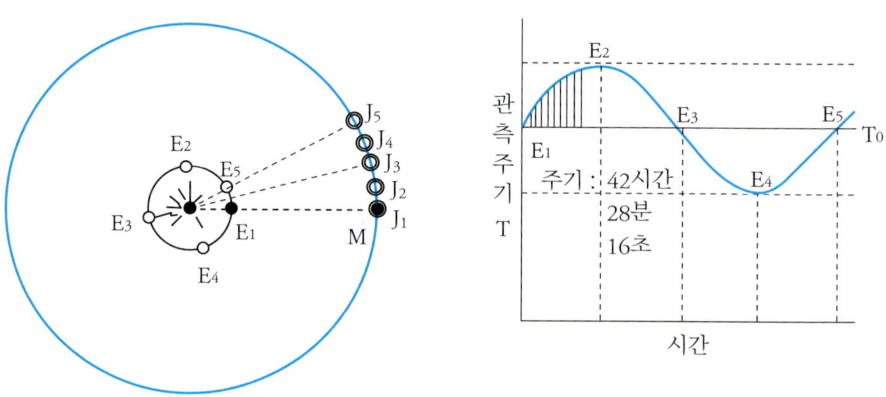

[그림 2-8] 뢰머의 광속도 측정법

2. 피조우 (Fizeau)의 광속도 측정

1849년 프랑스의 과학자인 피조우 (Fizeau)는 회전 치차를 이용하여 지상 (몽마르뜨 언덕)에서 최초로 광속도를 측정하는데 성공하였다. [그림 2–9] 와 같이 광원 S 에서 나온 빛을 렌즈 L_1 을 이용하여 광원의 상이 치차 T 면에 맺도록 하였다. 이 치차는 고속 회전할 수 있다. G 는 경사져 있는 반투명 유리판이다. 처음에는 치차가 정지하고 있어 빛이 톱니의 틈을 지난다고 하자. 렌즈 L_2 와 L_3는 약 8.6 km 떨어져 있으며 거울 M 위에 두 번째 상을 만든다. 빛은 M 에서 반사해서 먼저 길을 따라 되돌아오게 하고 유리판 G 에서 일부는 반사해서 렌즈 L_4 를 지나 관측자의 눈으로 들어온다. 치차 T 를 회전시키면서 S 에서 나오는 빛은 일정한 길이의 계속된 파속으로 잘라지게 된다. 만약, 한 파속은 파면이 거울 M 에 갔다가 돌아오는 동안 치차가 먼저 통과한 틈의 위치에 이웃 톱니 (불투명부)가 오도록 회전속도를 조절한다면, 반사광은 관측자 E 에 도달하지 않을 것이다. 치차의 회전각 속도를 먼저의 두 배로 하면 틈을 지난 광선이 되돌아 올 때 이웃 틈이 오므로 빛은 무사히 통과하여 관측자 E 의 시야는 밝아질 것이다. 만약 치차의 회전 진동수, 치차의 총 톱니수, 치차 T 에서 거울 M 까지의 거리를 알면 이것을 이용하여 광속도를 계산할 수 있다.

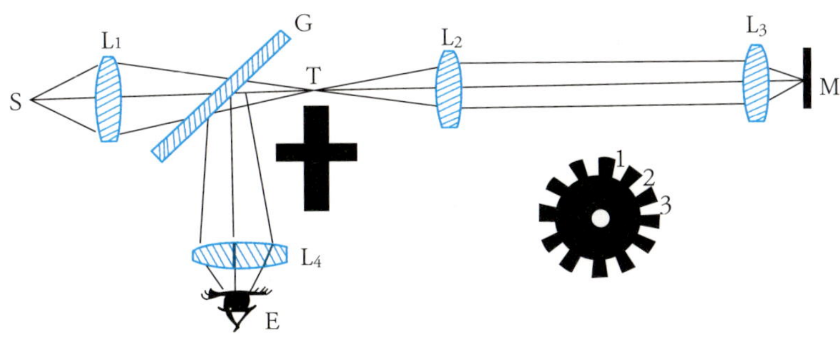

[그림 2–9] 피조우의 광속도 측정법

시야가 어두워지도록 할 때 치차 톱니의 총 갯수 N (틈을 더하면 2N), 매 초 회전수를 f 라 하면 빛이 거리 TM(= L) 사이를 왕복하는 시간 t 는 톱니의 홈 1 과 2 사이의 톱니가 지나가는 데 걸린 시간과 같다.

$$t = \frac{1}{(2Nf)} \text{(초)}$$ 이므로 광속도 C 는

$$C = \frac{2L}{1/2Nf} = 4NfL(m/s)$$

가 된다. 피조우는 N = 720 개, f = 12.6 회/s, L = 8,633 m 의 값으로 실험하여 다음의 광속도 값을 얻었다.

$$C = 3.13 \times 10^8 \, m/s$$

3. 퓨우코 (Foucault)의 광속도 측정

1850년 퓨우코 (Foucault)는 피조우 (Fizeau)의 장치를 개량하고 치차 대신 회전 거울을 사용하여 최초로 실험실 내에서 광속도를 측정하는데 성공하였다. 또 회전 거울과 반사 거울 사이에 물을 가득 넣은 관을 놓아서 물 속에서의 광속이 공기 속에서 보다 느리다는 것을 측정하였다. 빛의 입자설로서는 물 속의 광속도가 공기 속 보다 더 빨라야 하는데 이 실험의 결과로서 입자설을 부정하게 되었다.

4. 마이켈슨 (Michelson)의 광속도 측정

1878년 미국의 물리학자 마이켈슨 (Albert. A. Michelson ; 1852 ~ 1931)은 퓨우코의 장치를 개량하여 가장 정확한 광속도를 측정하였다.

최초의 실험은 그가 Annapolis 의 해군사관학교 교수로 있었던 1878년에 실시하였다. 최후로는 그가 사망하던 해인 1935년에 진행하고 있었던 것을 Pease 와 Pearson 이 완성하였다. 또 Dumond 와 Cohen 은 1953년까지의 모든 측정을 분석한 결과 $C = 2.997929 \times 10^8$ m/s 이며 $\pm 0.000008 \times 10^8$ m/s 이내로 정확하다고 보고하였다.

Rosa 와 Dorsey 는 미국 국립표준국(National Bureau of Standards)에서 ε_0의 가장 정확한 값을 실험을 통하여 알아내고 전자기파의 속도 $C = \sqrt{\frac{1}{\varepsilon_0 \mu_0}}$ 을 써서 $C = (2.9979 \pm 0.0001) \times 10^8$ m/s 를 얻었고 이것은 Dumond 와 Cohen 이 보고한 값과 매우 잘 일치한다고 볼 수 있다.

최근에는 마이크로 웨이브(micro wave)나 레이저의 실험기술이 발달하여 더욱 정확한 빛의 속도 측정이 가능하게 되었다. 진공 중에서 광속도 C 는 모든 매질 속의 광속도보다 가장 빠르며, 정밀한 측정의 결과 광속도 $C = 2.9979246 \times 10^8$ m/s $\fallingdotseq 3 \times 10^8$ m/s 이고 매질 속에서의 광속도 v 는 매질의 굴절률이 n 일 때 $v = C/n$ 로 된다.

2-4 굴절률 (Index of refraction)

물질 중의 광속도 v는 진공 중에서보다 느리다. 모든 파장의 빛이 진공 중에서는 동일한 속도로 진행하는데 매질 중에서는 파장에 따라 다르다. 매질 속에서의 광속도는 파장이 긴 빨강색광이 약간 빠르고 파장이 짧은 보라색광이 약간 느리다. 어떤 특별한 파장을 갖는 빛의 진공 중의 속도 C와 어떠한 매질 중의 빛의 속도 v와의 비를 그 파장의 빛에 대한 그 매질 속의 굴절률로 정의된다. 굴절률은 보통 n으로 표시하고 때에 따라서는 관련되는 파장을 명시하여야 한다.

$$n = \frac{C}{v} \qquad (2-10)$$

파장이 명시되지 않은 경우의 굴절률은 [표 2-2] 와 같이 가시광선 파장의 평균치인 589 nm 의 파장을 갖는 황색 나트륨광에 대한 굴절률이 된다.

만약 진공 중에서 파장 λ_0, 속도 v_0인 빛이 굴절률 n인 매질로 굴절되어 들어간다면, 이 매질 내에서의 빛의 파장은 $\lambda = \frac{\lambda_0}{n}$이며, 속도는 $v = \frac{v_0}{n}$가 된다. 따라서 진공 중 또는 공기 중에서 보다 빛의 파장은 짧아지고 속도는 느려진다.

[표 2-2] 황색 나트륨 광에 대한 굴절률 (λ = 589 nm)

물 질	굴 절 률	물 질	굴 절 률
얼음	1.336	메틸알콜	1.329
형석	1434	물	1.333
암염	1.544	에틸알콜	1.361
수정	1.544	4염화탄소	1.460
지르코늄	1.924	글리세린	1.473
다이아몬드	2.147	벤젠	1.501

01 다음 중 빛에 관한 성질 중 옳은 항을 모두 고르시오.

① 빛은 입자성을 갖고 있다.
② 빛은 파동성을 갖고 있다.
③ 빛은 전자기파의 일종이다.
④ 빛은 종파이다.

02 굴절률이 작은 매질에서 큰 매질로 진행하는 빛의 특성으로 옳게 설명한 항을 모두 고르시오.

① 빛의 속도는 느려진다.
② 빛의 파장이 짧아진다.
③ 빛의 진동수는 빨라진다.
④ 빛의 굴절각은 입사각 보다 작아진다.

03 다음 전자기파 중 파장이 가장 짧은파는 무엇인가?

① 장파
② 극초단파
③ 가시광선
④ X-선

04 진공 중에서는 빛의 속도가 같지만 매질 내에서는 파장에 따라서 달라진다. 다음 중 매질내에서 가장 빠른 빛은 무엇인가?

① 빨간색광
② 노란색광
③ 초록색광
④ 보라색광

05

라디오파에 관한 설명이다. 옳은 것을 모두 고르시오.

① 횡파
② 전자기파
③ 음파
④ 횡파와 종파의 성질을 모두 갖는 혼합파

06

아래 보기는 가시광선을 파장별로 분류한 것이다. 아래 질문에 적합한 답을 선택하시오.

a. 빨간색	b. 노란색	c. 초록색	d. 보라색

① 파장이 가장 긴 광선은?

② 진동수가 가장 큰 광선은?

③ 매질 내에서 속도가 가장 느린 광선은?

④ 진공 중에서 속도가 가장 빠른 광선은?

07

전자기파의 성질로 잘 설명된 항을 모두 고르시오.

① 전자파와 자기파가 서로 수직으로 어울려 진행한다.
② 전기장과 자기장 속에서 그 진로가 굽어 질 수 있다.
③ 매질 속에서의 굴절률은 파장이 길수록 커진다.
④ 입자성과 파동성을 동시에 가지고 있다.

08

파장이 450 nm 인 빛이 이 파장에 대해서 굴절률이 1.50 인 유리 속을 통과하고 있다.

① 이 때, 유리 속에서 빛의 속도는 얼마나 될까?

② 이 유리 속에서의 파장은 얼마인가?

09

후린트 유리 내에서 파장 656 nm 의 빛의 속도가 1.80×10^8 m/s 이라면 이 유리의 굴절률은 얼마인가?

10

피조우(Fizeau)의 광속도 측정법은 Cormu가 계속하였으나, 단지 피조우의 장치에서 거울사이의 거리를 22.9 Km 로 늘리고 지름이 40 mm , 톱니수가 180개인 치차를 사용하였다. 이 때 빛이 한 톱니 사이를 지났다가 다음 톱니 사이로 되돌아오도록 회전시키려면 각속도는 몇 rad/s 인가?

11 어떤 물질 속을 지나는 빛의 속도를 측정한 결과 2×10^8 m/s 를 얻었다. 이 물질의 굴절률은 얼마인가?(단, 진공속에서의 빛의 속도는 3×10^8 m/s 이다.)

12 진동수 6×10^8 Hz의 빛이 굴절률 1.5인 유리를 통과하고 있다. 이 유리내에서의 빛의 속도를 구하여라.

13 어떤 유리에서 파장이 650 nm인 빛의 속력은 2×10^8 m/s 이다.

a) 이 파장에서 유리의 굴절률은 얼마인가?

b) 만약 동일한 빛이 공기 중을 지난다면 이 빛의 속도는 얼마인가?

01 물속에서의 광속도가 공기 중에서의 광속도보다 느리다는 것을 실험적으로 측정하여 빛의 입자설을 부정한 사람은?

① 아인슈타인 ② 컴프턴 ③ 퓨우코
④ 프레넬 ⑤ 호이겐스

02 피부는 투과하지 못하나 눈의 각막, 수정체, 초자체는 통과하여 망막신경을 자극하여 물체를 식별할 수 있도록 해주는 전자기파는?

① 극초단파 ② 적외선 ③ 가시광선
④ 자외선 ⑤ X-선

03 진공 중에서 파장 500 nm인 빛이 45°로 매질의 경계면에 입사하여 30°의 굴절각으로 들어간다. 매질 내에서의 파장은 몇 nm 인가?

① 354 ② 476 ③ 589
④ 643 ⑤ 707

04 빛이 유리판으로 30°의 각도로 입사하고 있다. 유리의 굴절률이 1.5일 때 유리판을 투과해서 나오는 빛의 굴절각은?

① 15° ② 30° ③ 45°
④ 60° ⑤ 75°

05 크라운 유리의 굴절률은 1.52이고, 다이아몬드의 굴절률은 2.42이다. 크라운 유리에 대한 다이아몬드의 상대굴절률은 얼마인가?

① 0.628 ② 1.59 ③ 3.68
④ 3.94 ⑤ 4.65

06

다음은 빛의 성질과 관계된 설명이다. <u>잘못</u>된 것은?

① 빛은 이중성을 가지고 있다.
② 빛은 횡파의 성질을 가지고 있다.
③ 빛의 굴절은 입자성의 증거이다.
④ 빛은 전자기파 성질을 가지고 있다.
⑤ 빛의 속력은 진공 중에서 가장 빠르다.

07

다음은 빛의 굴절과 관련된 설명이다. <u>잘못</u>된 것은?

① 수직으로 입사된 빛의 굴절각은 0° 이다.
② 굴절률이 작은 매질 속에서 빛의 속력이 빠르다.
③ 굴절률은 두 매질에서의 속도의 비로 결정할 수 있다.
④ 같은 매질이라도 빛의 색깔에 따라 굴절률은 달라진다.
⑤ 두 매질의 굴절률의 차가 클수록 입사 전후 빛의 진동수가 많이 변한다.

08

다음은 전자기파에 대한 설명이다. <u>잘못</u>된 것은?

① 자외선은 살균 및 화학작용이 강하다.
② 진동수가 높은 전자기파가 에너지가 크다
③ 매질 내에서 전자기파의 속력은 파장에 관계없이 동일하다.
④ 전자기파의 속력은 그 종류에 관계없이 진공 중에서는 동일하다.
⑤ 라디오나 TV 방송파 수신이 가능한 것은 이 파들이 전리층에서 반사가 되기 때문이다.

09

진공 중에서 파장 500 nm인 단색광에 대한 어떤 물질 내부에서의 파장은 400 nm이다. 물질 내부에서의 속력은 진공 중의 몇 배인가?

① 0.5 ② 0.8 ③ 1
④ 1.25 ⑤ 1.5

10

굴절률 1.5, 두께 0.1 mm인 유리판에 300 nm의 빛을 수직으로 입사시킨다. 이 유리판 속에는 몇 개의 광파가 들어 있겠는가?

① 75 ② 100 ③ 125
④ 150 ⑤ 500

11

파장 λ 인 빛이 굴절률 n 인 물질 속에서 d 만큼 진행한 경우와 진공 중에서 같은 거리를 진행한 경우, 파수의 차는?

① $(n-1)\frac{d}{\lambda}$　② $(n-1)\frac{\lambda}{d}$　③ $n\lambda$

④ $(n+1)\frac{\lambda}{d}$　⑤ $(n+1)\frac{d}{\lambda}$

12

진동수 50 Hz 인 파가 100 cm/s 의 속력으로 공기 중에서 굴절률 1.6 인 매질로 굴절되어 들어간다. 매질 속에서의 파동의 거동으로 옳은 것은?

① 파장은 1.25 cm 이다.
② 진동수는 80 Hz 이다.
③ 진폭은 변하지 않는다.
④ 속력은 160 cm/s 이다.
⑤ 굴절률이 커지면 속력은 빨라진다.

Chapter 3
빛의 간섭
Interference of light

빛은 일종의 파동성을 지니고 있다. 빛이 파동이라면 둘 이상 빛의 광파가 한 점에 만나서 겹치게 될 때 중첩의 원리에 의하여 간섭을 일으키게 될 것이다. 이와 같은 빛의 간섭현상은 1801년 영국의 물리학자 영(Thomas Young)의 실험에 의해 처음으로 발견하게 되므로서 빛의 파동성이 인정받게 되었다.

영 (Young)의 실험 3-1

빛이 간섭효과를 일으킨다는 사실을 최초로 실험한 과학자는 1801년 영국의 물리학자 토마스 영(Thomas Young)이었다. 영의 실험은 그 당시 획기적인 실험이었으며, 빛의 파동성을 한층 더 확신하게 해준 것이었다. 영의 실험에서 나타나는 간섭현상을 입자설로서 설명하기에는 도저히 불가능하다.

[그림 3-1] 의 (a), (b) 는 영의 실험장치를 나타낸 것이다. 왼쪽에 있는 광원에서 나오는 단색광은 단일 슬릿 S 를 통과하고, 다시 S 에 평행

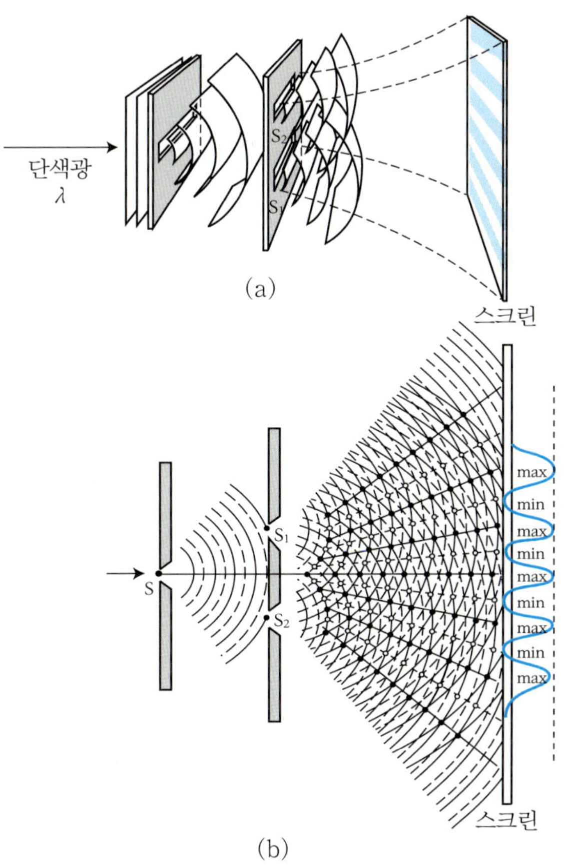

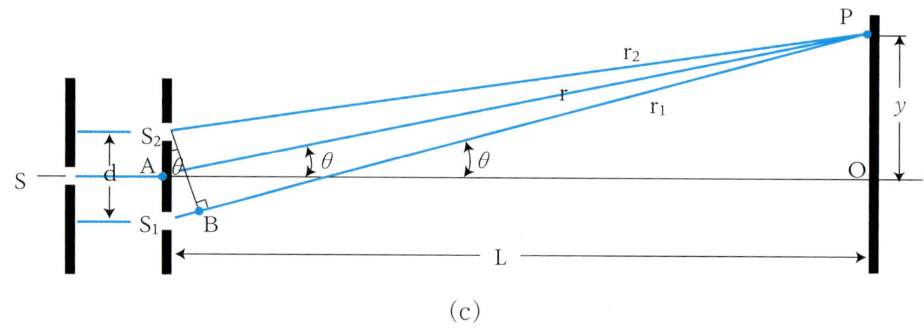

(c)

[그림 3-1] 영(Young)의 실험

두 개의 슬릿을 통과하는 광파의 간섭

하고 S 에서 같은 거리에 있는 이중 슬릿 S_1, S_2 를 지나게 되면 두 개의 구면파로 전파되며, 이들 구면파가 중첩되어 이중 슬릿의 오른 쪽에 있는 스크린 위에 밝고 어두운 무늬를 나타내게 된다.

[그림 3-1] 의 (c) 와 같이 이중 슬릿의 간격이 d ($\overline{S_1 S_2}$) 이고, 이중 슬

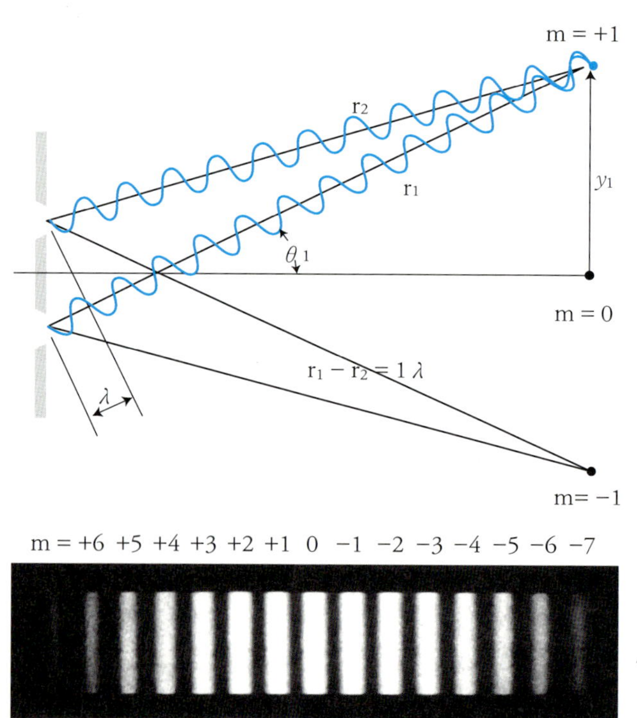

[그림 3-2] 보강간섭과 소멸간섭(스크린 상의 밝고 어두운 무늬)

릿의 중앙점 A, 스크린의 중앙점을 O 라 할 때 $\angle PAO = \theta$ 가 되는 스크린 상의 임의의 한 점 P 를 생각하자. P 점을 중심으로 S_2P 를 반경으로 하는 원호를 그려 S_1P 와 만나는 점을 B 라 하자. 두 슬릿 사이의 거리 d 에 비해서 슬릿과 스크린 사이의 거리 L 이 충분히 클 때는 빛살 r_1, r_2 는 중심축에 대하여 θ 의 각도로 평행하게 되므로 S_2B 는 PS_1, PA, PS_2 에 각각 수직하다고 볼 수 있다. 그러면 $\triangle BS_1S_2$ 는 $\triangle POA$ 와 닮은꼴이 되며 거리 S_1B 는 $d \sin \theta$ 와 같다. 이것은 슬릿 S_1, S_2 에서 나와서 점 P 에 도달하는 두 광선의 **경로차** $\triangle$ 가 된다. 동일 위상으로 S_1 와 S_2 에서 나오는 광파가 이러한 경로차를 가지고 P 점에서 중첩되는 합성파는 [그림 3-2] 와 같이 보강 또는 소멸간섭을 일으키게 되고 그 원리는 수면파의 간섭원리와 같다.

1. 명암조건

이중 슬릿 S_1, S_2 로부터 나온 광선이 스크린 상의 한 점 P 에서 만나게 될 때 두 광선의 경로차 $\triangle$ 는

$$\triangle = S_1P - S_2P = d \sin \theta$$

가 된다. 이 때 슬릿의 간격 $d \ll L$일 때 경로차는 다음과 같다.

$$\triangle = d \sin \theta \approx d \cdot y / L \qquad (3-1)$$

즉 경로차 $\triangle$ 가 0이거나 반파장의 짝수배일 때는 [그림 3-3] 의 (a), (b), (d)와 같이 **보강간섭**을 일으켜 **밝은 무늬**로 되고, 반 파장의 홀수배일 때는 [그림 3-3] 의 c, e 와 같이 **소멸간섭**으로 **어두운 무늬**가 된다. 즉, 경로차 $\triangle$ 에 따른 간섭무늬의 명암조건은 다음과 같다.

$$\left.\begin{array}{ll} \triangle = \lambda \cdot m & \text{; 보강간섭 (밝은 무늬)} \\ \triangle = \lambda \cdot (m + \frac{1}{2}) & \text{; 소멸간섭 (어두운 무늬)} \end{array}\right\} \qquad (3-2)$$

여기서 m = 0, 1, 2, 3……, 정수이다.

이것을 위상차 ϕ 로써 나타내면, 위상차는 식 (1−22)와 같이 $\phi = k\,\triangle = \left(\frac{2\pi}{\lambda}\right) \cdot \triangle$ 이므로

$$\left.\begin{aligned} \phi &= 2\pi \cdot m && ;\ \textbf{보강간섭 (밝은 무늬)} \\ \phi &= 2\pi \cdot \left(m + \frac{1}{2}\right) && ;\ \textbf{소멸간섭 (어두운 무늬)} \end{aligned}\right\} \quad (3-3)$$

여기서 m = 0, 1, 2, 3, 4……, 정수이다.

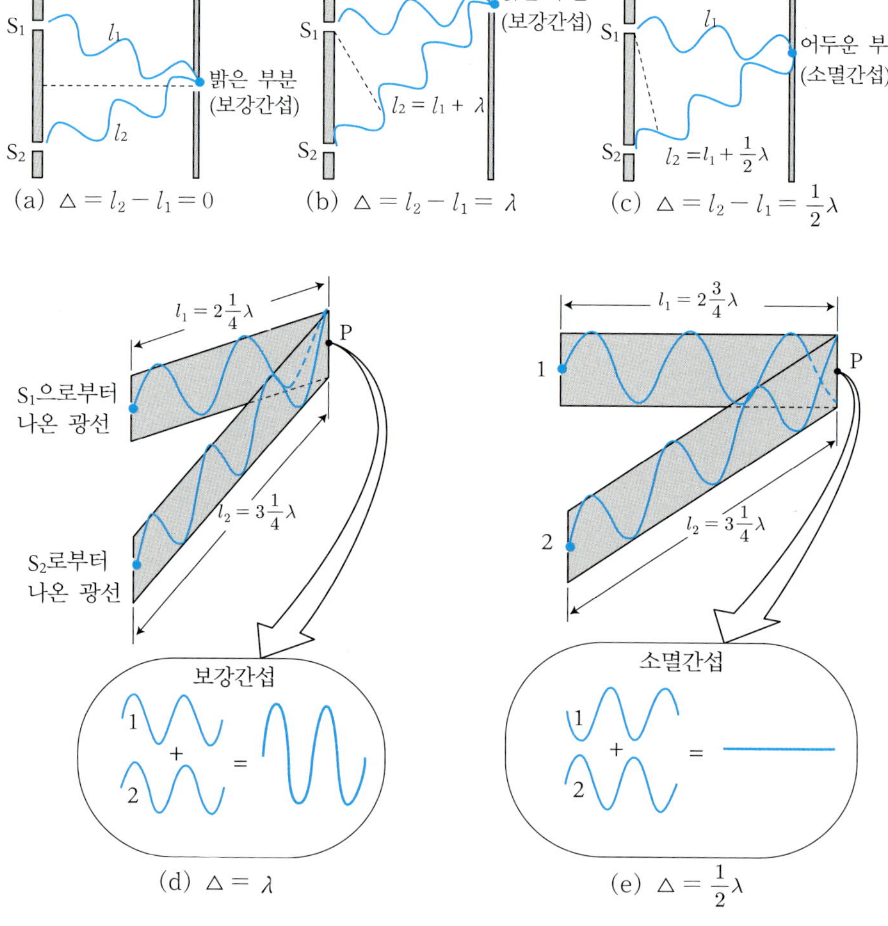

[그림 3−3] **빛의 보강간섭과 소멸간섭**

2. 빛의 파장 측정

스크린 상의 중앙 극대에서 m 번째 극대점까지의 거리가 y 일 때, 이 실험에 사용한 단색광의 파장은 슬릿과 스크린 사이의 거리 L 과 두 슬릿 사이의 간격 d 로써 나타낼 수 있다.

S_1, S_2 슬릿으로부터 나온 두 광선이 보강간섭할 때의 경로차 $\triangle$ 는 식 (3-1)과 식 (3-2) 에 의해

$$\triangle = d \cdot y/L = \left(\frac{\lambda}{2}\right) \cdot 2m$$

이므로, 단색광의 파장은 다음과 같다.

$$\lambda = d \cdot y/mL \qquad (3\text{-}4)$$

예제 | 3-1

[그림 3-4] 와 같이 두 슬릿 사이의 간격 d = 0.2 mm 이고, 슬릿과 스크린 사이의 거리가 1 m 이며, 중앙 극대에서 세 번째 밝은 무늬 (세 번째 극대점) 까지의 거리가 7.5 mm 일 때 이 실험에 사용한 단색광의 파장은 얼마인가?

풀이 $\lambda = \frac{d \cdot y}{mL} = \frac{0.02 \times 0.75}{3 \times 100} = 5 \times 10^{-5}\,\text{cm} = 500\,\text{nm}$

즉, 이 단색광의 파장 (λ) 는 500 nm 이다.

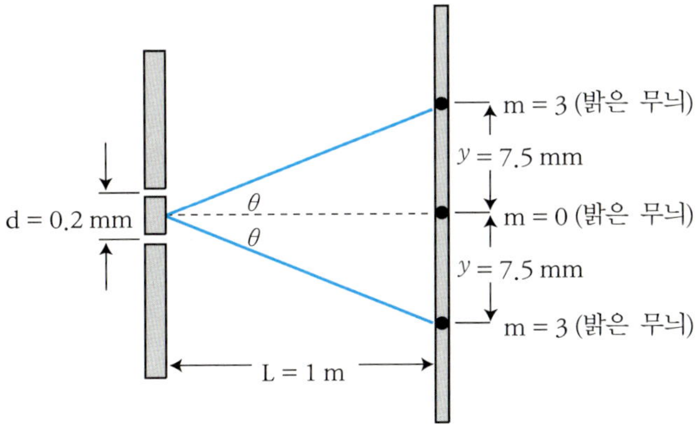

[그림 3-4] 예제 그림

3. 인접한 두 극대 간의 거리

인접한 두 극대간의 간격 y_1 은 중앙 극대점으로부터 제 1 극대점까지의 간격이 되므로 경로차 △는 식 (3-1), (3-2) 에 의해 다음과 같다. 여기서 m = 1 이다.

$$\triangle = \frac{d \cdot y_1}{L} = \frac{\lambda}{2} \cdot 2$$

따라서 인접한 극대간의 간격 y_1 은 다음과 같다.

$$y_1 = \frac{L\lambda}{d} \tag{3-5}$$

따라서 식 (3-5) 와 같이 인접한 극대간의 간격(무늬의 폭)은 두 슬릿 사이의 간격(d) 이 좁을수록, 슬릿과 스크린 사이의 거리(L) 가 멀수록, 실험에 사용한 빛의 파장(λ) 이 길수록 무늬의 폭(y_1) 이 넓어진다.

이 실험에서 백색광을 사용한다면 파장에 따라 회절의 정도가 다르게 되므로 명암의 무늬가 선명하지 못하게 될 것이다.

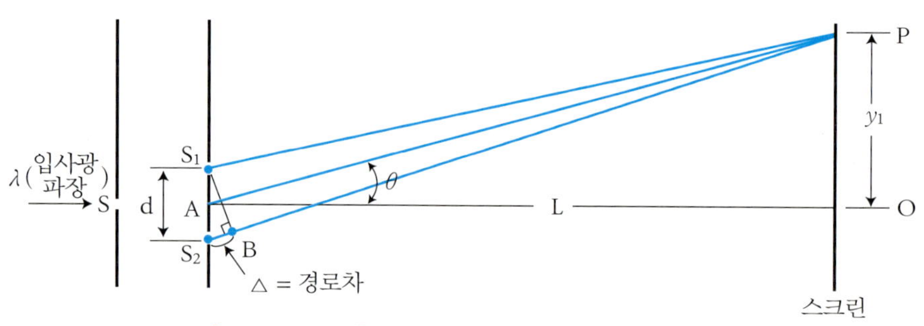

[그림 3-5] 인접한 두 극대간의 거리

(슬릿 간의 간격이 좁고 L 이 멀수록 무늬 폭 y 는 넓어진다.)

4. 간섭무늬의 세기

스크린 상의 임의의 P 점에 생긴 간섭무늬의 세기를 계산하기 위하여 수면 파의 간섭현상에 관하여 설명할 때와 마찬가지로 위상이 다른 두 조화파의 파동함수를 더하면 된다. 빛은 전자기파의 일종이므로 광파에 대한 파동함수를 전기장 벡터로 표현할 수 있다. 슬릿 S_1 으로부터 나온 파동의 전기장을 E_1 이라 하고 E_2 는 슬릿 S_2 에서 나온 광파의 전기장이라고 하자. 이 때 θ 가 극히 작은 경우, 두 전기장 벡터를 평행이라고 가정할 수 있으므로 그 크기만 고려해 보기로 하자. 두 슬릿의 크기가 같고

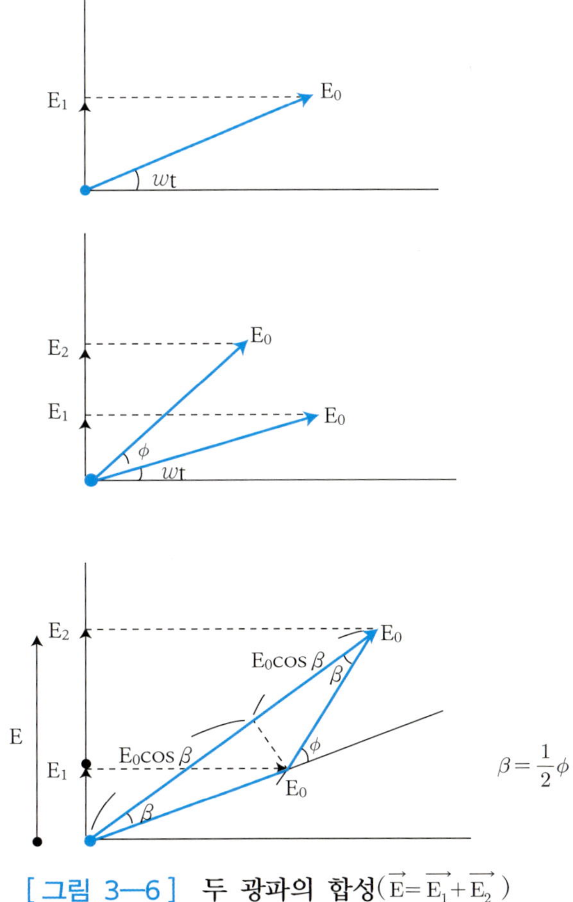

[그림 3—6] 두 광파의 합성($\vec{E}=\vec{E_1}+\vec{E_2}$)

스크린까지의 거리가 거의 같다고 가정하면 경로차는 수 파장 정도이다. 두 전기장은 두 슬릿을 비추는 단일 광원으로부터 생긴 것이므로 같은 진동수로 진동하고 같은 진폭 E_0 를 가진다. 따라서 [그림 3-6] 과 같이 스크린에 도달된 두 광선이 시간에 따라 변한다고 할 때 파동함수 E_1, E_2 는 다음과 같이 표현할 수 있다.

$$E_1 = E_0 \sin \omega t$$
$$E_2 = E_0 \sin (\omega t + \phi)$$

로 된다. 여기서 ω 는 파동의 각진동수이며 ϕ 는 두 파동의 위상차이다. 따라서 합성파의 파동함수 E 는

$$\begin{aligned} E &= E_1 + E_2 \\ &= E_0 \sin \omega t + E_0 \sin (\omega t + \phi) \\ &= 2E_0 \cos(\phi / 2) \sin (\omega t + \phi/2) \qquad (3-5) \\ &= E_\theta \sin (\omega t + \beta) \qquad (3-6) \end{aligned}$$

가 된다. 여기서 합성파의 진폭 E_θ 는 $2E_0 \cos (\phi / 2)$ 이며 두 파동간의 위상차 ϕ 에 따라 달라지게 된다. 따라서 ϕ 에 따른 명암조건식은 아래와 같이 식 (3-3)과 동일함을 알 수 있다.

$\phi = 2\pi \cdot m$; **보강간섭(합성파 진폭은 $2E_0$, 밝은 무늬)**
$\phi = 2\pi \cdot (m + \frac{1}{2})$; **소멸간섭(합성파 진폭은 0, 어두운 무늬)** (3-6′)
여기서 m = 0, 1, 2, 3 ……이다.

빛의 세기 I (단위는 부록 참조)는 식 (1-39) 의 파동의 세기와 같이 진폭의 제곱에 비례한다. 즉,

$$I \propto E_\theta^{\,2}$$

과 같다. 한편 합성파의 세기(I) 와 단일파의 세기(I_0) 비는 다음과 같다.

$$I / I_0 = (E_\theta / E_0)^2$$

따라서 P 점에서 합성파의 세기 (합성된 빛의 세기) 는 다음과 같다.

$$I = I_0 (E_\theta / E_0)^2$$

$$I = I_0 \left(\frac{2 E_0 \cos \frac{\phi}{2}}{E_0} \right)^2$$

$$I = 4 I_0 \cos^2 (\phi / 2) \tag{3-7}$$

한편

$$\text{위상차} = \frac{2\pi}{\lambda} (\text{경로차}) \tag{3-8}$$

이므로 여기서 경로차, 즉, S_1, S_2 로부터 나온 두광선 경로차는 [그림 3-1] 의 (c) 를 참조하면 $\overline{S_1B}$, 즉 $d \sin\theta$ 이다. 식 (3-8) 은 위상차가 ϕ 이므로

$$\phi = \frac{2\pi}{\lambda} d \sin\theta \tag{3-9}$$

이다.

따라서 식 (3-9) 를 식 (3-7) 에 대입하면 P 점에서 합성된 파의 세기를 식 (3-7) 외에 다음과 같이 나타낼 수 있다.

$$I = 4 I_0 \cos^2 \{(\pi d \sin\theta) / \lambda\} \tag{3-10}$$

여기서 간섭무늬의 세기를 [그림 3-7] 의 (a) 에서는 $\sin\theta$ 함수로 나타내었으며, (b) 에서는 스크린상의 중앙 극대점으로부터 다음 극대점까지의 거리 y 로 나타내었다. 이 때 명암무늬 평균세기는 $\bar{I} = 2 I_0$ 가 되며, 이것은 간섭성이 없을 경우의 빛의 세기와 같다.

[그림 3-7] 의 (a) 는 식 (3-10) 에서의 여현 (cosine) 편각이 다음과 같을 때 극대점 및 극소점이 됨을 보여주고 있다. 여기서, $m = 0, 1, 2, 3, \cdots\cdots$, 정수이다.

$$\text{극대점}: \frac{\pi d \sin\theta}{\lambda} = m\pi$$

$$\sin\theta = m\lambda/d = 0, \frac{\lambda}{d}, \frac{2\lambda}{d}, \frac{3\lambda}{d} \cdots\cdots$$

일 때 합성파의 세기는 $4I_0$ 로 극대값을 갖는다.

$$\text{극소점}: \frac{\pi d \sin\theta}{\lambda} = (m + \frac{1}{2})\pi$$

$$\sin\theta = \frac{(2m+1)\lambda}{2d} = \frac{\lambda}{2d}, \frac{3\lambda}{2d}, \frac{5\lambda}{2d} \cdots\cdots$$

일 때 상대세기는 0 으로 극소값을 갖는다.

θ 가 작은 각인 경우 (5° 미만), $\sin\theta \approx \frac{y}{L}$ 이므로 스크린상의 거리 y

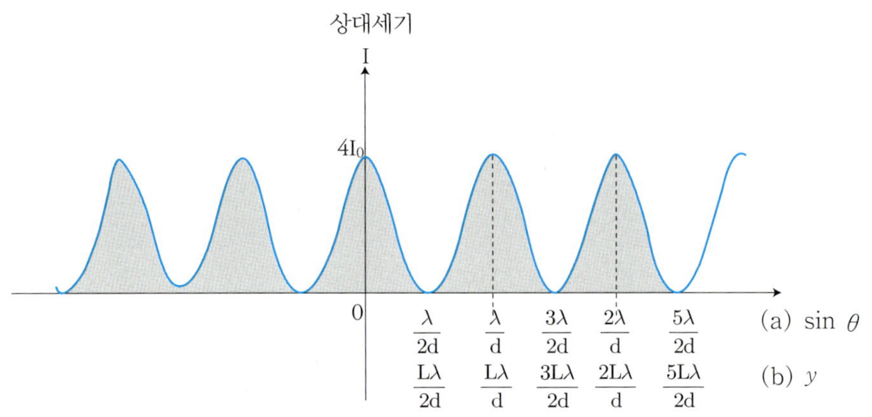

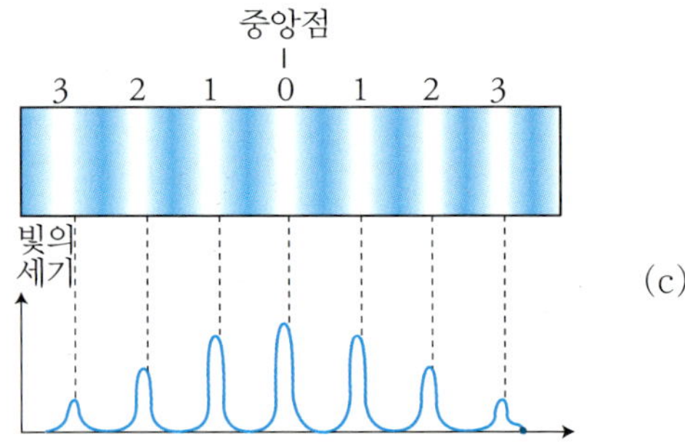

(a) $\sin\theta$ 에 대하여 나타낸 그림
(b) 스크린 상의 중앙극대점으로부터의 거리 y 로 나타낸 그림
(c) 실제세기는 중앙점에서 멀어질수록 약해진다.

[그림 3—7] 2중 슬릿에 의한 간섭무늬의 상대세기

로서 [그림 3-7] 의 (b) 와 같이 상대세기를 나타낼 수도 있다.

즉, m 번째 밝은 무늬의 위치는 다음과 같다.

$$y_m = \frac{m\lambda L}{d} \tag{3-11}$$

가 된다.

따라서 스크린 상의 밝고 어두운 무늬의 위치를 최종적으로 정리하면 다음과 같다.

$$d\sin\theta = m\lambda \quad ;\ (\text{보강간섭}) \tag{3-12}$$

$$d\sin\theta = \left(m + \frac{1}{2}\right)\lambda \quad ;\ (\text{상쇄간섭}) \tag{3-13}$$

여기서 $m = 0,\ 1,\ 2,\ 3,\ \cdots\cdots$

$$\sin\theta = \frac{y}{L}$$

로이드 (Lloyd) 거울에 의한 간섭 3-2

두 슬릿에 의한 간섭무늬를 만드는 또 하나의 방법은 [그림 3-8] 에 보여진 로이드 (Lloyd) 거울을 이용한 것이다. 여기서 광선은 광원으로부터 방출하여 직접 관측자 눈에 들어오게 되는 광선과 거울면에서 반사되어 관측자 눈으로 들어오는 광선이 있으며 이들 두 광선이 서로 간섭하게 된다. 이 때 반사광선은 거울에 의해 생긴 슬릿의 허상으로부터 나온 것으로 간주할 수 있다. 거울면에서 반사하므로서 생긴 180°의 위상변화 (고정단의 반사, [그림 1-28] 참조) 때문에 간섭무늬의 명암조건은 영 (Young)의 간섭실험에 의하여 얻어진 조건식 식 (3-2), (3-3) 과는 반대가 된다. 즉 슬릿에서 직접 온 광선과 거울면에서 반사되어 온 두 광선의

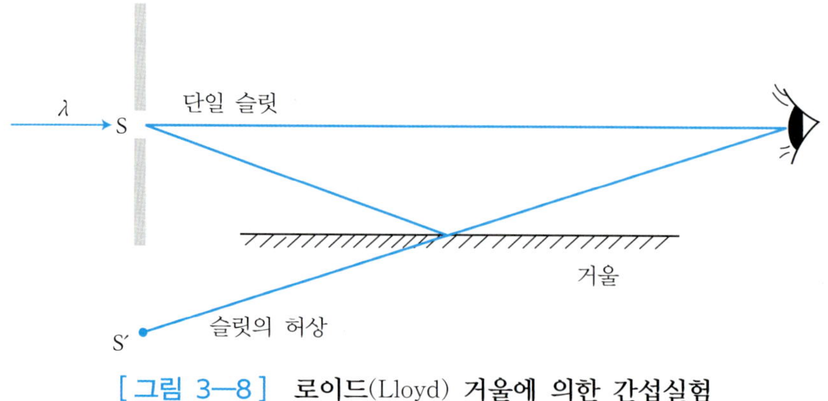

[그림 3—8] **로이드(Lloyd) 거울에 의한 간섭실험**

위상차 ϕ 에 따라서 다음과 같은 조건식이 성립한다.

$$\begin{aligned} \phi &= 2\pi \cdot m \quad &;\ \text{소멸간섭 (어두운 무늬)} \\ \phi &= 2\pi \cdot \left(m + \frac{1}{2}\right) \quad &;\ \text{보강간섭 (밝은 무늬)} \end{aligned} \tag{3-14}$$

여기서 m = 0, 1, 2, 3,……, 정수이다.

한편 로이드(Lloyd) 거울에 의한 간섭무늬의 위상차 ϕ 에 따른 조건식을 경로차 $\triangle$ 로 나타내면, 경로차 $\triangle$ 가 $\frac{\lambda}{2}$의 홀수배인 점에서는 보강간섭으로 밝은 무늬, $\frac{\lambda}{2}$의 짝수배인 점에서는 소멸간섭을 일으켜 어두운 무늬를 형성한다.

즉,

$$\begin{aligned} \triangle &= \lambda \cdot m \quad &;\ \text{소멸간섭 (어두운 무늬)} \\ \triangle &= \lambda \cdot \left(m + \frac{1}{2}\right) \quad &;\ \text{보강간섭 (밝은 무늬)} \end{aligned} \tag{3-15}$$

여기서 m = 0, 1, 2, 3,……, 정수이다.

이와 같이 [그림 3-8] 의 빛에 대한 이중 광원 간섭을 관측하기 위한 로이드 거울을 통하여 우리 눈으로 들어오는 두 광원(광원과 그 상) 은 간섭하며, 두 광원의 중간 지점에 있는 중앙점에는 소멸간섭으로 어두운 무늬를 이룬다. 이는 Young의 간섭실험에 의해서 관측될 수 있는 간섭무늬와 반대(중앙점에서 밝은무늬) 가 됨을 알 수 있다.

셋 또는 네 개의 등간격 파원의 간섭 3-3

등간격으로 셋 또는 네 개의 슬릿을 통과한 하나 또는 여러 개의 광원에서 나온 광선이 슬릿으로부터 멀리 떨어져 있는 스크린 상에 간섭무늬를 형성한다. 이중 슬릿과 같이 슬릿의 폭이 빛의 파장 정도로 매우 좁으며 슬릿 간의 간격도 매우 짧다. 이 때 스크린 상에 나타나는 간섭무늬의 극대점 위치는 이중 슬릿에 의하여 생기는 간섭무늬와 비슷하나 그 세기는 슬릿이 많을수록 훨씬 크며 더 선명하다. 이러한 관점에서 셋 또는 네 개의 슬릿에 의한 빛의 간섭무늬를 설명하고자 한다. 이것은 다음 장에서 논의 될 회절과 회절 격자를 이해하는데 매우 유용하다.

1. 조화파 합성에 대한 벡터 모델

세 개 또는 그 이상의 광원으로부터 나오는 간섭모형을 계산하기 위하여 같은 진동수를 갖고 있으나 위상차가 있는 여러 조화파를 합성시킬 필요가 있다. 두 개의 광원으로부터 동시 출발하여 스크린에 도달 된 두 광파의 전기장 벡터 E_1, E_2 는

$$E_1 = A_1 \sin(\omega t + \phi_1)$$
$$E_2 = A_2 \sin(\omega t + \phi_2)$$

이고, 합성파 E 의 함수는 삼각함수 항등식(부록 참조)을 이용하여 다음과 같이 나타낼 수 있다.

$$\begin{aligned} E &= E_1 + E_2 \\ &= A_1 \sin(\omega t + \phi_1) + A_2 \sin(\omega t + \phi_2) \\ &= A_1 \sin \omega t \cos\phi_1 + A_1 \cos \omega t \sin\phi_1 \\ &\quad + A_2 \sin \omega t \cos\phi_2 + A_2 \cos \omega t \sin\phi_2 \end{aligned}$$

$$= (A_1 \cos\phi_1 + A_2 \cos\phi_2) \sin \omega t$$
$$+ (A_1 \sin\phi_1 + A_2 \sin\phi_2) \cos \omega t \quad (3-16)$$

그런데 A_1, A_2 및 ϕ_1, ϕ_2는 상수이므로 $A_1 \cos\phi_1 + A_2 \cos\phi_2 = A \cos\phi$, $A_1 \sin\phi_1 + A_2 \sin\phi_2 = A \sin\phi$ 로 나타낼 수 있다. 따라서 식 (3-16)을 정리하면

$$E = A \cos\phi \sin \omega t + A \sin\phi \cos \omega t$$

의 형태로 나타내어 진다. 따라서 합성파 E는 다음과 같이 간략하게 표현할 수 있다.

$$E = A \sin (\omega t + \phi) \quad (3-17)$$

여기서 A는 합성파의 진폭이고 ϕ는 합성파의 초기 위상이다.

1) 합성파의 진폭 (A)

합성파의 진폭 A를 A_1, A_2, 위상차 ϕ을 ϕ_1, ϕ_2로 나타내면 다음과 같다.

$$A \cos\phi = A_1 \cos\phi_1 + A_2 \cos\phi_2$$
$$A \sin\phi = A_1 \sin\phi_1 + A_2 \sin\phi_2$$

여기서 두 식을 각각 제곱하여 더하면

$$A^2(\sin^2\phi + \cos^2\phi) = A_1^2 \cos^2\phi_1 + A_2^2 \cos^2\phi_2$$
$$+ 2A_1A_2 \cos\phi_1 \cos\phi_2 + A_1^2 \sin^2\phi_1 + A_2^2 \sin^2\phi_2$$
$$+ 2A_1A_2 \sin\phi_1 \sin\phi_2$$
$$= A_1^2 (\sin^2\phi_1 + \cos^2\phi_1) + A_2^2 (\sin^2\phi_2 + \cos^2\phi_2)$$
$$+ 2A_1A_2(\cos\phi_1 \cos\phi_2 + \sin\phi_1 \sin\phi_2)$$

$$\therefore A^2 = A_1^2 + A_2^2 + 2A_1A_2 \cos (\phi_2 - \phi_1) \quad (3-18)$$

이것은 [그림 3-9] 와 같이 하나의 극좌표 상에, $E_1 = A_1 \sin (\omega t - \phi_1)$은 편각이 $\omega t - \phi_1$, 동경이 A_1 인 벡터로, $E_2 = A_2 \sin (\omega t - \phi_2)$는 편각이

$\omega t - \phi_2$, 동경이 A_2 인 벡터로 나타내어 이 두 벡터 합의 크기인

$$A = \sqrt{A_1^2 + A_2^2 + 2A_1A_2 \cos(\phi_2 - \phi_1)} \qquad (3-19)$$

로 되어 윗 식 (3-19) 가 바로 합성파의 진폭이 된다.

2) 합성파의 위상

합성파의 위상은 식 (3-17)의 정현(sine) 함수의 편각인 $\omega t - \phi$ 로 [그림 3-9] 의 합 벡터 A 의 편각이고 초기위상 ϕ 은 다음과 같이 계산된다.

$$A \cos\phi = A_1 \cos\phi_1 + A_2 \cos\phi_2$$
$$A \sin\phi = A_1 \sin\phi_1 + A_2 \sin\phi_2$$

에서 두 식을 나누면 다음과 같다.

$$\tan\phi = \frac{A_1 \sin\phi_1 + A_2 \sin\phi_2}{A_1 \cos\phi_1 + A_2 \cos\phi_2} \qquad (3-20)$$

따라서 합성파의 위상은 다음과 같다.

$$\phi = \tan^{-1} \frac{A_1 \sin\phi_1 + A_2 \sin\phi_2}{A_1 \cos\phi_1 + A_2 \cos\phi_2} \qquad (3-21)$$

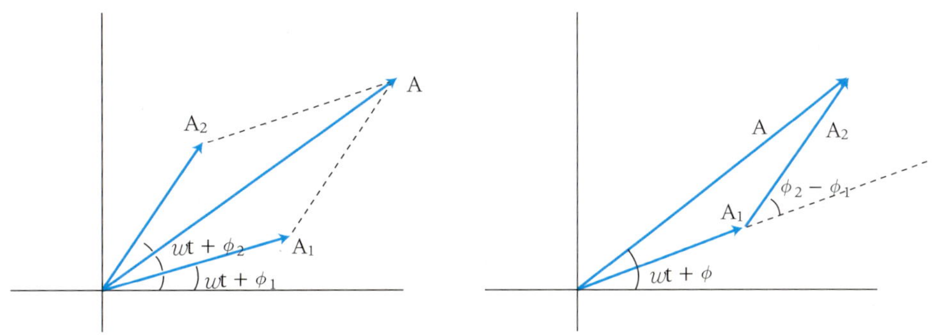

[그림 3-9] 두 조화파의 벡터적인 합성법

예제 | 3-2

$E = A_0 \sin wt + A_0 \sin(wt + \phi)$를 벡터 합성법으로 구하여라.

풀이 P점에서 변 OQ에 내린 수선의 발을 R라 하자. △OPQ는 이등변 삼각형이고, 두 밑각은 $\phi/2$가 된다. 따라서 변 $OR = RQ = A_0 \cos\frac{\phi}{2}$로 되어, 합성파의 진폭 A와 위상 θ는

$$A = 2A_0 \cos\frac{\phi}{2}, \quad \theta = wt + \frac{\phi}{2}$$

로 되어 합성파의 파동함수 E는

$$E = 2A_0 \cos\left(\frac{\phi}{2}\right)\sin\left(wt + \frac{\phi}{2}\right)$$

이다.

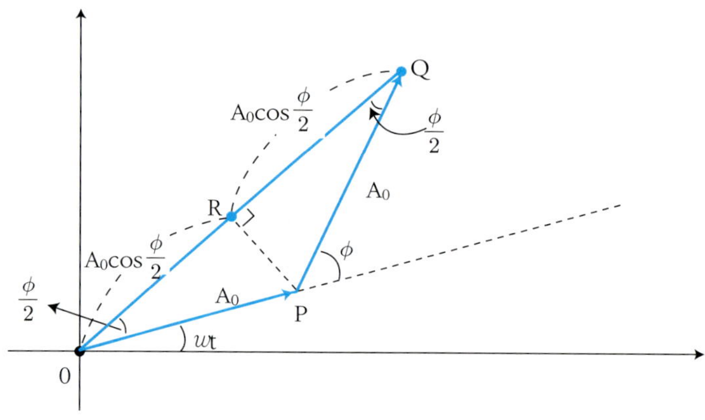

[그림 3-10] 예제 그림

2. 3중 슬릿에 의한 간섭

[그림 3-11]은 등 간격으로 된 3중 슬릿으로부터 아주 멀리 떨어진 곳에 맺게 되는 단색광에 의한 간섭무늬를 나타낸 것이다. $d \ll L$이라면 각각의 슬릿을 통과한 후 스크린상의 한 점 P로 들어오는 광선들을 평행하게 취급할 수 있다. 인접한 슬릿간의 간격이 d이고, 광선의 경사각을 θ라고 하면, 인접한 두 슬릿에서 점 P로 향하는 두 광선이 이루는 경로차 $\triangle$는

$$\triangle = d \sin \theta$$

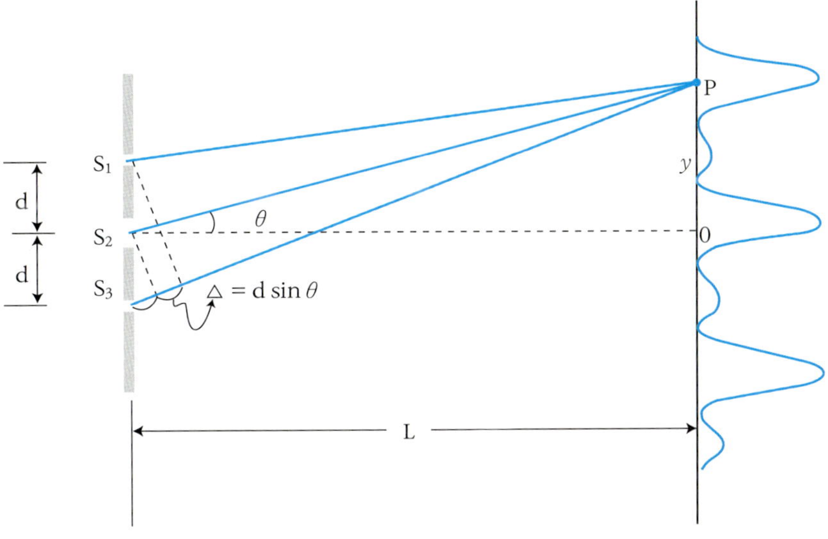

[그림 3—11] 3중 슬릿에 의한 간섭무늬

이며, 첫 번째와 세 번째 광선과의 경로차는 $2d\sin\theta$ 이다.

점 P 에 도달하는 세 광선이 시간에 따라 변한다고 할 때 파동함수 E_1, E_2, E_3를 다음과 같이 표현할 수 있다.

$$E_1 = A_0 \sin wt$$
$$E_2 = A_0 \sin(wt + \phi)$$
$$E_3 = A_0 \sin(wt + 2\phi)$$

여기서 w는 파동의 각진동수이며, ϕ 는 인접한 두파동의 위상차이다.

1) 인접한 두 광선의 위상차 ϕ

인접한 슬릿의 간격이 d, 슬릿과 스크린 사이의 거리를 L, 스크린 중앙점에서 P점까지의 거리는 y, 광선의 경사각이 θ 이므로, 인접한 두 광선이 이루는 위상차 ϕ 는 다음과 같다.

$$\phi = k \cdot \triangle = \frac{2\pi}{\lambda} \cdot d\sin\theta \approx \frac{2\pi}{\lambda} \cdot \frac{d \cdot y}{L} \quad (3-22)$$

2) 간섭무늬의 상대세기

간섭무늬의 세기는 진폭의 제곱에 비례하므로 인접한 두 광선의 위상차 ϕ 가 0°, 120°, 180°, 240°, 360°일 때, 간섭무늬의 세기 I 를 하나의 슬릿에서 나온 빛의 세기 (밝기) I_0 로 비교 설명하면 다음과 같이 각각 나타낼 수 있다.

(1) 위상차 ϕ 가 0°(스크린 상의 중앙점)에서는 합성파의 진폭이 [그림 3-12] 의 (a) 와 같이 되어 각 파동의 진폭 A_0 의 3 배인 $3A_0$ 가 되며, 간섭무늬의 세기는 $9\,I_0$ 로 하나의 슬릿에서 내는 빛의 세기 I_0 의 9 배가 된다. 이 중앙 주극대점에서 멀리 떨어지면 떨어질수록 간섭무늬의 세기는 줄어든다.

(2) [그림 3-12] 의 (b) 와 같이 위상차 ϕ 가 120°일 경우, 합성파의 진폭은 0 이 되어 첫 번째로 어두운 무늬를 나타내게 된다. 위상차 ϕ 가 점차 커지면 간섭무늬의 세기는 다시 증가하고

(3) [그림 3-12] 의 (c) 와 같이 위상차 ϕ 가 180°인 경우 합성파의 진폭은 A_0 로 되어 간섭무늬의 세기는 I_0 로 소극대를 이루게 된다. ϕ 가 180°를 넘어서면 다시 간섭무늬의 세기가 줄어들며

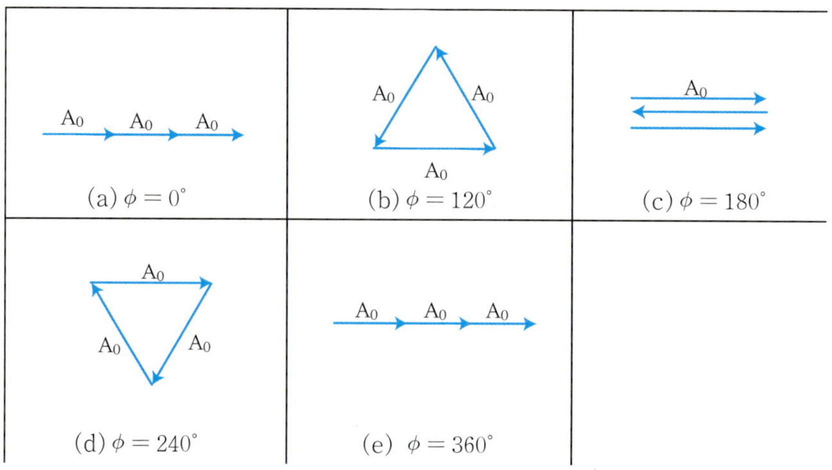

[그림 3-12] 벡터 모델에 의한 세 개의 조화파 합성

(4) [그림 3-12] 의 (d) 와 같이 위상차 ϕ 가 240°로 되면 합성파의 진폭은 0이 되어 다시 어두운 무늬를 이루게 된다. ϕ 가 240°를 넘어서면 간섭무늬의 세기는 다시 증가하게 된다.

(5) [그림 3-12] 의 (e) 와 같이 위상차 ϕ 가 360°가 되면 합성파의 진폭은 $3A_0$ 로 되어 간섭무늬의 세기는 $9\,I_0$ 로 다시 주극대를 이루게 된다.

이상에서 3중 슬릿에 의한 간섭무늬의 상대세기를 $\sin\theta$ 와 스크린 상의 거리 y 로 나타내면, [표 3-1] 과 [그림 3-13] 의 (a), (b) 와 같게 된다. 인접한 두 슬릿에서 나오는 광선이 이루는 위상차 ϕ 는

식 (3-22) 에서 $\phi = \dfrac{2\pi}{\lambda} \cdot d\sin\theta \approx \dfrac{2\pi}{\lambda} \cdot \dfrac{d \cdot y}{L}$ 이다.

[표 3-1] 3중 슬릿에서 위상차에 따른 간섭무늬의 상대세기

위상차 ϕ	0°	120°	180°	240°	360°
$\sin\theta$	0	$\lambda/3d$	$\lambda/2d$	$2\lambda/3d$	λ/d
y	0	$L\lambda/3d$	$L\lambda/2d$	$2L\lambda/3d$	$L\lambda/d$
상대세기	$9I_0$	0	I_0	0	$9I_0$

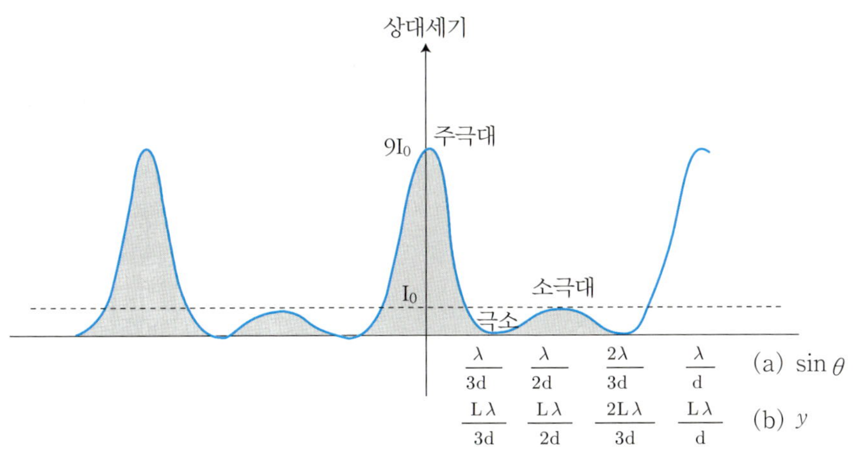

[그림 3-13] 3중 슬릿에 의한 간섭무늬의 상대세기

3. 4중 슬릿에 의한 간섭

[그림 3-14] 는 하나의 광원에서 나온 단색광이 등 간격 4중 슬릿을 통과하여 슬릿으로부터 멀리 떨어져 있는 스크린 상에 맺는 간섭무늬를 나타낸 것이다. 주극대 무늬는 더 좁고, 높아지고 인접한 두 주극대 사이에 두 개의 작은 소극대점이 나타나게 된다.

1) 간섭무늬의 상대세기

두 인접한 슬릿에서 나온 광선이 P 점에 만날 때의 위상차 ϕ 가

(1) $\phi = 0^\circ$인 스크린 중앙점에서는 합성파의 진폭이 [그림 3-15] 의 (a) 에서와 같이 $4A_0$ 가 되므로 간섭무늬의 세기는 $16\,I_0$ 이며 단일 슬릿의 16 배가 되는 주극대 무늬를 이루게 된다. ϕ 가 0°에서 90° 까지 증가할 때는 간섭무늬의 세기는 감소하게 된다.

(2) $\phi = 90^\circ$일 때 [그림 3-15] 의 (b) 에서와 같이 합성파 진폭은 0 이

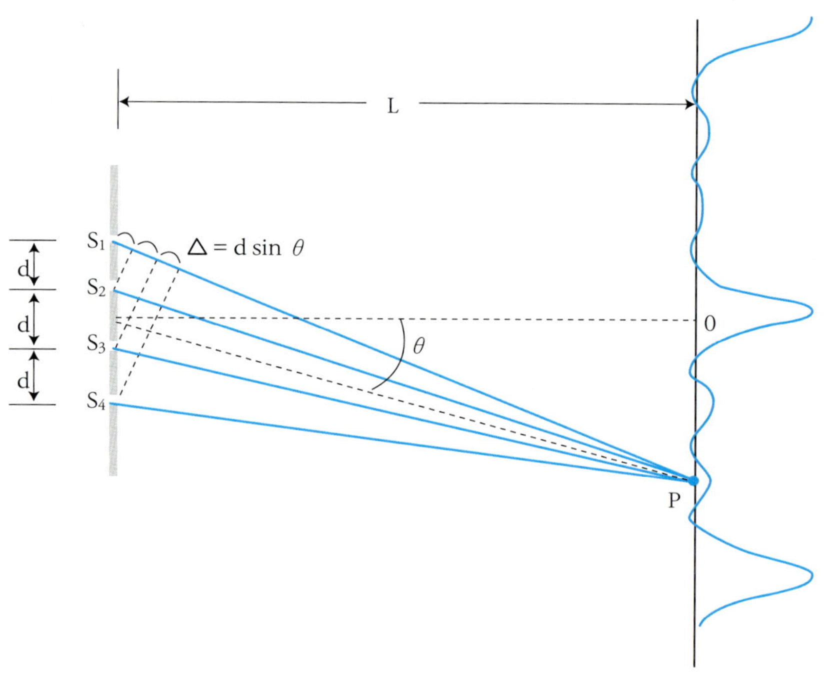

[그림 3—14] 4중 슬릿에 의한 간섭무늬

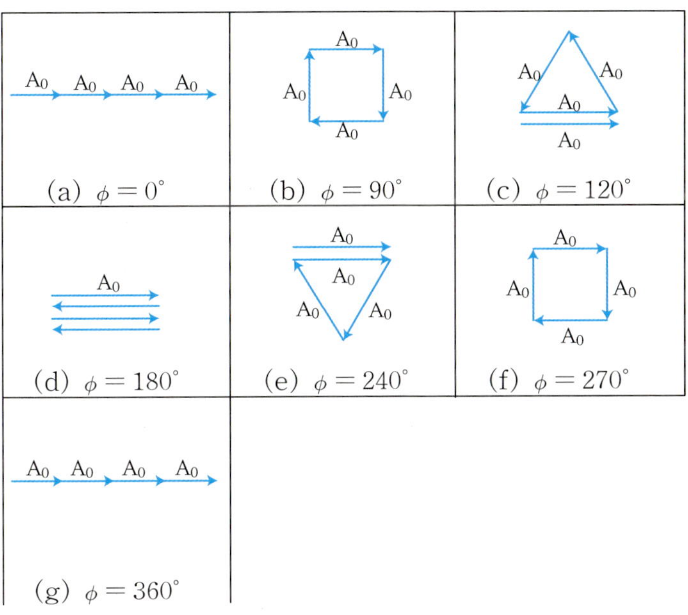

[그림 3—15] **벡터 모델에 의한 4개의 조화파 합성**

되어 첫 번째로 어두운 무늬를 이루게 된다. ϕ 가 90°에서 120°까지 증가하면 간섭무늬의 세기는 다시 증가하게 된다.

(3) ϕ = 120°일 때 [그림 3-15] 의 (c) 와 같이 합성파 진폭은 A_0 로 되어 간섭무늬의 세기는 하나의 슬릿에서 나오는 빛의 세기인 I_0 와 같게 된다. ϕ 가 120°에서 180°까지 증가하게 되면 이 구간에서는 간섭무늬의 세기는 다시 감소한다.

(4) ϕ = 180°일 때 [그림 3-15] 의 (d) 와 같이 합성파 진폭은 0 이 되어 다시 어두운 무늬를 이루게 된다. ϕ 가 180°에서 240°까지 증가하게 되면 간섭무늬 세기는 증가한다.

(5) ϕ = 240°일 때 [그림 3-15] 의 (e) 와 같이 합성파 진폭은 A_0 로 되어 간섭무늬의 세기는 I_0 로 된다. ϕ 가 240°에서 270°까지 증가하게 되면 간섭무늬의 세기는 다시 감소하게 된다.

(6) ϕ = 270°일 때 [그림 3-16] 의 (f) 와 같이 합성파 진폭은 0 이 되어, 다시 어두운 무늬를 이루게 된다. ϕ 가 270°에서 360°까지 증

가하게 되면 간섭무늬의 세기도 차츰 증가한다.

(7) ϕ = 360°일 때 [그림 3-15] 의 (g) 와 같이 합성파 진폭은 $4A_0$ 로 되어 간섭무늬의 세기는 16 I_0 로 다시 주극대를 이루게 된다.

슬릿의 수를 증가하면 증가할수록 주극대의 세기도 커지고, 폭이 좁아지며, 주극대 사이에 소극대가 많아짐을 알 수 있고, 슬릿의 수가 N 개일 때 주극대점에서의 세기는 각각의 파원으로부터 나오는 빛의 세기 I_0 의 N^2 배가 되며 첫 번째의 극소점은 위상차 ϕ 가 ϕ = 360°/N 에서 일어난다. 인접한 두 극소점 사이에는 제 2 의 소 극대점이 존재하며, 이 소극대의 세기는 주극대에 비하면 매우 약하게 된다.

이상에서 4중 슬릿에 의한 간섭무늬의 상대세기를 sin θ 와 스크린 상의 거리 y 로 나타내면 [표 3-2] 와 [그림 3-16] 의 (a), (b) 와 같게 된다.

인접한 두 슬릿에서 나온 광선이 이루는 위상차 ϕ 는

식 (3-22) 에서 $\phi = K \cdot \triangle = \frac{2\pi}{\lambda} \cdot d \sin\theta \approx \frac{2\pi}{\lambda} \cdot \frac{d \cdot y}{L}$ 이다.

[표 3-2] 4중 슬릿에서 위상차에 따른 간섭무늬의 상대세기

위상차ϕ	0°	90°	120°	180°	240°	270°	360°
sin θ	0	λ /4d	λ/3d	λ/2d	2 λ/3d	3 λ/4d	λ/d
y	0	L λ/4d	L λ/3d	L λ/2d	2L λ/3d	3L λ/4d	L λ/d
상대세기	16 I_0	0	I_0	0	I_0	0	16 I_0

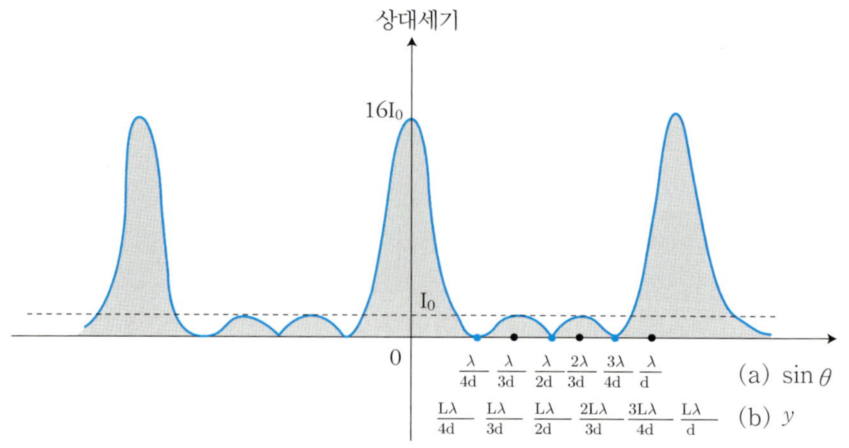

[그림 3-16] 4중 슬릿에 의한 간섭무늬의 상대세기

얇은 막에서의 빛의 간섭 3-4

빛이 비누거품이나 물 위에 떠 있는 기름 막에서 반사할 때, 가끔 볼 수 있는 찬란한 색깔은 막이나 기름의 얇은 막의 전, 후면에서 반사되는 광파의 간섭효과 때문에 생기게 된다.

1. 얇은 막에 의한 빛의 간섭

[그림 3-17] 의 (a) 는 얇은 막의 제 1면에 입사한 하나의 단색광선이 제 1면에서 일부는 반사하고 일부는 굴절하게 되며, 굴절된 광선이 제 2면에 도달하게 되면 다시 일부는 반사되어 제 1면으로 되돌아 나오게 되며 일부는 굴절하여 투과하게 된다. 제 2면에서 반사되어 되돌아 나온 광선이 제 1면에 도달하게 되면 일부는 다시 반사하여 제 2면 쪽으로 일부는 굴절하여 공기 속으로 되돌아 나오게 됨을 나타낸 그림이다.

[그림 3-17] 의 (b) 는 제 1면에서 반사된 광선과 제 2면에서 반사되어 되돌아 나온 광선이 중첩하여 간섭효과를 일으키게 되는 것을 나타낸 것이다. 이때 얇은 막이 공기 중에 있을 경우 막의 두께를 d, 굴절률을 n', 굴절각을 i' 라 하고 빛이 A 에서 C 까지 진행하는 시간과 A′ 에서 C′ 까지 진행하는 시간은 같으므로 C, C′ 을 기준으로 하면 두 광선의 경로차 △ 는

$$\triangle = (C'B + BC) = C'D = 2d\ \cos i' \qquad (3-23)$$

가 된다. 제 1면에서 반사되는 광선은 고정단 반사($n' > n$)이므로 반사할 때 위상이 180° 만큼 바뀌게 된다. 이것은 1장 [그림 1-30] (a) 에서 파동이 가벼운 줄에서 무거운 줄에 반사할 때 위상이 180° 바뀌는 원리와 같다. 제 2면에서 반사되는 광선은 자유단 반사이므로 위상이 바뀌지 않고 나온다.([그림 1-30] (b) 참조) 한편 입사광선의 파장은 공기 중 또는

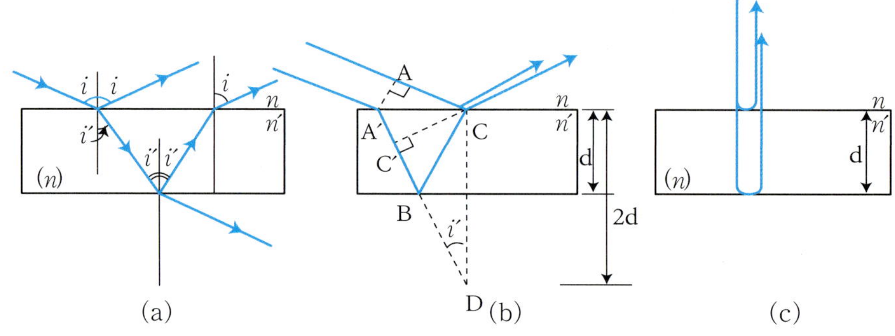

[그림 3—17] 얇은 막에서의 간섭 ($n < n'$)

진공 중에서 λ 이며 굴절율 n' 인 매질내에서의 파장은 λ' 이다. 그러므로 두 광선의 경로차 △가 0을 포함하여 $\frac{\lambda'}{2}$의 짝수배일 때는 소멸간섭으로 어두워지고, $\frac{\lambda'}{2}$의 홀수배일 때는 보강간섭으로 밝은 무늬를 만들게 된다.

즉,

$$\triangle = \lambda' \cdot m \quad ; \text{소멸간섭 (어두운 무늬)} \tag{3-24}$$

$$\triangle = \lambda' \cdot (m + \frac{1}{2}) \quad ; \text{보강간섭 (밝은 무늬)} \tag{3-25}$$

여기서 m = 0, 1, 2, 3, ……, 정수이다.

[그림 3-17] 의 (c)는 빛이 제 1면에 수직하게 입사할 때 제 1면에서 반사한 광선과 제 2면에서 반사하여 되돌아 나온 광선을 나타낸 것이다.

이 경우 두 광선의 경로차 △는 2d이고 명암조건은 식 (3-24), 식 (3-25)와 같게 되므로 반사광선을 최대 및 최소로 하는 막의 두께는 다음과 같게 된다.

1) 반사광을 최소로 하는 막의 두께

막의 두께가 d, 굴절률이 n' 인 막에 수직하게 입사한 파장 λ 인 빛이 소멸간섭으로 어두운 무늬를 이루게 되는 조건은 식 (3−23)과 식 (3−24)를 이용하면 다음과 같게 된다.

$$2n'd = \lambda \cdot m$$

$$d = \frac{\lambda}{2n'} \cdot m \tag{3-26}$$

여기서 m = 0, 1, 2, 3 …… 정수이다.

여기서 $\lambda' = \frac{\lambda}{n'}$로 막 내부에서의 빛의 파장이다. 따라서 막의 두께 d가 $\frac{\lambda'}{4}$의 짝수배일 때 소멸간섭이 일어나며 반사광은 최소가 되고 투과광은 최대가 된다.

2) 반사광을 최대로 하는 막의 두께

막에 수직하게 입사한 파장 λ 인 광선이 보강간섭으로 밝은 무늬를 형성하기 위한 조건은 식 (3−25)를 이용하면 되므로 다음과 같다.

$$2n'd = \lambda\left(m + \frac{1}{2}\right)$$

$$d = \frac{\lambda}{2n'} \cdot \left(m + \frac{1}{2}\right) \tag{3-27}$$

여기서 m = 0, 1, 2, 3 …… 정수이다.

여기서 $\lambda' = \frac{\lambda}{n'}$ 로 막 내부에서의 빛의 파장이다. 따라서 막의 두께 d가 $\frac{\lambda'}{4}$ 의 홀수배가 될 때 보강간섭이 일어나며 반사광은 최대가 되고, 투과광은 최소가 된다.

예제 | 3-3

공기 중에 놓여있는 얇고 투명한 필름막에 파장 450 nm 인 단색광을 비추었다. 소멸간섭으로 인하여 반사광이 최소가 되기 위한 막의 두께는 얼마인가? (단, 막의 굴절률은 1.5이다)

풀이 식 (3−26)에 의해 소멸간섭의 조건식은

$d = \frac{\lambda}{2n'} \cdot m$ 에서 m 이 1일 때 최소 두께를 갖는다.

$d = \frac{450nm}{2 \times 1.5} \times 1 = 150\ nm$

2. 쐐기형 박막에서의 빛의 간섭

만약 박막이 아주 얇아서 경로차가 무시되는 경우, 즉 식 (3−24) 의 m 이 0 인 경우에는 어둡게 보이게 될 것이다. 실제 비눗방울의 두께는 일정치 않다. 즉, 비눗방울의 윗부분(중간부분)은 박막두께가 아주 얇아서 어둡게 보이고, 주변으로 갈수록 박막두께는 중력에 의해 두꺼워지므로 백색광이 비눗방울막에 반사되면 찬란한 간섭무늬가 형성된다. 이러한 현상은 비눗막의 어느 한점 두께에 따라 또는 백색광을 이루는 여러 빛의 파장에 따라 반사된 빛이 세어지거나 약해지기 때문이다.

한편 우리는 주변에서 겹쳐진 유리판 위를 내려다 보면 일그러진 무늬를 흔히 관측 할 수 있다. 이것은 판과 판 사이에 있는 먼지나 기타 불순물에 의해 두 유리판이 완전히 밀착되지 않았기 때문이다. 이렇게 판과 판 사이 또는 판과 박막사이에 불규칙한 두께로 인한 빛의 간섭현상을 흔히 **쐐기형 박막**으로 인한 빛의 간섭이라 한다.

이제 빛의 파장 λ 나 불순물의 두께 d 가 어떻게 빛의 간섭에 관여하는지 알아보자.

[그림 3−18] 은 두 유리판 사이 한 쪽 끝에 머리카락이나 가는 쇠줄을 놓아 만든 쐐기형 공기막을 보여주고 있다. 그림과 같이 입사광선 λ 가 수직으로 두 유리판에 입사되고 있다. 이때 쇠줄의 두께는 d 이다. 여기

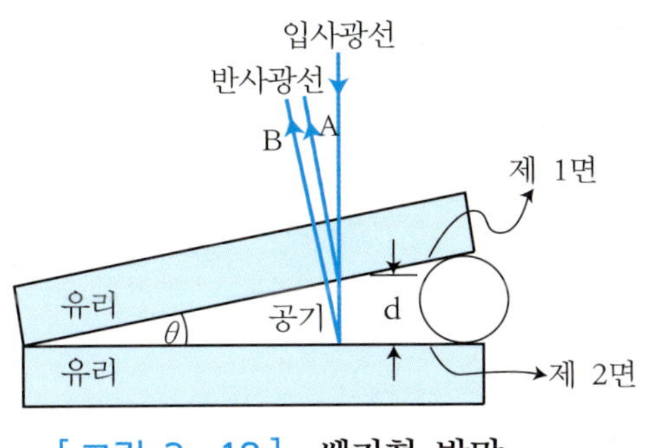

[그림 3—18] **쐐기형 박막**

서 물론 여러면에서 반사가 되어 나올 가능성은 많다. 그러나 쇠줄 두께 d 에 따른 간섭변화를 보기 위하여는 윗 유리판의 하단면(제 1면)과 아래 유리 상단면(제 2면)에서 반사되어 나오는 광선 A, B 만을 고려해도 충분하다.

우선 제 1면에서 반사되어 나온 광선 A 는 자유단 반사이므로 위상 변화가 없으며, 제 2면에서 반사되어 나온 광선 B 는 고정단 반사이므로 입사광선과는 180° 위상이 변화되어 나온다. 따라서 A, B 두 광선의 위상차 $\triangle = 2d$ 가 반파장 $\lambda/2$ 의 짝수배가 되면 소멸간섭이 되어 어둡게 보인다. 이 결과는 식 (3-24), (3-25) 와 같으나 단지 굴절률 n 은 공기중이므로 $n = 1$을 대입하면 된다. 따라서 쐐기형 박막에서의 간섭조건식은 다음과 같다.

$$\triangle = 2d = \lambda \cdot m \quad ; \text{소멸간섭 (어두운 무늬)}$$

$$\triangle = 2d = \lambda \cdot (m + \frac{1}{2}) \quad ; \text{보강간섭 (밝은 무늬)} \qquad (3\text{-}28)$$

여기서 m = 0, 1, 2, 3 ....., 정수이고, d 는 쐐기형 박막의 두께이다.

예제 | 3-4

두 개의 평면 유리판 사이에 [그림 3-19]와 같이 머리카락을 끼워서 얇은 공기층을 만들고 위에서 파장 λ 인 단색광을 비추었을 때 어둡게 보였다. 그 곳의 공기층 두께 d 가 될 수 있는 것은 다음 중 어느 것인가?

① $\lambda/4$　　② $3\lambda/4$　　③ $5\lambda/4$
④ $3\lambda/2$　　⑤ $5\lambda/3$

풀이 제 1유리판의 밑면에서 반사되는 광선 Ⅰ와 제 2유리판의 윗면에서 반사되는 광선 Ⅱ가 만나 서 이루는 간섭이다. 광선 Ⅰ은 자유단 반사이고, 광선 Ⅱ는 고정단 반사이므로 경로차가 $\Delta = 2d = \frac{\lambda}{2} \cdot 2m$ 일 때 어두운 무늬가 생긴다. 따라서, 공기 층의 두께 $d = 0$, $\lambda/2$, $2\lambda/2$, $3\lambda/2$, $4\lambda/2$ …… 이다. 그러므로 공기층의 두께가 될 수 있는 것은 $3\lambda/2$ 이다.

답 ④

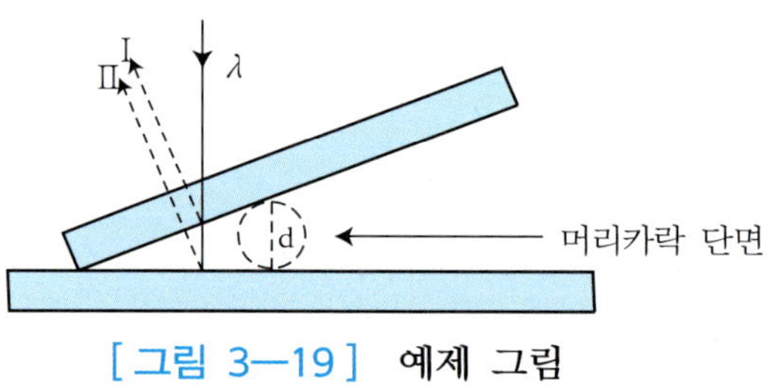

[그림 3-19] **예제 그림**

3-5 코팅렌즈 (Coating lens)

1. 코팅렌즈의 기원

렌즈에 **반사광선 방지막**을 입히는 기술, 즉 코팅(coating)기술이 개발된 것은 1892년 영국의 과학자 테일러(H. Dennis Taylor)가 실험실에 오래 방치해 둔 렌즈 중에 표면이 부식된 렌즈 면의 광선 투과율이 다른 부분에 비해서 좋은 것을 우연히 발견한 것이 시초가 되었다. 그 후 1936년 미국의 스트롱(James Strong)은 렌즈 재료의 굴절률보다 작은 굴절률을 가진 물질로 엷은 막을 입히면 반사광선의 양이 줄어드는 것을 발견하였으며, 이것이 **진공 증착법**의 시초가 되었다. 이 연구는 미국 제너럴 일렉트릭사(C.E. General Electric, Co.)의 랭그뮤어(Irving Langmuir)에 의해 발전되었고, 망원경, 광학 기기 등 많은 렌즈 군으로 이루어지는 광학계에서는 필수 불가결의 요소로 등장되었다.

안경렌즈에 코팅을 입히기 시작한 것은 안경이 한 장의 렌즈이며, 또 그 수요가 많은 반면 소모품이며 초기에는 코팅원가가 고가이었으므로 미루어 오다가 코팅기술의 발달에 힘입어 1970년부터 코팅렌즈가 일반화 되기에 이르렀다.

2. 코팅렌즈의 원리

물체로부터 나온 빛의 양이 눈의 망막에 도달하는 순간까지 손실되거나 중간 경로의 물질에 의해 흡수되어 줄어들지 않는다면 많은 빛 에너지가 망막을 강하게 자극하여 선명하게 보인다. 반대로 물체에서 망막에 이르는 빛의 경로가 멀거나 중간 경로의 물질에 의해 많은 빛이 손실되거나 흡수되면, 망막에 도달하는 빛의 양이 적고 시세포를 자극하는 정도가 약하여 그 만큼 물체는 어둡게 보인다. 안경렌즈는 물체와 눈과의 중간에 위치하여 물체로부터의 광선을 렌즈의 표면으로부터 일부 반사시키므로 안경렌즈를 투과한 빛의 양이 줄어들게 되어 안경을 장용하지 않았을 때보다 물체의 선명도가 떨어지게 된다. 따라서 반사광선의 양을 되도록 줄이고 보다 많은 양의 광선을 안경렌즈 속으로 투과시켜서 물체를 선명하게 볼 수 있게 할 필요가 있다. 이와 같은 목적을 달성하기 위하여 안경렌즈의 표면에 다른 물질의 얇은 막을 입힌 **반사광선의 억제렌즈**를 사용하게 된다. 이 반사광선의 억제렌즈는 **반사 방지렌즈** (antireflection lens), 또는 A.R. 렌즈라고 한다. 또 다른 물질을 안경렌즈 표면에 증착시켜 아주 얇은 막을 입히므로 **코팅렌즈**(coating lens)라고도 한다. 코팅렌즈는 사용목적에 따라 반사광선을 억제하기 위한 A.R. 코팅과 색깔을 입히기 위한 컬러 코팅(color coating) 두 가지가 있으나, 보통 A.R. coating lens를 코팅렌즈라 한다.

3. 단층막 코팅과 다층막 코팅

진공증착법에 의해 렌즈 표면에 다른 물질의 막을 입히면, 반사광선이 줄어들게 된다. 얇은 막을 한번 입힌 렌즈는 처음의 코팅되지 않은 렌즈에 비하면 반사광선의 양이 줄고 렌즈를 통과해 나가는 빛의 양은 많아져 선명한 상을 만드는 렌즈가 되지만, 아직 적은 양의 반사광선은 항상 존재하게 된다. 일차 코팅된 렌즈의 표면 위에 또 다른 물질을 코팅하여 나머지 반사광선을 줄이고, 그 위에 또 다른 제 3의 물질을 코팅하여 또 다시 잔여 반사광선을 줄여서 점점 더 선명하게 보이는 코팅렌즈로 만들어 가는 것이다. 따라서 단층막 코팅렌즈보다 다층막 코팅렌즈가 더 밝게 보이는 렌즈가 된다. 1차 물질로 한 층의 얇은 막만 입힌 코팅렌즈를 **단층막 코팅렌즈**(monocoating lens)라 하고, 여러 층으로 얇은 막을 입힌 렌즈를 **다층막 코팅렌즈**(multicoating lens)라고 한다.

4. 물질의 반사율

어느 투명체의 물질에 빛을 조사할 때, 빛의 대부분은 물질 내부로 투과해 들어가고 일부는 반사한다. 반사하는 양은 물질마다 다르게 되어 전체 물질 표면에 들어온 광선의 양과 반사된 광선의 양과의 백분비를 그 물질의 반사율이라고 한다.

$$\text{반사율(R)} = \frac{\text{반사된 광선의 양}}{\text{전체 입사 광선의 양}} \times 100\ \% \qquad (3-29)$$

물질의 반사율은 입사하는 광선과 물질 표면과의 이루는 각도, 즉 입사각의 크기에 따라서도 다르다. 물체 표면에 수직하게 빛이 입사할 때 반사율은 가장 작고 비스듬히 입사할수록 반사율은 커진다.

반사율은 렌즈의 굴절율에 따라 달라지며, [그림 3-20]과 같이 수직으로 입사되었을 경우의 반사율 R은

$$R \approx \left| \frac{n_1 - n_0}{n_1 + n_0} \right|^2 \times 100\ \% \qquad (3-30)$$

이고, 공기(굴절률 $n_0 = 1.003$) 속에 놓인 안경렌즈(굴절률 $n_1 = 1.523$)의 표면에 수직하게 입사한 광선속의 반사율 R은 근사적으로

$$R \approx \left| \frac{n_1 - n_0}{n_1 + n_0} \right|^2 \times 100\% = \left| \frac{1.523 - 1.003}{1.523 + 1.003} \right|^2 \times 100\ \% = 0.042 \times 100\% = 4.2\%$$

약 4% 정도로 반사되며 전면과 후면에서 반사되는 빛의 총 량은 대략 8% 정도가 된다.

여기서 8%의 손실은 적은 양이므로 밝은 장소에서는 물체를 보는데 크게 불편을 주지 않지만, 형광등과 같은 어두운 곳에서는 눈의 피로를 받게 된다. 또 사진을 찍을 때나 상대방과 이야기 중 안경렌즈의 반사로 차가운 인상을 주는 등 미용적 관점에서도 반사광선을 제거한 코팅렌즈를 사용하는

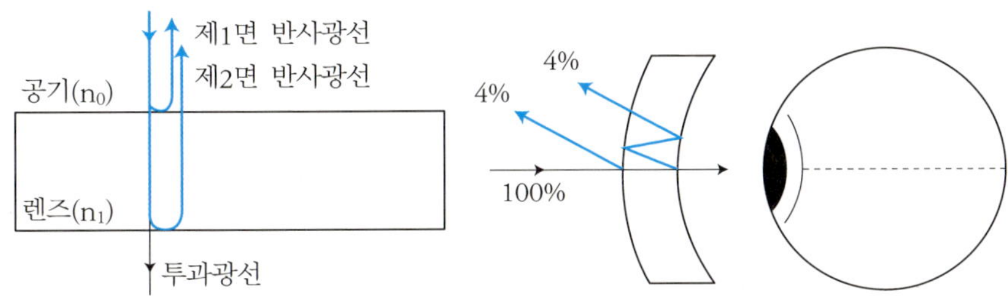

[그림 3-20] 안경렌즈에 의한 광선의 반사율

것이 바람직하다.

[그림 3-21] 과 같이 굴절률 n_1 인 투명물질의 박막(薄膜)을 굴절률 n_2 인 안경렌즈(여기서는 유리) 위에 증착(蒸着)시켰을 때, 막에 수직하게 입사한 광선의 반사율 R 은 근사적으로 다음과 같다.

$$R \approx \left[\left| \frac{n_1 - n_0}{n_1 + n_0} \right| - \left| \frac{n_2 - n_1}{n_2 + n_1} \right| \right]^2 \times 100\ \% \qquad (3-30')$$

예를 들면, 굴절률 $n_2 = 1.52$ 인 유리 위에 굴절률 $n_1 = 1.38$ 인 플루오르화 마그네슘(MgF_2) 을 증착시켰을 때, 박막에 수직하게 입사한 광선의 반사율 R 은

$$\begin{aligned} R &\approx \left[\left| \frac{n_1 - n_0}{n_1 + n_0} \right| - \left| \frac{n_2 - n_1}{n_2 + n_1} \right| \right]^2 \times 100\ \% \\ &= \left[\left| \frac{1.38 - 1.00}{1.38 + 1.00} \right| - \left| \frac{1.523 - 1.38}{1.523 + 1.38} \right| \right]^2 \times 100\ \% = 0.012 \times 100\ \% = 1.2\ \% \end{aligned}$$

약 1% 로 되어 박막을 증착시켜 줌으로써 증착시키기 전 4% 반사율의 약 4분의 1 정도로 반사광을 줄일 수 있으므로 투과광이 많아지게 되어 그 만큼 밝은 상을 볼 수 있게 된다.

단층막을 코팅한 후에도 남는 잔류 반사광선을 더욱 더 줄이기 위하여 단층막 위에 또 다시 다른 물질을 입히는 것으로 2층막, 3층막, 4층막, 7층막, 10층막, 또는 그 이상의 많은 층으로 코팅하지만 안경렌즈의 다층막 코팅은 3층막이 주류를 이루고 있다.

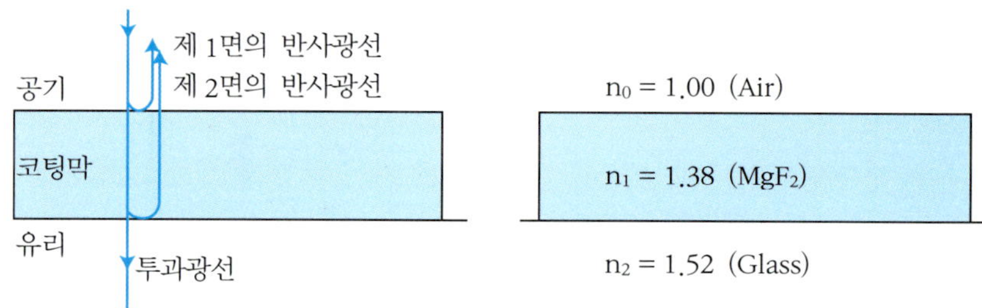

[그림 3-21] 코팅렌즈의 반사율

5. 코팅막의 두께

[그림 3-22] 와 같이 굴절률 n_2 인 안경유리 위에 굴절률 n_1 인 박막을 증착시켜 반사광이 최소가 되는 박막의 최소 두께를 구해 보도록 하자. 박막의 제1면에서 반사되는 광선 Ⅰ과 박막과 안경유리의 경계면에서 반사되어 공기 속으로 되돌아 나오는 광선 Ⅱ는 중첩되어 간섭하게 된다. 이때 두 광선의 경로차 △는 얇은막에서의 빛의 간섭에서 설명한 바와 같이(식 (3-23) 참조) 다음과 같다.

$$\Delta = 2\,d\cos i' \qquad (3\text{-}31)$$

여기서 d는 막의 두께, i'은 굴절각이다.

만약 빛이 수직으로 입사했다면 $i' = 0$ 이므로 경로차 $\Delta = 2d$ 이다.

한편 굴절률은 [그림 3-23] 의 (b) 와 같이 $n_0 < n_1 < n_2$이므로 광선 Ⅰ, Ⅱ는 모두 경계면에서 위상이 180° 바뀌는 고정단 반사가 되므로 보강간섭과 소멸간섭이 일어나는 조건식은 식 (3-24) 와 식 (3-25) 와는 반대가 된다.

즉, $\Delta = \lambda' \cdot m$; **보강간섭**

$\Delta = \lambda' (m + \frac{1}{2})$; **상쇄간섭**

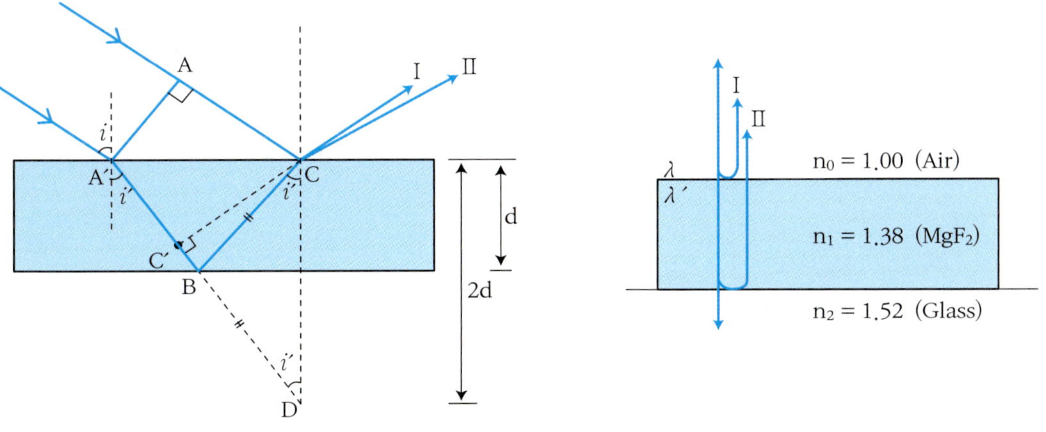

[그림 3-22] **코팅막의 최소 두께 계산**

따라서 위 식을 최종 정리하면 다음과 같다.

$$2n_1d = \lambda \cdot m \quad ;\ \text{보강간섭 (반사광이 최대)} \qquad (3-32)$$

$$2n_1d = \lambda \cdot (m + \frac{1}{2}) \quad ;\ \text{소멸간섭 (반사광이 0)} \qquad (3-32')$$

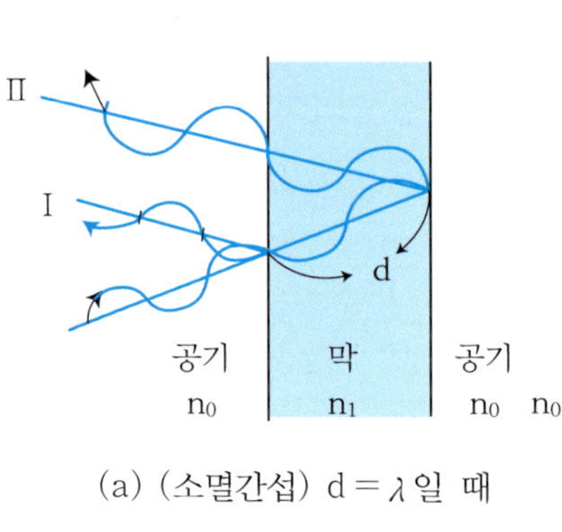

(a) (소멸간섭) d = λ일 때

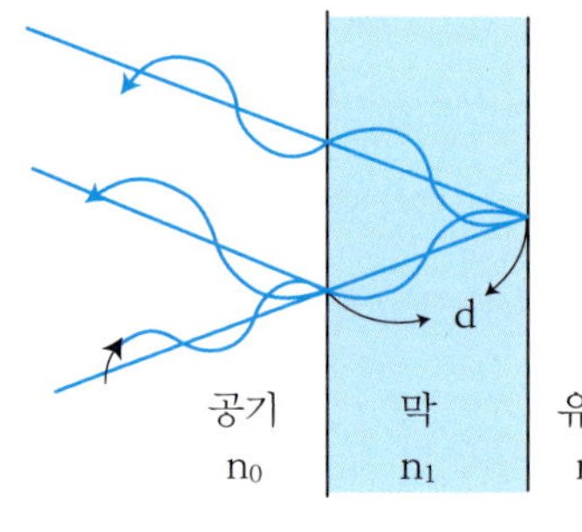

(b) (보강간섭) d = λ일 때

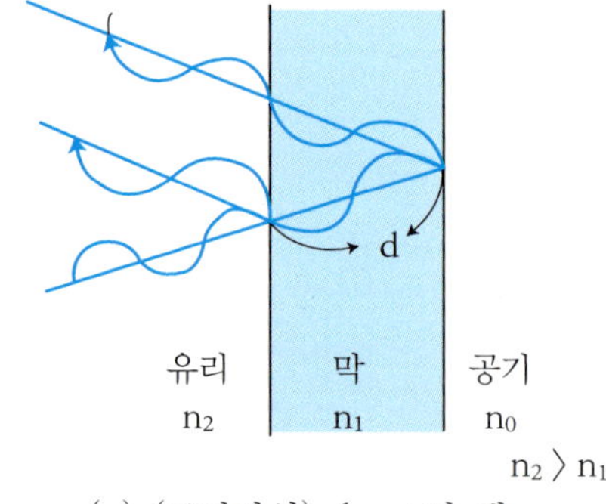

(c) (보강간섭) d = λ일 때

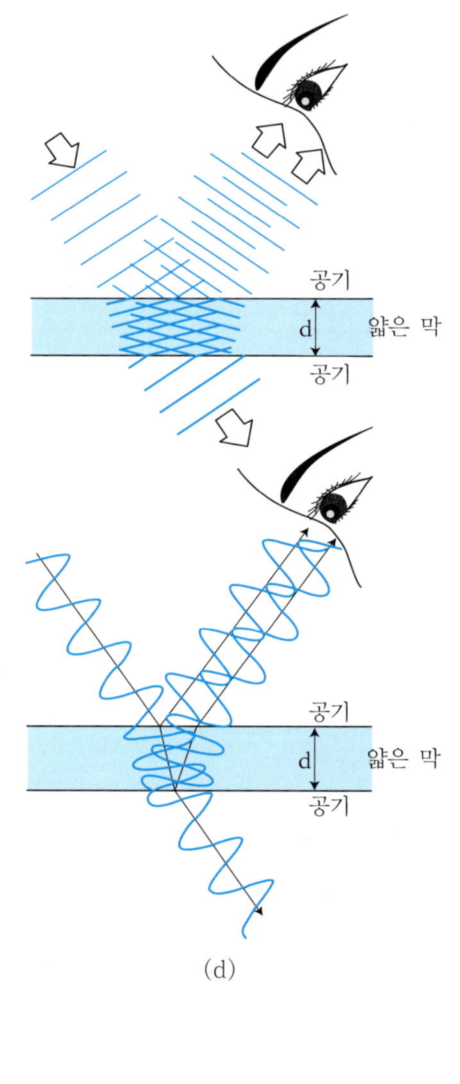

(d)

(a) 공기 - 막 - 공기 (제 1광선 : 180° 위상변화, 고정단 반사, 제 2광선 : 위상변화 없음, 자유단반사)
(b) 공기 - 막 - 유리 (제 1, 2광선 : 두 광선 모두 180° 위상변화, 두 광선 모두 고정단 반사)
(c) 유리 - 막 - 공기 (제 1, 2광선 : 두 광선 모두 위상변화 없음, 두 광선 모두 자유단 반사)
(d) 막의 위 아래면에서 반사된 두 광선이 중첩되어 우리 눈으로 들어오는 과정

[그림 3-23] 매질의 굴절률에 따른 위상의 변화

여기서 m = 0, 1, 2, 3,⋯⋯ 이고 λ 는 렌즈에 입사하는 빛의 파장이며, λ' 은 얇은막 내부 빛의 파장이다. 이때 입사되는 가시광선 중에서 소멸시키고자 하는 빛의 파장은 보통 가시광선의 중간 영역인 노란색(555 nm)를 기준으로 한다.

코팅렌즈 면에 수직하게 입사한 광선에 의한 반사광선이 소멸간섭을 일으키게 될 막의 두께 d 는 식 (3−32′) 로부터 다음과 같이 구할 수 있다. 이때 수직 입사이므로 i' 은 0 이 되므로 $\cos i'$ 은 1 이 된다.

$$2n_1 d = \lambda\left(m + \frac{1}{2}\right) \text{ 에서}$$

$$d = \frac{\lambda}{2n_1}\left(m + \frac{1}{2}\right) \quad m = 0,\ 1,\ 2\ \cdots \qquad (3-33)$$

예를 들면 굴절률이 1.38 인 플루오르화 마그네슘(MgF_2)을 렌즈에 코팅시켜, 기준광인 파장 555 nm 황색광에 대한 무반사막의 최소 두께(m = 0) 를 계산해 보면

$$d = \frac{1}{4} \cdot \frac{\lambda}{n_1} = \frac{1}{4} \times \frac{5.55}{1.38} \approx 100\ (\text{nm})$$

가 된다. 이렇게 코팅했을 때 기준광선인 황색광 이외의 광선은 완전히 소멸되지 않으므로 이들 잔류광선에 의한 혼합 색깔이 코팅렌즈 표면에 약하게 남게 되어 코팅렌즈 표면색이 자주색으로 보이게 된다. 이와 같은 단층막 코팅렌즈는 무코팅렌즈 반사율 4 %에 비하여 약 1.2 % 까지 줄일 수 있다.

6. 안경렌즈 코팅에 사용되는 물질

단층막 코팅에 사용되는 물질의 굴절률은 공기와 안경렌즈 굴절률의 기하평균치를 선택하는 것이 좋다. 예를 들면 안경유리의 굴절률 1.523, 공기의 굴절률 1.003 일 때 코팅 할 물질의 굴절률 n 은

$$n = \sqrt{1.003 \times 1.523} \approx 1.234$$

이 된다. 이러한 수치에 가까운 물질은 플루오르화 마그네슘(MgF_2)로 유리에의 부착력과 내구성이 좋은 편이다. 현재 널리 사용되고 있는 3층막의 물질은 다음과 같은 것이 있다.

산화 규소(SiO_2) – 산화 안티몬(Sb_2O_3) – 플루오르화 마그네슘(MgF_2) 또는 플루오르화 세륨(CeF) – 산화 질리코니움(Zr_2O_3) – 플루오르화 마그네슘(MgF_2) 등이 있다.

이러한 다층막 코팅(multicoating)은 빛의 반사율을 0.02 %까지 줄일 수 있다.

예제 | 3-5

굴절률 1.5 인 안경렌즈에 굴절률이 1.38 인 플루오르화 마그네슘 MgF_2 를 두께 120 nm 로 코팅 시킨다면 어떤 파장의 빛 반사를 최소화 할 수 있을까?

풀이 반사광이 최소가 되는 조건은 식 (3.33) $d = \frac{\lambda}{2n_1}(m + \frac{1}{2})$ 에서

$m = 0$일 때

$$\lambda = 4n_1 d$$
$$= 4 \times 1.38 \times 120 \text{ nm}$$
$$= 662 \text{ nm}$$

$m = 1$ 이상이 되면 가시광선의 범위를 넘어가므로 의미가 없음.
따라서 반사가 최소로 되는 빛의 파장은 662 nm이다.

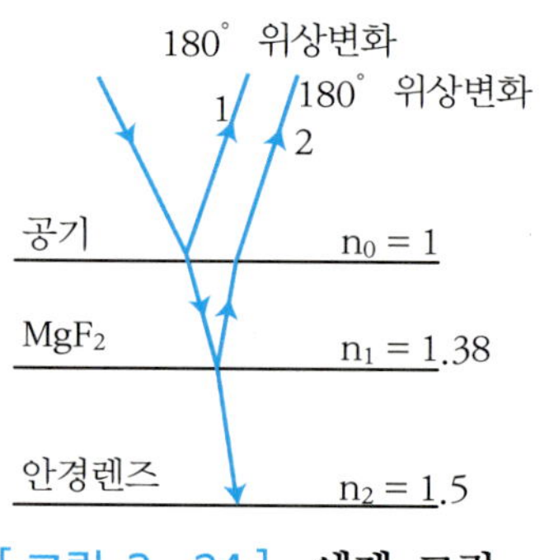

[그림 3-24] 예제 그림

뉴우튼 (Newton)의 원무늬 3-6

1) 경로차(△)

[그림 3-25] 에서와 같이 평볼록렌즈의 볼록면을 평면 유리판과 접촉되게 놓으면, 그 사이에 엷은 공기층이 생긴다. 이 공기층의 두께는 접촉점 부근에선 매우 적으나 바깥으로 갈수록 점차 증가된다. 공기층의 두께가 같은 점의 궤적은 접촉점을 중심으로 하는 동심원이 된다. 이 엷은 공기층 때문에 [그림 3-25] 의 (b) 와 같이 접촉점을 중심으로 하는 동심원을 이루는 명암의 간섭무늬를 얻게 된다. 이때 중심부분은 검게 나타난다. 백색광을 사용한다면 어느 점에서든지 막에서 반사된 빛의 색은 투과된 빛에 보색(補色)관계를 이룬다. 이 간섭장치는 뉴우튼(Newton)에 의해서 연구되었으며, 그의 이름을 따서 **뉴우튼의 원무늬**(ring) 라고 한다.

[그림 3-25] 의 (a) 에서와 같이 평볼록렌즈의 곡률 반경은 R 이고, e 에서 P 선상까지의 거리를 r, P 점 밑의 공기층 두께를 d 라 하자. 여기서 P 점에서 반사되어 나오는 광선 I 과 P 점 아래의 공기층을 지나 평면 유

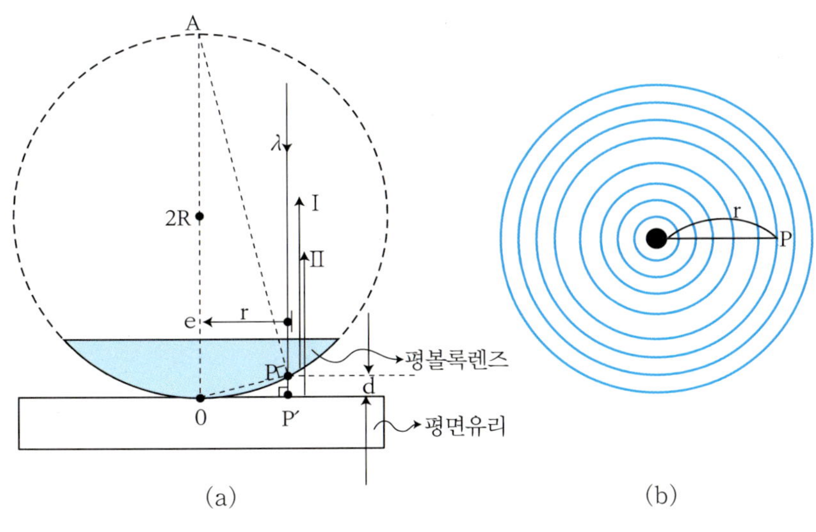

[그림 3—25] 뉴우튼의 원무늬

리판의 한 점 P′ 에서 반사되어 되돌아 나온 광선 Ⅱ 는 중첩하여 간섭하게 된다. 이제 평볼록렌즈의 평면에 수직하게 단색광을 조사한다면 P 점에서의 광선 Ⅰ과 P′ 점에서의 광선 Ⅱ 의 경로차 Δ 는 2d 가 된다. 따라서 경로차 Δ를 R, r, d 로 나타내어 보면 다음과 같다. 즉,

경로차 Δ 는 [그림 3-25] 의 (a) 에서 $\triangle AOP \backsim \triangle OPP'$ 이고, $R \gg d$ 이므로

$$2R : r \approx r : d$$

$$\Delta = 2d \approx r^2 / R \qquad (3\text{-}34)$$

와 같이 구할 수 있다.

2) 명암조건

광선 Ⅰ은 자유단 반사이므로 반사할 때 위상변화는 없지만, 광선 Ⅱ 는 고정단 반사가 되어 반사할 때 위상이 180°, 즉 반파장 $\frac{\lambda}{2}$ 만큼 바뀌어 나오게 된다. 그러므로 뉴우튼 원무늬의 명암(明暗)조건은 경로차 Δ 가 아래와 같이 반파장의 짝수배가 될 때는 소멸간섭으로 어두운 무늬, 반파장의 홀수배가 될 때는 보강간섭으로 밝은 무늬를 이룬다. 따라서 명암조건을 경로차 Δ 와 파장 λ 로 표현하면 다음과 같다.

$$\Delta = \lambda \cdot m \quad ; \text{ 소멸간섭 (어두운 무늬)}$$
$$\Delta = \lambda \cdot \left(m + \frac{1}{2}\right) \quad ; \text{ 보강간섭 (밝은 무늬)} \qquad (3\text{-}35)$$

여기서 m 는 정수로서 m = 0, 1, 2, 3, ……, 이다.

연·습·문·제 I

01 단색광을 2중 슬릿에 비추면 슬릿을 통과한 광선들이 간섭하여 스크린 상에 밝고 어두운 간섭무늬를 형성하게 된다. 이때 간섭무늬 간의 간격에 대한 설명으로 옳은 항을 모두 고르시오.

① 슬릿간의 간격이 좁을수록 커진다.
② 단색광의 파장이 길수록 커진다.
③ 슬릿과 스크린 사이의 거리가 멀수록 커진다.
④ 단색광의 진동수가 클수록 커진다.

02 단색광이 2중 슬릿을 통과 한 후 두 광선이 서로 중첩되어 간섭이 일어날 때의 조건으로 옳은 항을 고르시오.

① 두 광선의 경로차가 파장의 정수배 일 때 보강간섭이 일어난다.
② 두 광선의 위상차가 2π의 정수배 일 때 보강간섭이 일어난다.
③ 두 광선이 만나는 스크린상의 중앙점에서는 보강간섭이 일어난다.
④ 두 광선의 속도에 따라 간섭무늬는 변한다.

03 로이드 거울에 의한 빛의 간섭조건식이 Young의 실험에 의한 조건식과 반대가 되는 이유는 무엇인가?

04 단색광이 슬릿을 통과하여 스크린에 맺혀 질 때의 간섭무늬에 관한 설명으로 옳은 것을 모두 고르시오.

① 슬릿의 수가 많을수록 주극대점의 세기도 커진다.
② 슬릿의 수가 많을수록 밝은 무늬 폭은 좁아진다.
③ 슬릿의 수가 많을수록 주극대 사이의 소극대도 많아진다.
④ 슬릿의 수에 관계없이 주극대점의 세기는 같다.

05

2중 슬릿에 어떤 색광을 비출 때 간섭무늬의 간격이 가장 좁아질까?

① 빨간색
② 노란색
③ 초록색
④ 보라색

06

어떤 광선을 0.3 mm 간격으로 틈이 있는 2중 슬릿에 비추었더니 슬릿으로부터 2 m 떨어진 스크린에 간섭무늬가 생겼다. 이때 스크린 중심점으로부터 2번째 밝은 무늬(2번째 극대점)까지의 거리가 8 mm이다. 이 광선의 파장은 얼마인가?

07

파장이 500 nm인 단색광은 2중 슬릿을 통과한 후 2.5 m 떨어진 스크린 상에 간섭무늬를 만들었다. 세 번째 밝은 무늬는 중앙극대점으로부터 얼마나 떨어진 곳에 생기는가? 이때 슬릿의 간격은 2 mm이다.

08 영의 간섭실험에서 슬릿의 간격을 0.05 mm, 슬릿과 스크린 사이의 거리를 1 m 로 하여 600 nm 의 빛을 입사시키면 간섭무늬 간격은 몇 mm 가 되겠는가?

09 레이저 장치에서 파장이 600 nm 인 빛을 방출한다. 이 레이저광을 써서 간섭실험을 하였다.

(1) 슬릿의 간격이 0.3 mm인 2중 슬릿에서 스크린까지의 거리가 4 m일 때 간섭무늬의 인접한 어두운 선 사이의 거리는 몇 mm인가?

(2) 이 장치 전체를 물 속에 놓을 때 스크린상의 인접한 선 사이의 거리는 몇 mm로 변하는가? 단, 물의 굴절률은 $\frac{4}{3}$이다.

10 파장 750 nm 인 빛이 진공 중에 있는 굴절률 1.50 인 얇은 막에 수직으로 입사할 때, 빛의 반사가 최소로 되는 막의 두께는 얼마인가?

11 굴절률 1.50 인 유리 위에 두께 2×10^{-7}m 의 기름 막이 칠하여져 있다. 기름의 굴절률이 1.40 라면 이것에 수직으로 백색 광이 비추어질 때 반사광이 강해지는 빛의 파장은 얼마인가?

12 굴절률이 2.52 인 안경렌즈 표면에 굴절률이 1.62 인 플루오르화 세륨(CeF_2)을 코팅시켜 무반사가 되게 하였다. 코팅렌즈 표면에 수직하게 파장이 580 nm 인 빛을 비추었을 때, 이 광선이 완전 소멸간섭을 일으켰을 때 막의 최소 두께는 몇 nm 인가?

13 공기 중에 놓인 얇은 막의 간섭조건식과 쐐기형 박막의 조건식이 같은 이유는 무엇일까?

14 공기 중에 두개의 얇은 유리판 사이에 작은 먼지가 끼어서 밝고 어둡게 보였다. 어둡게 보인 곳의 최소 먼지 두께는 얼마가 되겠는가? 이때 입사된 빛의 파장은 600 nm이다.

15 비누 방울이 초록색을 띠고 있다면 이 막의 두께는 어떤 색의 반사를 방지하는 역할을 한 것일까?

연·습·문·제 II

01 그림 (가)는 두 점 S, S′에서 같은 위상으로 발생되고 있는, 진폭과 진동수가 같은 두 수면파의 모습을 나타내는 그림으로, 실선은 마루, 점선은 골이다. 그림 (나)는 이중슬릿에 의한 간섭 실험이다. 다음 설명 중 잘못된 것은?

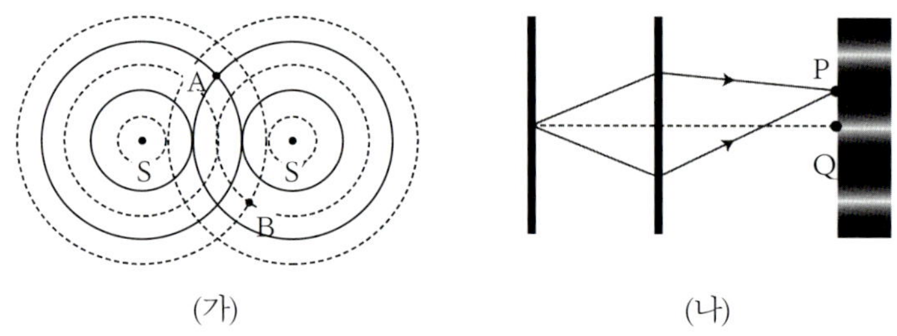

(가) (나)

① A와 Q에서는 보강간섭이 일어난다.
② B와 P에서는 소멸간섭이 일어난다.
③ 두 경우 모두 중첩의 원리가 성립한다.
④ A에서 수면의 높이는 시간이 지나면서 변한다.
⑤ P에서 밝기는 시간이 지나면서 변하지 않는다.

02 두 파장으로 이루어진 광선빔을 두 슬릿에 입사시킨다. 한 빔의 파장은 509 nm이다. 이 빔에 의한 중심의 밝은 무늬로부터 3번째 극대값의 위치와 나머지 한 빔에 의한 4번째 극소값의 위치가 일치한다. 나머지 한 빔의 파장은 몇 nm인가?

① 416 ② 426 ③ 436
④ 446 ⑤ 456

03 0.15 mm 떨어진 이중슬릿에 단색광이 입사된다. 스크린은 슬릿으로부터 1.5 m 뒤에 놓여 있다. 중앙의 밝은 무늬를 중심으로 위치해 있는 양쪽의 5번째 어두운 무늬 사이의 거리를 측정하였더니 60 mm이었다. 이 단색광의 파장은 몇 nm인가?

① 507 ② 547 ③ 587
④ 627 ⑤ 667

04 파장 630 nm 의 빛을 방출하는 레이저를 사용하여 영의 이중슬릿 실험을 하였더니 밝은 무늬 사이 간격이 8.3 mm 으로 측정되었다. 그런데 파장이 다른 레이저 광원으로 바꾸었더니 밝은 무늬 사이의 간격은 7.6 mm 이었다. 이 레이저 광원의 파장은 몇 nm 인가?

① 577 ② 597 ③ 617
④ 637 ⑤ 657

05 단색광을 이용해 영의 간섭실험을 하였다. 1.0 mm 의 이중슬릿으로부터 5 m 떨어진 스크린에 나타난 어두운 무늬들 사이의 간격이 2.8 mm 이었다. 이 단색광의 파장은 몇 nm 인가?

① 550 ② 560 ③ 570
④ 580 ⑤ 590

06 파장 750 nm, 900 nm 인 혼합광을 간격이 2 mm 인 이중슬릿에 비추었다. 중앙의 밝은 무늬로부터 측정하였을 때, 750 nm 에 의해 생긴 밝은 무늬와 900 nm 에 의해 생긴 밝은 무늬가 겹쳐지는 가장 가까운 위치는 몇 mm 인가? 스크린까지의 거리는 2 m 이다.

① 4.5 ② 6.0 ③ 7.5
④ 9.0 ⑤ 10.5

07 0.5 mm 간격의 이중슬릿에 650 nm의 단색광이 입사된다. 스크린에 나타난 무늬의 간격이 1.0 mm 이도록 하려면 스크린을 슬릿으로부터 몇 cm 떨어뜨려 놓아야 하는가?

① 71 ② 73 ③ 75
④ 77 ⑤ 79

08

영의 이중슬릿에 의한 간섭실험을 하고 있다. 스크린에 나타난 간섭무늬의 간격을 더 넓게 하고 싶다면 다음 중 어떠한 조작을 하면 되는가?

① 넓은 간격의 이중슬릿으로 교체한다.
② 이중슬릿을 스크린 쪽으로 이동시킨다.
③ 긴 파장의 빛을 사용한다.
④ 좁은 간격의 이중슬릿으로 바꾸고, 스크린을 슬릿 쪽으로 이동시킨다.
⑤ 짧은 파장의 빛으로 바꾸고, 스크린을 슬릿으로부터 멀리한다.

09

다음 중 이중슬릿에 의해 나타나는 밝고 어두운 무늬가 나타나는 원리와 같은 현상으로 나타나는 것은?

① 편광 안경을 사용하면 눈부심을 줄일 수 있다.
② 코팅된 안경을 사용하면 반사를 억제할 수 있다.
③ 비가 온 뒤 무지개가 생긴다.
④ 사막에서 신기루를 볼 수 있다.
⑤ 저녁 노을이 붉게 보인다.

10

파장 λ인 단색광이 슬릿 A, B를 통과한 후, 간섭을 일으켜 P 위치에서 밝은 무늬를 만든다. 두 경로 BP, AP를 지나는 빛의 경로차인 $\triangle$에 대한 올바른 표현은?

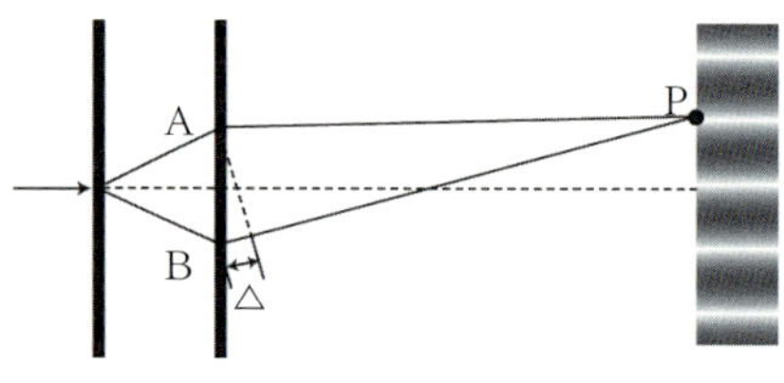

① $\frac{1}{4}\lambda$ ② $\frac{1}{2}\lambda$ ③ λ
④ 2λ ⑤ 4λ

11

파장 λ인 빛이 이중슬릿 A, B를 통과한 후, 간섭을 일으켜 P 위치에서 두 번째 밝은 무늬를 만든다. 만일, 이중슬릿과 스크린 사이에 굴절률이 3/2인 액체를 채워 넣는다면, 다음 설명 중 옳은 것은?

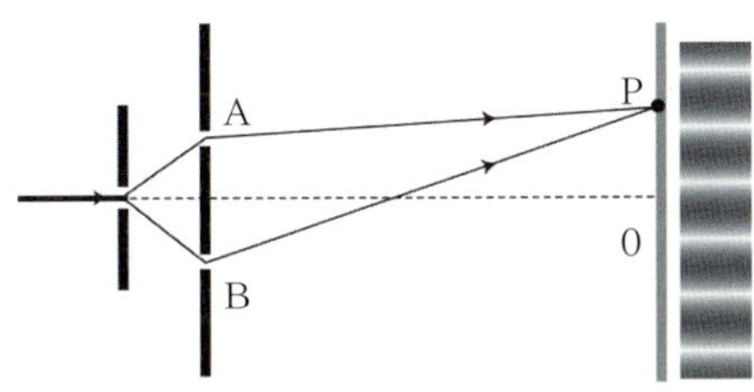

① 액체 속에서 빛의 파장은 $\frac{3}{2}\lambda$ 이다.
② 두 번째 밝은 무늬가 생기는 위치는 O쪽에서 멀어지는 쪽으로 이동한다.
③ A, B를 지나 O에 도달하는 빛의 위상은 같다.
④ P에서는 밝은 무늬가 관측된다.
⑤ 액체를 넣어도 변하는 것은 아무 것도 없다.

12

다음 그림은 이중슬릿 S_1, S_2를 지나는 단색광에 대한 모식도이다. 왼쪽에서부터 순서대로 각각의 모식도에 의해 스크린에 나타나는 무늬의 종류를 올바르게 표현한 것은?

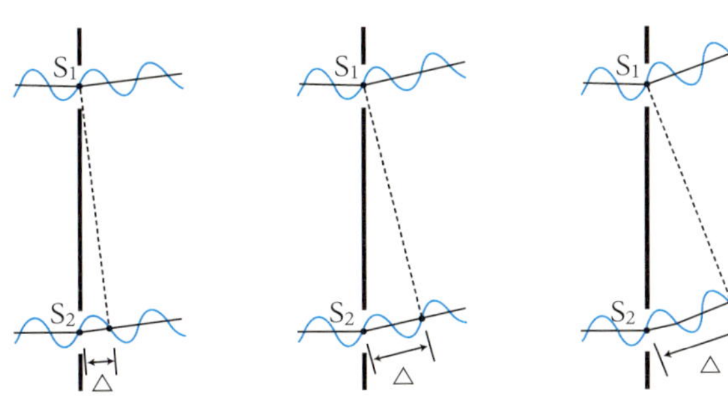

① 밝은 무늬, 밝은 무늬, 밝은 무늬
② 밝은 무늬, 밝은 무늬, 어두운 무늬
③ 밝은 무늬, 어두운 무늬, 밝은 무늬
④ 어두운 무늬, 어두운 무늬, 어두운 무늬
⑤ 어두운 무늬, 밝은 무늬, 어두운 무늬

13

두 그림은 각각 영의 간섭실험을 통하여 얻는 간섭무늬를 나타내는 그림이다. $\frac{\lambda_1}{\lambda_2}$ 의 비는 얼마인가?

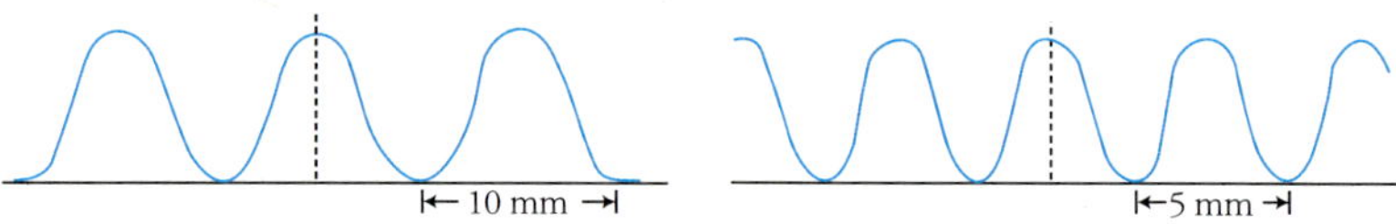

① 4 ② 2 ③ 1
④ 0.5 ⑤ 0.25

14

영의 이중간섭 실험에 의해 생기는 중앙의 무늬 간격과 가장자리의 무늬 간격을 비교하였다. 다음 중 옳은 것은?

① 광원의 파장에 따라 변한다.
② 슬릿의 간격에 따라 변한다.
③ 중앙의 무늬 간격이 더 좁다.
④ 같다.
⑤ 중앙의 무늬 간격이 더 넓다.

15

영의 이중간섭 실험에서 슬릿 사이의 간격만 좁게 한 후, 무늬의 간격을 비교하였다. 다음 중 옳은 것은?

① 변하지 않는다.
② 더 좁아진다.
③ 더 넓어진다.
④ 슬릿의 재질에 따라 변한다.
⑤ 온도에 따라 변한다.

16

파동의 간섭 현상과 관계 없는 현상은?

① 편광 현상 ② 영의 이중슬릿 실험
③ 비누막 위의 무늬 ④ 뉴턴의 원무늬
⑤ 맥놀이

17

전복 껍질의 안쪽을 보면 아름다운 무늬가 보인다. 어떤 현상 때문인가?

① 편광 ② 회절 ③ 전반사
④ 얇은 막에 의한 간섭 ⑤ 이중슬릿에 의한 간섭

18

영의 이중슬릿에 의한 간섭무늬에서 중앙의 밝은 무늬로부터 첫 번째에 있는 밝은 무늬까지의 거리를 측정하였더니 10 mm 이었다. 중앙의 밝은 무늬로부터 첫 번째에 있는 어두운 무늬까지의 거리는?

① 2.5 mm ② 5 mm ③ 10 mm
④ 15 mm ⑤ 20 mm

19

파장 550 nm 인 빛을 사용하여 이중슬릿에 대한 간섭무늬를 얻었다. 중앙으로부터 두 번째 어두운 무늬를 만들어내는 두 빛의 경로차는 몇 nm 인가?

① 750 ② 775 ③ 800
④ 825 ⑤ 850

20

슬라이드 글라스 위에 촛불을 이용해 그을음을 생기게 하고, 면도칼 두 개를 겹쳐 평행하게 그은 다음, 적색 레이저 광을 비추자 반대쪽에 있는 스크린에 명암의 줄무늬가 나타났다. 이 실험에 관한 설명으로 틀린 것은?

① 스크린 중앙점과 모든 보강간섭무늬의 밝기는 같다.
② 스크린을 멀리하면 줄무늬 사이의 간격은 넓어진다.
③ 청색 레이저 광을 사용하면 명암의 줄무늬 간격은 줄어든다.
④ 광원을 백열전구로 바꾸어도 명암의 줄무늬를 관측할 수 있다.
⑤ 스크린에 생긴 명암의 줄무늬는 회절과 간섭에 의해 생긴 것이다.

21

평평한 유리판 위에 평볼록렌즈의 평평한 면을 위로 향하도록 올려놓고 단색광을 비추어 형성된 뉴턴의 원무늬를 관찰하고 있다. 다음 중 잘못 설명된 것은? (렌즈와 유리판의 굴절률 1.5, 물의 굴절률 1.33)

① 볼록렌즈 중심에는 어두운 무늬가 생긴다.
② 원무늬가 생기는 것은 간섭 현상으로 설명할 수 있다.
③ 볼록렌즈와 유리판 사이에 물을 채우면 원무늬의 간격은 넓어진다.
④ 단색광의 파장을 긴 것으로 바꾸면 원무늬 사이의 간격은 넓어진다.
⑤ 곡률반지름이 큰 평볼록렌즈를 사용하면 원무늬 사이의 간격은 넓어진다.

22

평볼록렌즈의 평평한 면을 위쪽으로 향하도록 유리판 위에 올려놓고 뉴턴의 원무늬를 관찰하였다. 렌즈 중심으로부터 21번째 위치한 밝은 무늬까지의 거리를 측정하였더니 11 mm 이었다. 이 평볼록렌즈의 곡률반경은 몇 m 인가? 사용된 빛은 파장 670 nm 인 적색광이다.

① 8.8 ② 9.2 ③ 9.6
④ 10.0 ⑤ 10.4

23

400 nm 파장의 단색광을 이용하여 뉴턴의 원무늬 실험을 하고 있다. 3번째 밝은 무늬와 6 번째 밝은 무늬가 생기는 위치에서의 렌즈와 유리판 사이의 간격의 차이는 몇 nm 인가?

① 500 ② 540 ③ 580
④ 600 ⑤ 620

24

물 위에 떠 있는 석유의 얇은 막이 착색되어 보이는 것은 무슨 현상 때문인가?

① 간섭 ② 회절 ③ 복굴절
④ 반사 ⑤ 전반사

25

굴절률 1.78 인 유리에 무반사 단층 박막을 코팅하여, 555 nm 의 빛에 대한 반사율을 0 으로 하려 한다. 박막의 최소두께(nm)는 얼마로 하여야 하는가?

① 93 ② 104 ③ 115
④ 126 ⑤ 138

26

그림과 같이 굴절률 n 인 쐐기형 투명 박막층에 파장 λ 인 빛이 입사된다. d는 얼마인가?

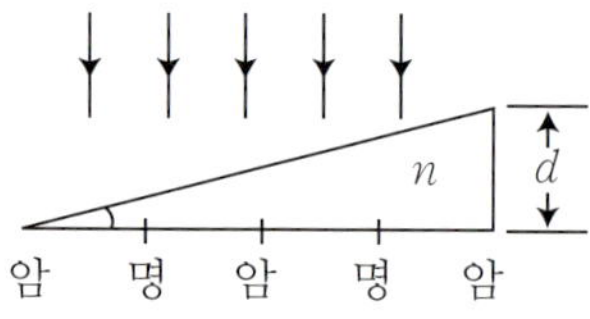

① $\frac{\lambda}{2n}$ ② $\frac{\lambda}{n}$ ③ λ
④ $n\lambda$ ⑤ $2n\lambda$

27

그림과 같이 공기 중에 굴절률 1.69 인 플린트 유리 위에 굴절률 1.52 인 크라운 유리가 포개져 있다. 각각의 경계면에서 반사되는 빛을 각각 A, B, C라 할 때, 위상이 180° 변하는 광선은 어느 것인가?

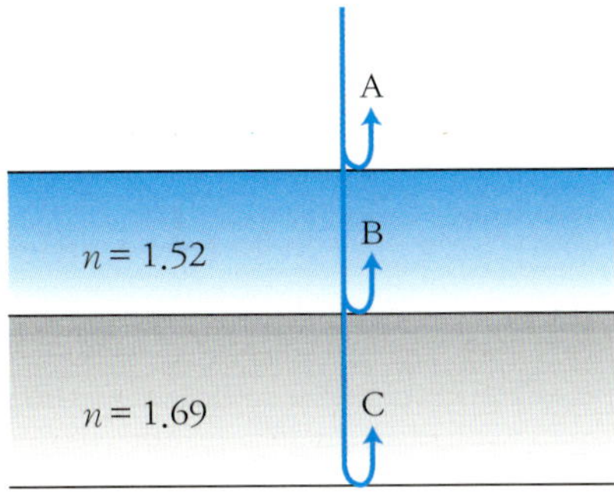

① A, B ② A, B, C ③ C
④ A, C ⑤ B, C

Chapter 4
빛의 회절
Diffraction of light

빛은 파동의 일종이므로 간섭현상과 회절현상이 발생한다. 초기에는 빛의 파장이 너무 짧기 때문에 회절현상을 찾지 못하여 파동성이 인정받지 못하였으나 19세기에와서 빛의 간섭현상(1801년, Young의 실험)의 발견을 계기로 프레넬(Fresnel)이 최초로 빛에서도 회절현상이 일어남을 발견하기에 이르렀다. 이 장에서는 좁은 틈에서 일어나는 빛의 회절 상을 정량적으로 다루었으며, 회절 때문에 생기는 물리적 현상에 대하여 알아본다.

빛의 회절현상 (Diffraction of light) 4-1

수면파가 슬릿을 통과할 때 회절현상이 나타나는 것을 1장에서 설명한 바 있다. 빛도 파동의 성질을 갖고 있으므로 이와 같은 회절현상이 일어난다.

사실 영국의 물리학자 토마스 영은 상상력이 풍부하고 영리하긴 했으나 빛의 파동이론에 대하여 믿을 만한 수학적 이론을 제공하지는 못했기 때문에 당시 영국과학자들은 빛의 파동이론을 믿지 못했다. 그러나 수년 후 프랑스의 장 오귀스텡 프레넬(1788 ~ 1827)이라는 젊은 과학자가 독자적으로 영의 실험을 시행하면서 빛의 간섭이나 회절에 관한 수학적 이론을 발표하게 되었다. 그는 빛의 회절 현상을 이해하는데 가장 결정적인 양이 파장에 대한 구멍이나 장애물의 상대적 크기임을 증명하였다. 이 후로 빛의 파동성을 일반적으로 받아 들여지게 되었다.

(a)

(b)

[그림 4—1] 빛의 회절무늬

(a) 좁은 슬릿을 통과한 빛의 회절
(b) 바늘 구멍(지름 1.0 mm)을 통과한 빛의 회절

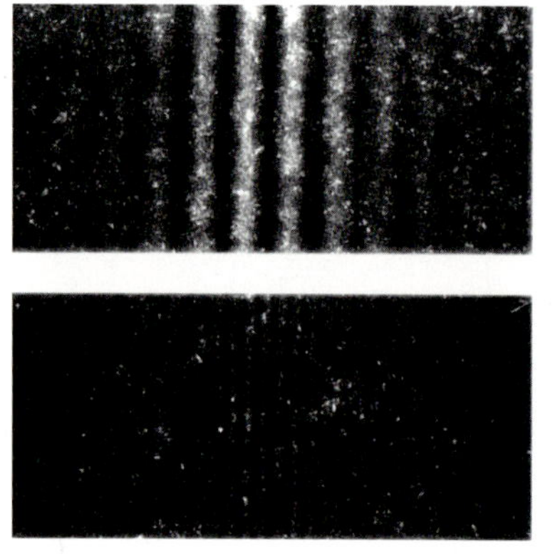

(a) 슬릿의 폭에 따른 빛의 회절
(슬릿의 폭이 넓어지면 회절 무늬의 간격이 좁아진다)

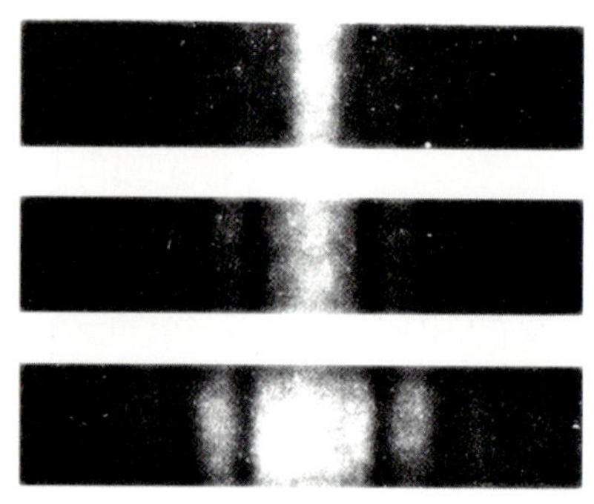

(b) 색깔에 따른 빛의 회절
(파장이 짧은 빛일수록 회절 무늬의 간격이 좁아진다)

[그림 4-2] 단일 슬릿에 의한 회절무늬

이제 간단하게 빛의 회절현상을 경험하기 위하여 두 개의 볼펜 사이에 종이나 머리카락을 끼워 작은 틈을 만든 후 눈에 가까이 대고 밝은 빛을 바라 보라. [그림 4-1] 의 (a) 와 같은 명암의 무늬를 볼 수 있을 것이다. 여기서 가운데는 밝은 무늬로서 슬릿의 폭보다 훨씬 넓으며 명암의 무늬가 교대로 나타난다. [그림 4-1] 의 (b) 는 종이에 바늘구멍을 만들어 빛을 통과시킬 때 나타난 명암의 무늬이다. 이 경우에도 명암의 무늬가 교대로 나타난다. 이와 같이 빛이 회절하는 사실로 보아 빛은 파동적인 성질이 있음을 분명히 알 수 있다.

[그림 4-2] 의 (a) 는 슬릿의 폭을 다르게 하여 빛을 볼 때 나타난 회절무늬로서 슬릿의 폭이 좁을 때에는 넓을 때보다도 회절무늬의 간격이 넓은 것을 볼 수 있다. 따라서 빛도 파동과 같이 슬릿의 폭이 좁을수록 회절이 크게 일어나는 것을 알 수 있다. [그림 4-2] 의 (b) 는 슬릿의 폭을 일정하게 하고 여러 가지 색깔의 빛을 비춰 볼 때 나타난 회절 무늬이다. 빨간빛에 의한 회절무늬의 간격은 넓고 파란빛에 의한 회절무늬의 간격은 좁다. 이것은 빨간빛이 파란빛보다 파장이 길기 때문이다. 따라서 빛의 파장이 길수록 회절성이 크다는 것을 알 수 있다. 위의 현상에서 빛은

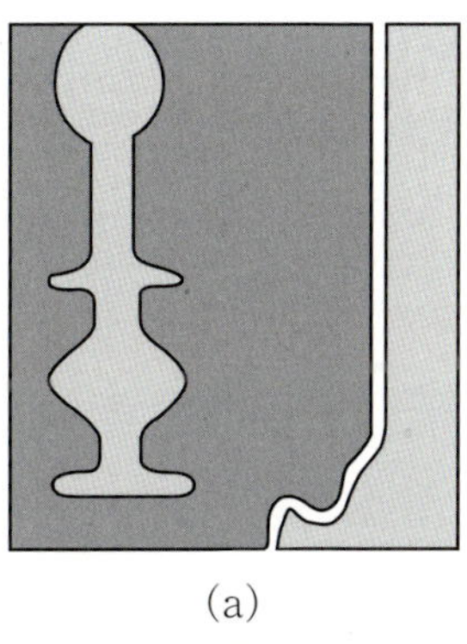

(a)

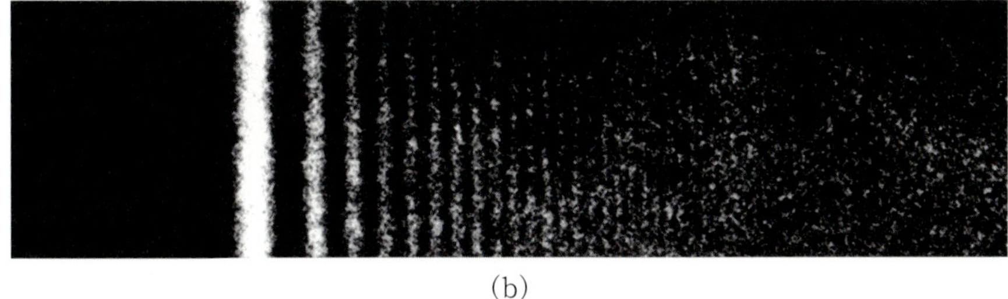

(b)

[그림 4-3] 면도날 주변의 회절상

파동적 성질을 가지며 파동에서와 같이 슬릿의 폭이 좁을수록, 파장이 길수록 회절하는 정도가 크다는 것을 알 수 있다.

한편, 빛의 회절은 좁은 틈 뿐만 아니라 물체의 가장자리에서도 일어난다. [그림 4-3] 은 바늘구멍을 통과한 단색광을 사용하여 찍은 면도날의 사진이다. 면도날의 가장자리 근방의 그림자를 보면 명암의 무늬가 교대로 나타나고 있다. 그러나 광원의 크기가 큰 백열전구에 의해서 만들어진 것이라면 그 전구의 모든 점에서 오는 빛이 제각기 회절상을 만들기는 하지만 이러한 것들이 겹쳐져서 개개의 회절상을 관찰 할 수가 없게 된다. 그러나 입사광의 종류에 상관없이 빛의 회절 현상은 작은 구멍이나 슬릿은 물론 모든 그림자에서 어느 정도씩 생긴다. 만약 입사광이 단색광이면 회절무늬는 더욱 또렷해지며 백색광이면 회절무늬가 서로 혼합하여 회절무늬는 흐릿하게 보이게 된다. 따라서 일상생활에서 회절을 못 느끼는 이유는 대부분의 빛이 태양빛처럼 여러색이 혼합된 백색광이기 때문이다.

4-2 프레넬과 프라운호퍼 회절 (Fresnel and Fraunhofer's diffraction)

회절무늬는 파원과 스크린이 구멍이나 장애물로부터 얼마만큼 멀리 떨어져 있느냐에 따라서 두 종류로 분류된다. 보통 구멍이나 장애물로부터 파원이나 스크린이 가까이 있을 때는 구멍(slit)으로 입사하는 빛이 구면파

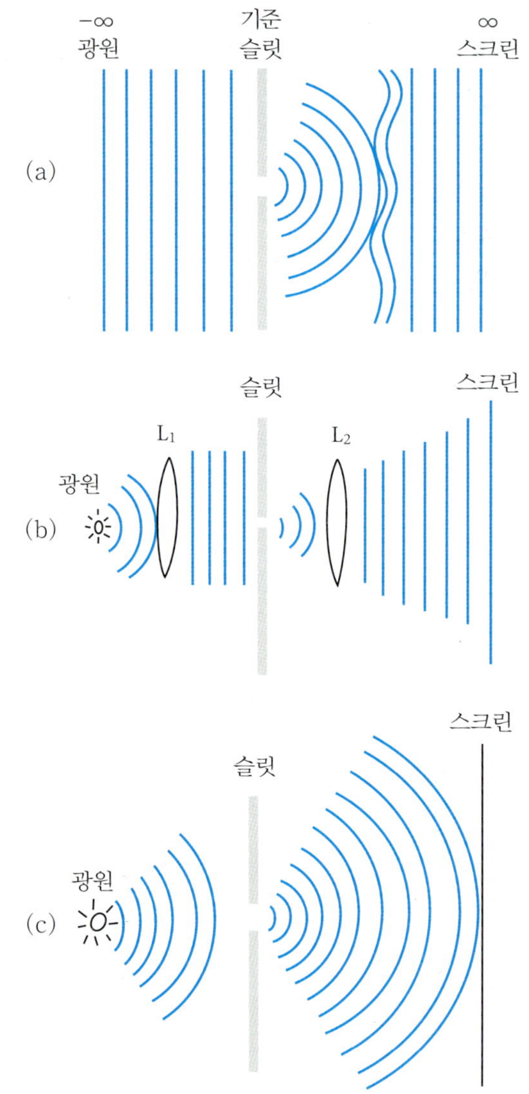

(a) 프라운호퍼 회절 (b) 프라운호퍼 회절 (c) 프레넬 회절

[그림 4-4] 회절의 종류

이며 구멍으로부터 나와서 스크린에 도달되는 파도 구면파가 되어 매우 복잡하다. 이것을 Augustin Jean Fresnel의 이름을 따서 **프레넬(Fresnel) 회절**이라 한다. 한편 파원이나 스크린이 구멍이나 장애물로부터 아주 멀리 떨어져 있다면 광원으로부터 입사파가 평면파이며 스크린에 도달되는 파도 평면파가 되어 회절무늬 분석이 용이하다. 이것을 Joseph Von Fraunhofer의 이름을 따서 **프라운호퍼(Fraunhofer) 회절**이라 한다.

[그림 4-4] 의 (a) 와 같이 프라운호퍼 회절은 광원과 상이 나타나는 스크린이 회절을 일으키는 좁은 슬릿으로부터 무한한 거리로 떨어져 있을 때 생기는 현상이며 광원과 슬릿 사이의 거리가 멀기 때문에 슬릿과 스크린에 도달하는 빛은 평면파(파면이 나란한 직선파)가 된다. 이와 같은 프라운호퍼 회절은 [그림 4-4] 의 (b) 와 같이 볼록렌즈 L_1 의 물측 초점 위에 점광원을 놓으므로써 광원으로부터 입사되는 파를 평면파로 만들고, 슬릿과 볼록렌즈 L_2 의 초점거리를 일치시켜서 굴절 후 평행한 광선이 스크린에 도달하도록 만들 수 있다. (a), (b) 는 모두 프라운호퍼 회절현상을 설명하였으나 (a) 는 무한한 공간이 필요하고 (b)는 좁은공간에서도 실험이 가능하므로 보통 실험실에서는 (b) 와 같이 렌즈를 배치하여 사용한다.

한편 [그림 4-4] 의 (c) 는 프레넬 회절이다. 프레넬 회절은 광원과 슬릿, 슬릿과 스크린이 유한한 거리에 있을 때의 회절로 슬릿과 스크린에 도달하는 빛이 구면파가 되는 회절이다. 따라서 프라운호퍼 회절은 이론적 취급이 몹시 간단하나 반면에 프레넬 회절은 파면이 구면으로 발산하므로 이론적 취급이 더욱 복잡해진다.

그러므로 이 장에서는 이론적으로 간단한 프라운호퍼 회절을 주로 다루기로 한다.

예제 4-1

프라운호퍼 회절에 관한 설명 중 옳은 것은?

① 입사파는 평면파이고 스크린에 도달하는 파도 평면파이다.
② 입사파는 구면파이고 스크린에 도달하는 파는 평면파이다.
③ 입사파는 평면파이고 스크린에 도달하는 파는 구면파이다.
④ 입사파는 구면파이고 스크린에 도달하는 파도 구면파이다.

답 ①

4-3 단일 슬릿에 의한 프라운호퍼의 회절 (Fraunhofer's diffraction by single slit)

둘 또는 그 이상의 슬릿으로부터 나오는 빛의 간섭무늬를 계산하는데 있어서 슬릿의 폭은 슬릿을 통과하는 빛의 파장보다 대단히 작아서 슬릿을 통과하는 광선은 하나의 점파원에서 방출하는 구면파로 간주할 수 있다고 가정하였다. 그러나 [그림 4-5] 와 같이 슬릿의 폭이 파장에 비하여 작지 않을 때에는 슬릿에 도달한 광파는 하나가 아닌 여러 개의 호이겐스(Huygens) 소파원(小波源)이 존재한다고 볼 수 있다. 따라서 슬릿으로

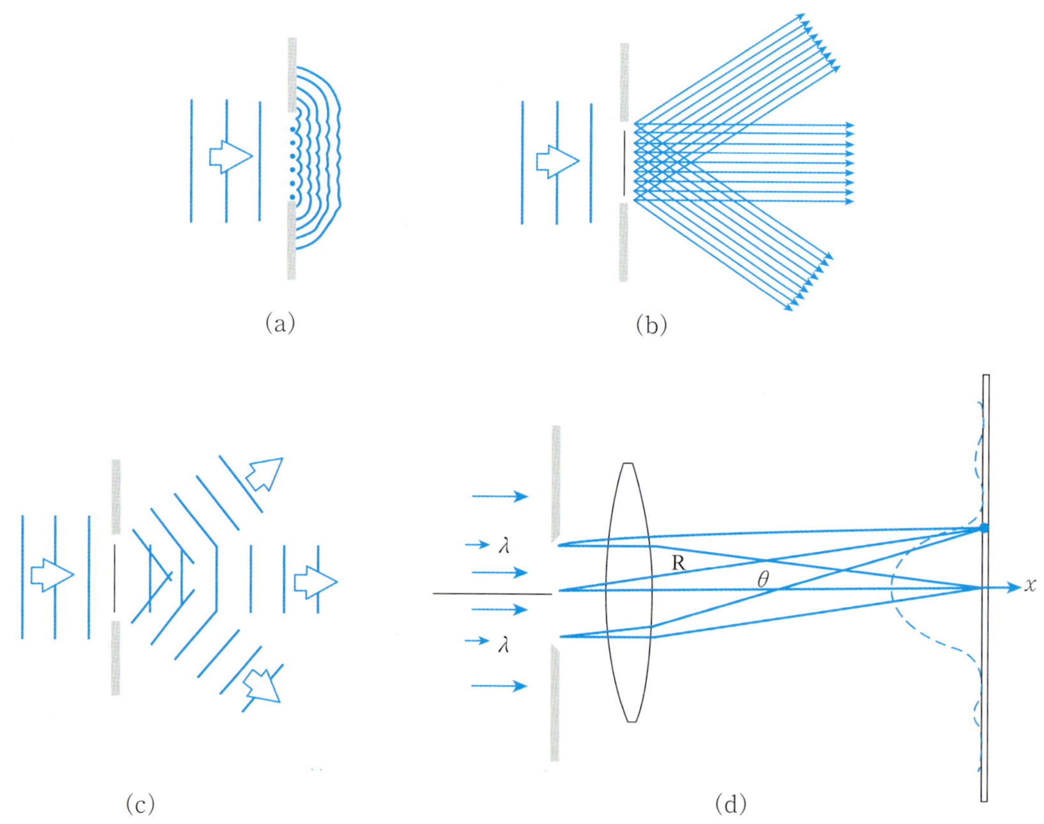

[그림 4-5] 단일 슬릿에 의한 프라운호퍼 회절 과정

(a) 슬릿 뒤에 생긴 호이겐스 소파원
(b), (c) 다양한 방향으로 퍼져 나가는 평행 광선
(d) 평행한 광선들은 렌즈를 통과 후 수속하여 스크린 상에 맺힌다.

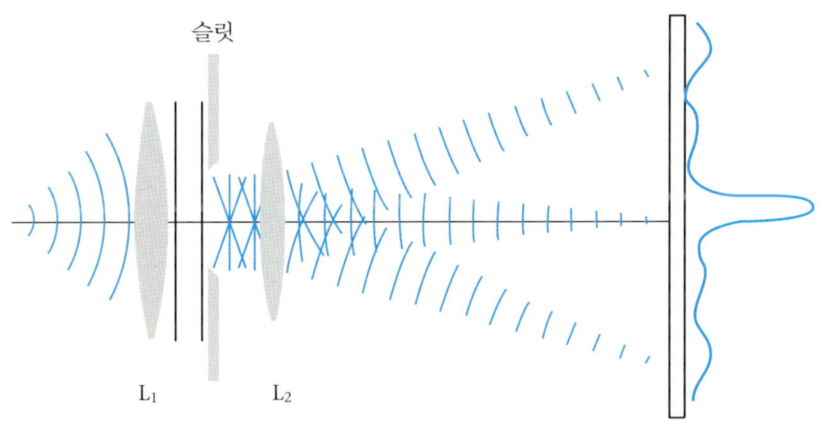

[그림 4-6] 단일 슬릿에 의한 프라운 회절

부터 멀리 떨어져 있는 스크린 상의 한 점 P에 도달하는 광선들은 위상차를 갖게 될 것이다.

[그림 4-6]은 단일 슬릿을 통과한 프라운호퍼 회절상을 나타낸 그림이다. 스크린의 중앙무늬는 폭이 넓고 밝은 무늬이고 밖으로 갈수록 폭이 좁고 세기가 작은 명암무늬로 된다.

이와 같은 회절무늬가 일어나게 되는 원인에 대하여 알아보도록 한다.

1. 단일 슬릿에 의한 프라운호퍼 회절무늬

3장의 이중 슬릿에 의한 간섭무늬의 위치를 구하는 방법을 이용하여 단일 슬릿에 의해서 생기는 회절 무늬의 밝고 어두운 무늬 위치를 각각 찾아보자. [그림 4-7]에서 회절무늬 중앙에 밝은 무늬가 나타나는 이유는 슬릿의 간격 a에 비하여 슬릿과 스크린 사이의 거리 D가 아주 먼 경우에는 슬릿의 모든 점에서 출발하여 스크린 중앙에 도달되는 광선은 모두 같은 위상을 갖기 때문이다.

[그림 4-7]은 첫 번째 어두운 무늬의 위치 S_1을 찾는 방법을 나타내

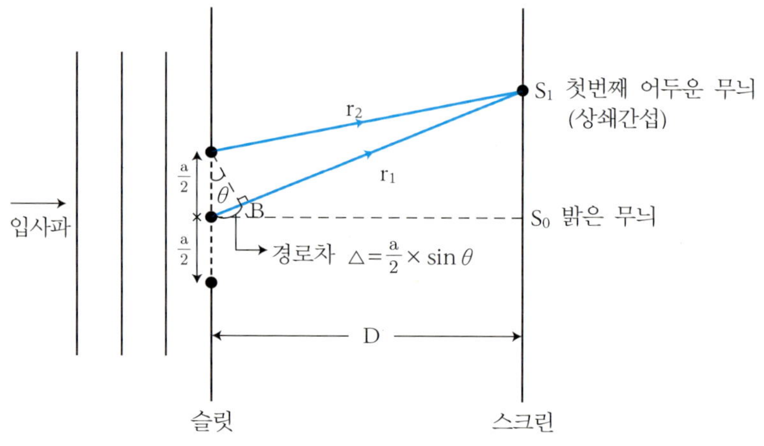

[그림 4-7] 단일 슬릿에 의한 회절의 첫번째 어두운 무늬

고 있다. r_2은 슬릿 위쪽 꼭대기에서 S_1까지의 거리이고, r_1는 슬릿의 중심부분에서 S_1까지의 거리를 나타낸다. 이때 S_1이 첫 번째 어두운 무늬이므로 r_1, r_2의 경로차 $\triangle = \frac{a}{2}\sin\theta$ 가 $\frac{\lambda}{2}$일 때 첫 번째 어두운 무늬가 나타난다.

따라서 첫번째 극소점(어두운 무늬)는 다음과 같은 결과식으로 표현할 수 있다.

$$a\sin\theta = \lambda \qquad (4-1)$$

이 식으로부터 입사파의 파장 λ는 일정하므로 슬릿의 폭 a가 넓을수록 θ 값이 감소함을 알 수 있다. 즉, 회절 무늬의 간격이 좁아지게 된다.

한편, [그림 4-8]은 두 번째 어두운 무늬의 위치 S_2를 찾는 방법을 나타내고 있다.

r_1과 r_2의 경로차는 $\frac{a}{4}\sin\theta$ 이며 r_3와 r_4 사이의 경로차도 $\frac{a}{4}\sin\theta$ 이다.

한편 어두운 무늬가 나타나려면 경로차 $\triangle = \frac{a}{4}\sin\theta$ 가 $\frac{\lambda}{2}$가 되어야 하므로 두 번째 어두운 무늬의 위치는 다음과 같은 관계식으로 표현할 수 있다.

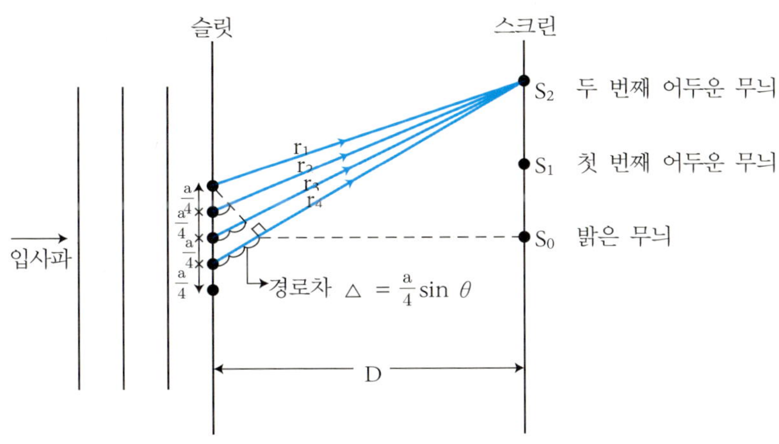

[그림 4—8] **단일 슬릿에 의한 회절에 두 번째 어두운 무늬**

$$a\sin\theta = 2\lambda \quad (4\text{-}2)$$

이와 같은 방법으로 3번째, 4번째, ... 어두운 무늬를 구할 수 있다. 따라서 회절에 의한 어두운 무늬의 위치를 구하기 위한 일반적인 회절무늬 조건식은 다음과 같이 나타낼 수 있다.

(어두운 무늬) $a\sin\theta = m\lambda, \quad m = 1, 2, 3 .....$ (4-3)

같은 방법으로 밝은 무늬의 위치를 나타내는 조건식은 다음과 같다.

(밝은 무늬) $a\sin\theta = (m + \frac{1}{2}) \cdot \lambda, \quad m = 1, 2, 3 .....$ (4-4)

물론 중앙점으로 모이는 모든 광선은 위상이 같으므로 보강간섭이 되어 밝은 무늬를 형성한다.

한편 $a\sin\theta$ 는 슬릿의 양 끝점을 지나는 두 광선의 경로차 $\triangle$이므로 식 (4-3) 과 (4-4) 는 다음과 같이 경로차 $\triangle$ 로도 표현할 수 있다.

(어두운 무늬) $\triangle = m\lambda, \quad m = 1, 2, 3 .....$ (4-5)

(밝은 무늬) $\triangle = (m + \frac{1}{2}) \cdot \lambda, \quad m = 1, 2, 3 .....$ (4-6)

예를 들어 [그림 4-9] 와 같이 단일 슬릿의 간격을 120 등분한다면, 120 개의 소파원으로부터 빛이 전파되어 스크린에 도달할 것이다. 이때 스크린에 나타나는 회절무늬에 관한 정보는 식 (4-3) 과 식 (4-4) 를 이용하여 구할 수 있게 된다.

[그림 4-9] 의 (a) 와 같이 폭이 a 인 단일 슬릿을 120 등분하고 각 간격의 중앙에 호이겐스 소파원이 있다고 가정하자. 인접한 파원 간의 거리 d 는 a /120 이고, 양 끝의 1 번 광선과 120 번 광선이 이루는 경로차 △ 는 a sin θ 가 된다. 슬릿 바로 뒷 쪽에 렌즈를 놓으면 특정 방향으로 진행하는 모든 광선의 회절무늬를 슬릿으로부터 유한한 거리에 있는 스크린 위에 맺도록 할 수 있다.

[그림 4-9] 의 (b) 와 같이 슬릿의 중심 맞은 편의 스크린 중앙점인 0

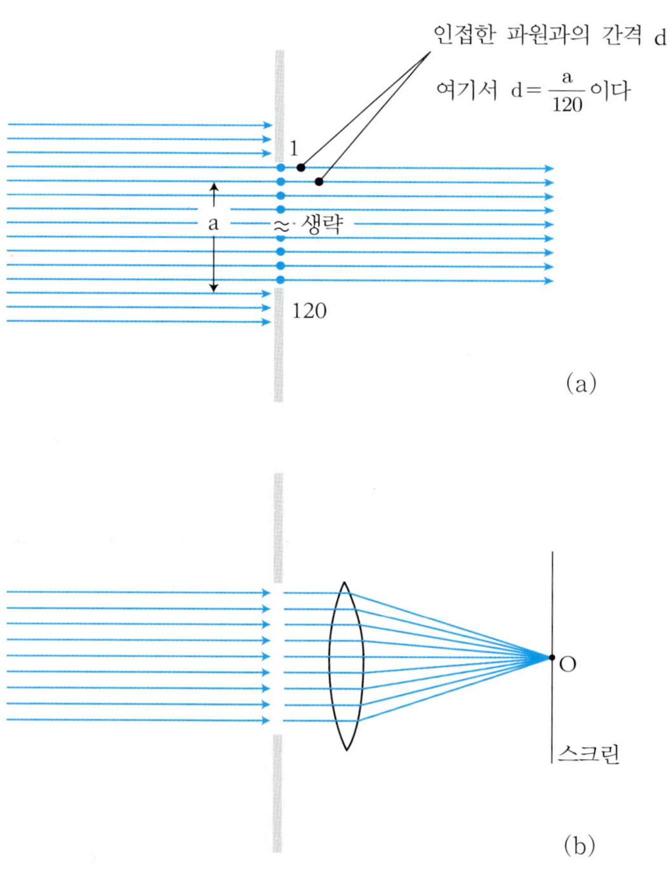

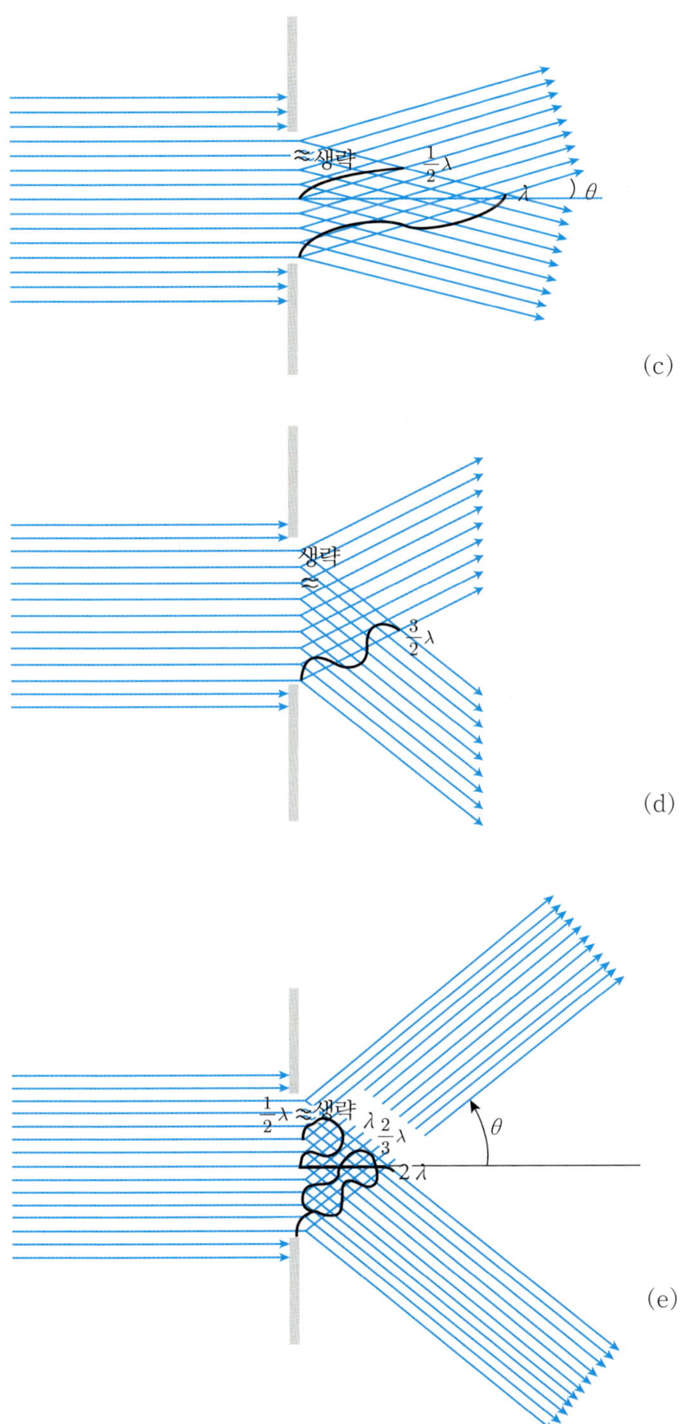

[그림 4—9] 단일 슬릿에 의한 회절무늬의 명암 줄무늬

에 대해서는 θ 는 0°이므로 각 광선의 경로차는 0 이 되어 같은 위상으로 만나게 되므로 진폭이 합해져서 중앙 O 점은 밝은 무늬를 이루게 된다.

[그림 4-9] 의 (c) 와 같이 슬릿의 양 끝점에서 나오는 1 번 광선과 120 번 광선의 경로차 Δ 가 λ 일 때는 가장 윗쪽 1 번 광선과 중앙점 아래 61 번 광선, 2 번 광선과 62 번 광선, 3 번 광선과 63 번 광선 ……, 60 번 광선과 120 번 광선이 이루는 위상차가 180° 이므로 각각 차례로 소멸되어 스크린에는 어두운 무늬를 만들게 된다.

[그림 4-9] 의 (d) 와 같이 슬릿의 양끝의 1 번 광선과 120 번 광선의 경로차 Δ 가 $3\lambda/2$ 일 때는 슬릿의 폭을 3 등분하여 1 번 광선과 41 번 광선, 2 번 광선과 42 번 광선, 3 번 광선과 43 번 광선 ……, 40 번 광선과 80 번 광선들간의 위상차가 180°이므로 차례로 소멸되어 없어지나, 81 번 광선부터 120 번 광선까지의 광선들은 스크린 상에 나타나게 되어 2 차의 밝은 무늬를 나타낸다. 그러나 이 때 회절무늬의 세기는 중앙무늬보다는 훨씬 떨어지게 된다. 이와 같은 방법으로 [그림 4-9] (e) 와 같이 슬릿의 양 끝, 즉 1 번 광선과 120 번 광선의 경로차 Δ 가 2λ 일 때는 슬릿의 폭을 1/4 등분으로 어두운 무늬, 경로차 Δ 가 3λ 일 때는 슬릿의 폭을 1/6 등분으로 어두운 무늬를 만들게 된다.

예제 | 4-2

파장이 600 nm 인 단색광은 단일 슬릿을 통과한 후 스크린 상에 회절무늬를 형성한다. 이때 빛의 진행방향과 30° 위치에 첫 번째 어두운 무늬가 생겼다면 슬릿의 간격은 얼마인가?

풀이 식 (4-1) 에서 $a\sin\theta = \lambda$ 이므로 슬릿의 간격 a는 다음과 같다.

$$a = \frac{\lambda}{\sin\theta} = 2 \times 600\,\text{nm} = 1{,}200\,\text{nm}$$

2. 단일 슬릿에 의한 회절무늬의 세기

단일 슬릿에 의한 회절무늬의 세기를 계산하기 위하여 파원의 수를 짝수 N 개로 하고, 슬릿의 폭을 a 라 하자. 한편 스크린은 파원으로부터 멀리 떨어져 있기 때문에 스크린상의 한 점 P 에 이르는 광선들은 거의 평행하다고 볼 수 있다. 따라서 두 인접한 파원 간의 경로차 △와 위상차 ϕ 는 식 (1-22) 에서와 같다. 즉,

$$\phi = \mathbf{k} \cdot \triangle$$

여기서 $k = \frac{2\pi}{\lambda}$, $\triangle = d \sin \theta$ 이므로

$$\phi = \frac{2\pi}{\lambda} d \sin \theta \qquad (4\text{-}7)$$

이다. 여기서 d 는 두 인접한 파원 간의 간격 $\frac{a}{N}$ 이고, θ 는 슬릿의 중앙점에서 나간 광선이 슬릿과 스크린의 중앙점을 잇는 축과 이루는 각이다.

이제 스크린 상의 한 점 P 에 도달하는 회절광의 합성파 진폭을 계산하여 보자.

단일 슬릿 내의 N 개의 호이겐스 소파원으로부터 스크린에 도달된 진폭 A_0인 파동들은 [그림 4-10] 과 같은 벡터로서 합성할 수 있다. 그러므

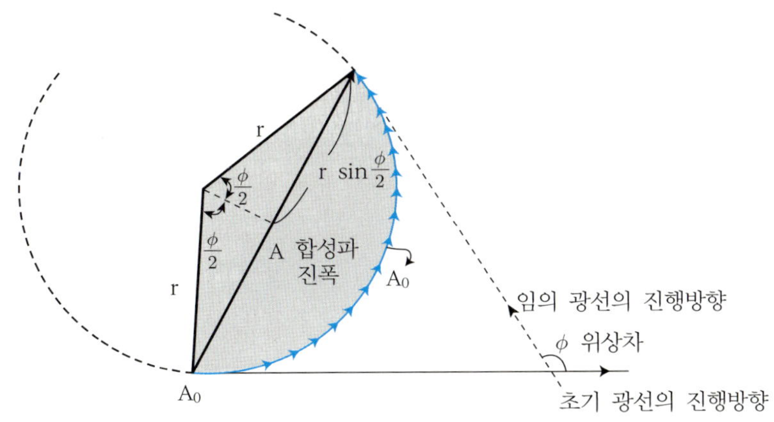

[그림 4—10] 위상차가 ϕ 일 때 회절광선의 합성파 진폭

로 합성파의 진폭 A 는

$$A = 2\,r\sin\left(\frac{\phi}{2}\right) \tag{4-8}$$

임을 알 수 있으며, 여기서 r 은 호의 반경이고, A_0 는 각각의 소파원에서 발생된 광파의 진폭이므로, 호의 길이는 A_0N 이다. 즉 호의 길이는

$$r\phi = A_0N \tag{4-9}$$

식 (4-9) 를 (4-8) 에 대입하여 r 를 소거하면

$$A = 2\,\frac{A_0N}{\phi}\sin\left(\frac{\phi}{2}\right) = A_0N\,\frac{\sin\left(\frac{\phi}{2}\right)}{\frac{\phi}{2}} \tag{4-10}$$

이 된다. 한편 임의의 점에서의 회절광 세기 I_θ 는 진폭 A 의 제곱에 비례하고 중앙최고(중앙극대, $\theta = 0°$)에서의 합성파 진폭은 A_0N 이다. 따라서 임의의 다른 점에서의 회절광의 세기 I_θ 를 중앙최고 회절무늬의 세기 I_0 로 나타내면 다음과 같다.

$$\frac{I_\theta}{I_0} = \left[\frac{A_0N\,\frac{\sin\left(\frac{\phi}{2}\right)}{\phi/2}}{A_0N}\right]^2 = \left[\frac{\sin\left(\frac{\phi}{2}\right)}{\phi/2}\right]^2$$

$$\therefore\ I_\theta = I_0\left[\frac{\sin\left(\frac{\phi}{2}\right)}{\phi/2}\right]^2 \tag{4-11}$$

여기서 $\phi/2 = \beta$ 로 놓으면

$$\therefore\ I_\theta = I_0\left[\frac{\sin\beta}{\beta}\right]^2$$

이 된다.

슬릿 양 끝 점을 지나는 두 광선의 위상차 ϕ 를 슬릿의 폭 a 와 광선의 경사각으로 나타내면

$$\phi = k\Delta = 2\pi/\lambda \cdot a\sin\theta \qquad (4-12)$$

이와 같은 관계식을 통하여 단일 슬릿에 의한 프라운호퍼 회절무늬의 세기를 표시하여 보면 [표 4-1] 과 같다. 여기서 θ 는 광선의 경사각으로 $\sin\theta = \lambda\phi/2\pi a$ 이고, y 는 스크린의 중앙에서 상이 맺힌 점까지의 거리이다. 한편, 슬릿과 스크린 사이의 거리 D 를 충분히 멀리할 때 근사적으로 $y = D\tan\theta \approx D\sin\theta = D\lambda\phi/2\pi a$ 로 표현할 수 있다. [표 4-1] 에서 보는 바와 같이 θ 가 커지면 커질수록 회절무늬의 세기 I 는 약해짐을 알 수 있다.

[그림 4-11] 은 단일 슬릿의 프라운호퍼 회절무늬(diffraction pattern)이다. 이 무늬를 나타내는 식 (4-6) 을 유도하는 데는 다음의 가정이 필요하다.

1) 평면파가 슬릿에 수직으로 입사하며, 이 때 많은 호이겐스 소파원들의 진폭과 위상은 같다.
2) 명암 무늬는 슬릿의 크기와 비교하여 매우 먼 거리에서 관측된다. 즉, 파 원으로부터 스크린 상에 있는 한 점 P 까지 진행하는 광선은 거의 평행이라고 가정한다.
3) 반드시 있어야 할 조건은 슬릿의 폭이 수 파장 정도이어야 한다. 만일, 구멍이나 슬릿이 파장보다 훨씬 넓다면 첫 번째의 최소각은 매우 적어 명암의 구별이 어렵다.

[표 4-1] 단일 슬릿의 프라운호퍼 회절무늬의 세기(계산값)

β	0	$\pi/2$	π	$(3/2)\pi$	2π	$(5/2)\pi$
ϕ	0	π	2π	3π	4π	5π
$\sin\theta$	0	$\lambda/2a$	λ/a	$3\lambda/2a$	$2\lambda/a$	$5\lambda/2a$
y	0	$\lambda D/2a$	$\lambda D/a$	$3\lambda D/2a$	$2\lambda D/a$	$5\lambda D/2a$
상대세기	I_0	$4I_0/\pi^2$	0	$4I_0/9\pi^2$	0	$4I_0/25\pi^2$
	중앙최고점	약간 흐려짐	제1최소점	제1최고점	제2최소점	제2최고점

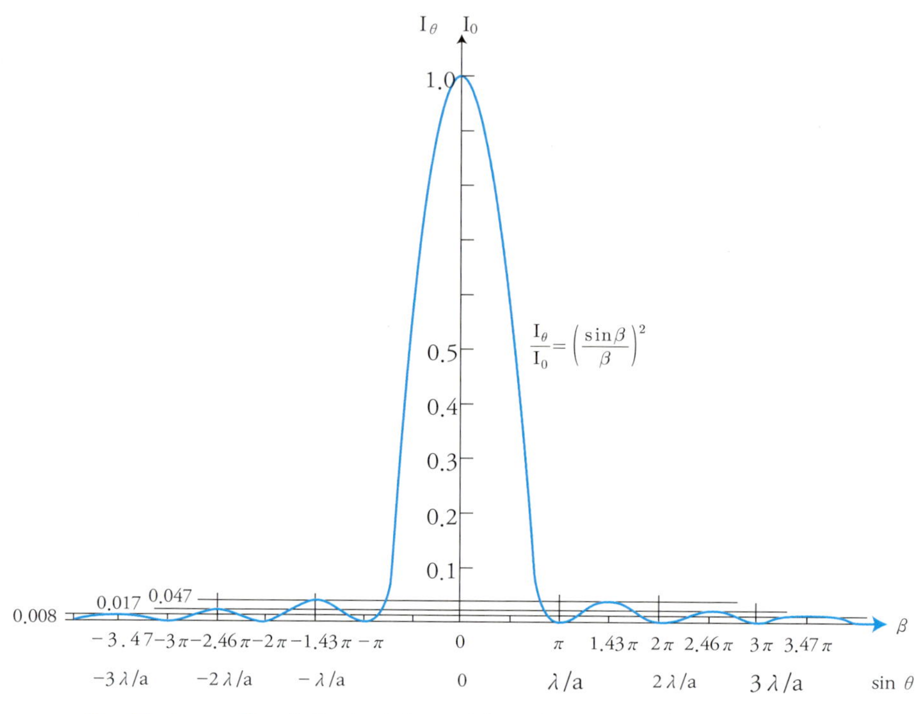

[그림 4-11] 단일 슬릿의 프라운호퍼 회절무늬(복사조도분포)

한편 회절무늬를 슬릿 가까이에서 관찰할 때 그것을 **프레넬 회절**이라고 한다. 기하학적으로 이 무늬를 계산하기는 매우 어렵다.

[그림 4-12] 는 프레넬과 프라운호퍼 무늬 사이의 차이점을 나타내고 있다. [그림 4-12] 의 (a) 는 슬릿 근처에서 관찰된 프레넬 무늬이고 슬릿과 스크린을 차츰 멀리함에 따라 회절무늬는 그림 (a) → 그림 (b) → 그림 (c) 로 변하게 되어 점차적으로 프라운호퍼 무늬 [그림 4-12] 의 (d) 로 변하게 된다.

한편 [표 4-1] 과 [그림 4-11] 의 회절무늬 세기를 [그림 4-13] 과 같이 벡터를 이용하여 해석해 보기로 하자. 슬릿 양 끝에서 나온 두 광선의 위상차를 ϕ 라 하면

- $\phi = 0^\circ$ 일 때 : [그림 4-13] 의 (a) 에서 합성파 진폭은 NA_0 이고, 중앙최고의 회절무늬의 세기 I_0 는 $(NA_0)^2$ 이다.

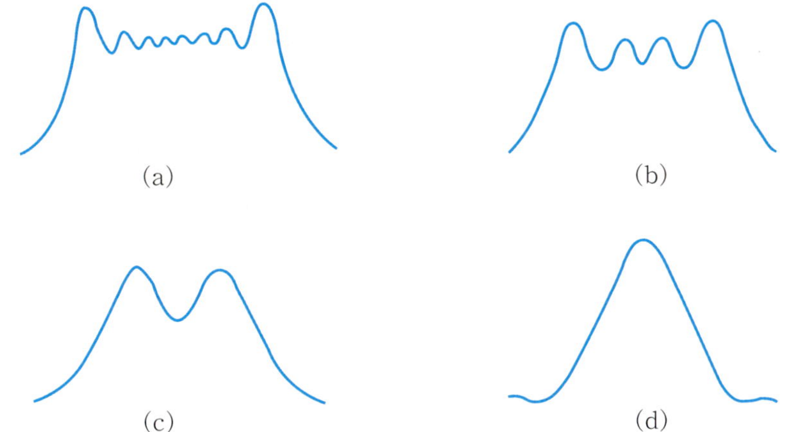

[그림 4—12] 슬릿과 스크린 사이의 거리에 따른 단일 슬릿의 회절무늬 모양

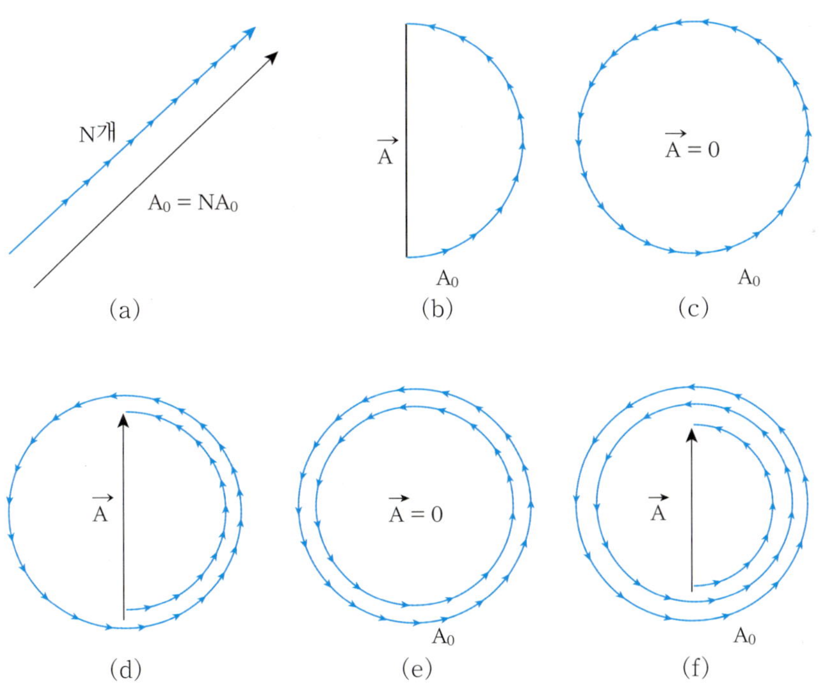

[그림 4—13] 벡터도를 이용한 단일 슬릿에 의한 합성파의 진폭

- $\phi = \pi$ 일 때 : [그림 4-13] 의 (b) 에서 $2\pi r \times 1/2 = NA_0$이고 합성파 진폭 A는 $2r = 2NA_0/\pi$ 이므로, 회절무늬의 세기 I는 $4I_0/\pi^2$ 이다.
- $\phi = 2\pi$ 일 때 : [그림 4-13] 의 (c) 에서 합성파 진폭 A는 0 이고, 회절무늬의 세기 I는 0 이 되어 어두운 무늬가 된다.
- $\phi = 3\pi$ 일 때 : [그림 4-13] 의 (d) 에서 $2\pi r \times 3/2 = NA_0$ 이므로 합성파 진폭 A는 $2r = 2NA_0/3\pi$ 이고, 회절무늬의 세기 I는 $4I_0/9\pi^2$ 이 되어 첫 번째 밝은 무늬가 된다.
- $\phi = 4\pi$ 일 때 : [그림 4-13] 의 (e) 에서 합성파 진폭 A는 0 이고, 회절무늬의 세기 I는 0 이 되어 어두운 무늬가 된다.
- $\phi = 5\pi$ 일 때 : [그림 4-13] 의 (f) 에서 $2\pi r \times 5/2 = NA_0$ 이므로 합성파 진폭 A는 $2r = 2NA_0 / 5\pi$ 이고, 회절무늬의 세기 I는 $I = 4I_0 / 25\pi^2$ 이다.

따라서 이상을 종합하면 다음과 같다.

$$
\begin{aligned}
&\phi = 0^\circ \text{ 인 경우, 중앙 주극대로 밝은 무늬, } I = I_0 \\
&\phi = \pi \cdot 2m \text{ 인 경우, 어두운 무늬} \\
&\phi = \pi \cdot (2m+1) \text{ 인 경우, 밝은 무늬, } I = \left[\frac{2}{(2n+1)\pi}\right]^2 I_0
\end{aligned}
\qquad (4-13)
$$

여기서 m = 1, 2, 3, ……,

n = 0, 1, 2, ……,

또는 식 (4-12) 와 식 (4-13) 을 정리하면 식 (4-3) 과 식 (4-4) 와 같다.

평면 회절격자 (Plane diffraction grating) 4-4

폭이 같고 등간격으로 배열된 수 많은 슬릿이 있다고 하자. 이러한 배열을 가진 슬릿을 **회절격자**(廻折格子)라 한다. 이와 같은 회절격자는 보통 유리나 금속 표면에 다이아몬드로 1 인치(1 inch = 2.54 cm) 길이당 수 만개의 등 간격 홈을 파서 만든다. 이렇게 만들어진 회절격자는 여러 개의 슬릿의 간섭기구로서 광원의 색상을 보기 위해 사용하는 기구이다.

[그림 4-14] 는 평면 회절격자를 통과하는 빛의 경로를 나타낸 것이다. 여기서 각 슬릿의 폭은 파장보다 좁으며 각각의 슬릿 간의 간격은 등 간격을 이루고 있다. 한편, 입사된 평면파는 격자의 왼쪽에서 수직하게 입사한다고 하자. 슬릿이 충분히 좁으면 각 슬릿을 통과한 회절광선이 충분히 넓은 각으로 퍼지게 된다. 이 때 각각의 슬릿에서 회절한 빛들은 서로 간섭을 일으켜서 스크린 상에는 명암의 간섭무늬가 나타나게 된다. [그림 4-15] 는 슬릿을 통과해 나온 광선이 회절하여 각 극대점으로 향하는 모습을 나타낸 것이다.

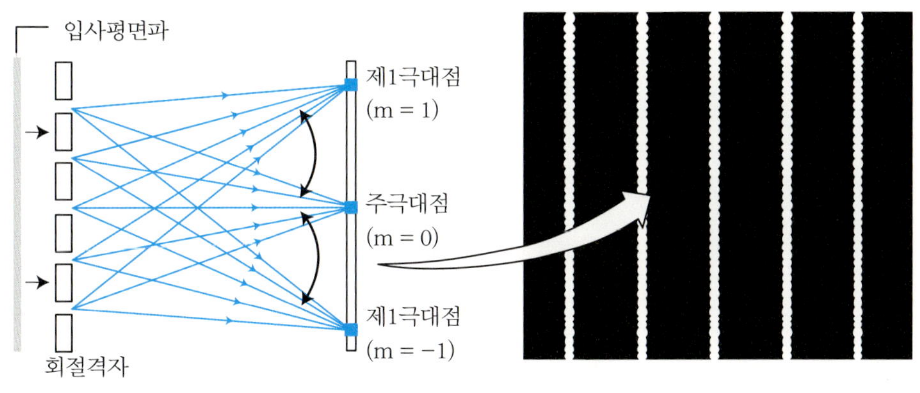

[그림 4—14] **평면회절 격자**

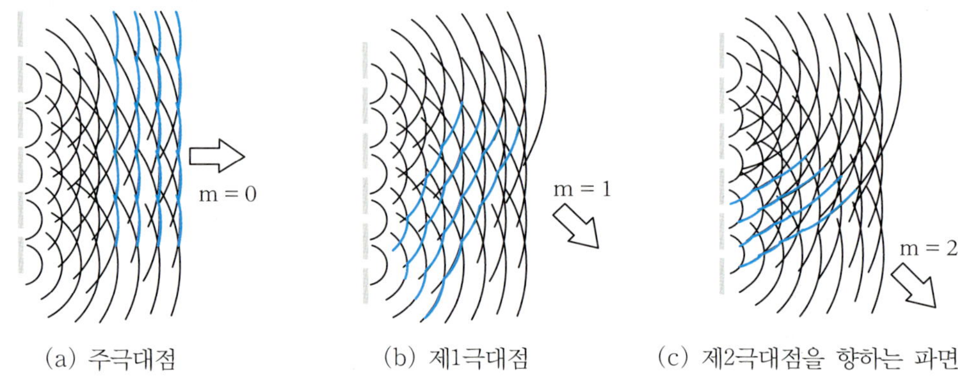

[그림 4—15] **다중 슬릿과 회절 현상**

1. 경로차(△)

격자에 수직하게 입사한 광선에 대하여 각 θ 방향으로 회절하여 진행하는 광선을 생각하자. 격자의 오른쪽에 볼록렌즈를 설치하여 무한원에 맺는 회절상을 그 렌즈의 상측 초평면 위에 맺도록 하였다. 두 인접한 격자 간의 간격을 d 라 하면 인접한 격자를 통과한 두 광선의 경로차 △ 는 [그림 4-16] 에서와 같이

$$\triangle = d \sin \theta$$

가 된다.

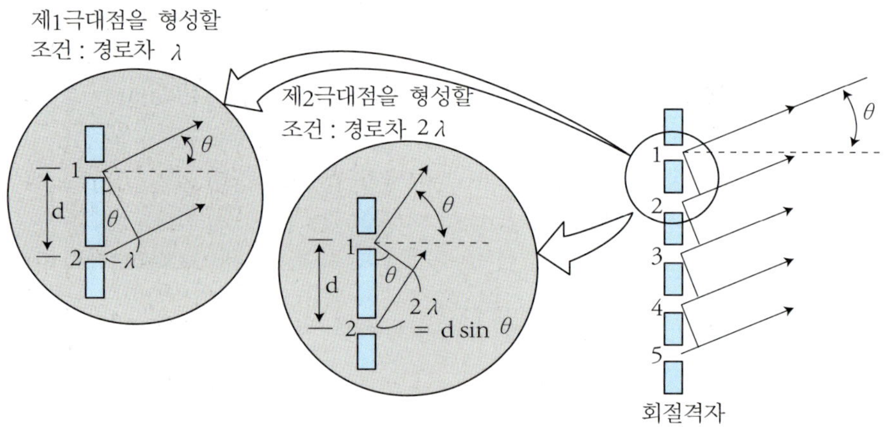

[그림 4—16] **인접한 두 광선의 경로차**

2. 회절격자에 의한 회절무늬

회절격자에서 회절각 θ 에 대한 회절무늬의 명암조건에 대하여 알아보도록 하자. 인접한 격자에서 나온 두 광선의 경로차 $\triangle$ 는

$$\triangle = m\lambda \quad : \text{보강간섭 (밝은 무늬)}$$
$$\triangle = \left(m + \frac{1}{2}\right)\lambda \quad : \text{소멸간섭 (어두운 무늬)} \qquad (4-14)$$

여기서 m 는 정수로서 m = 0, 1, 2, 3,……

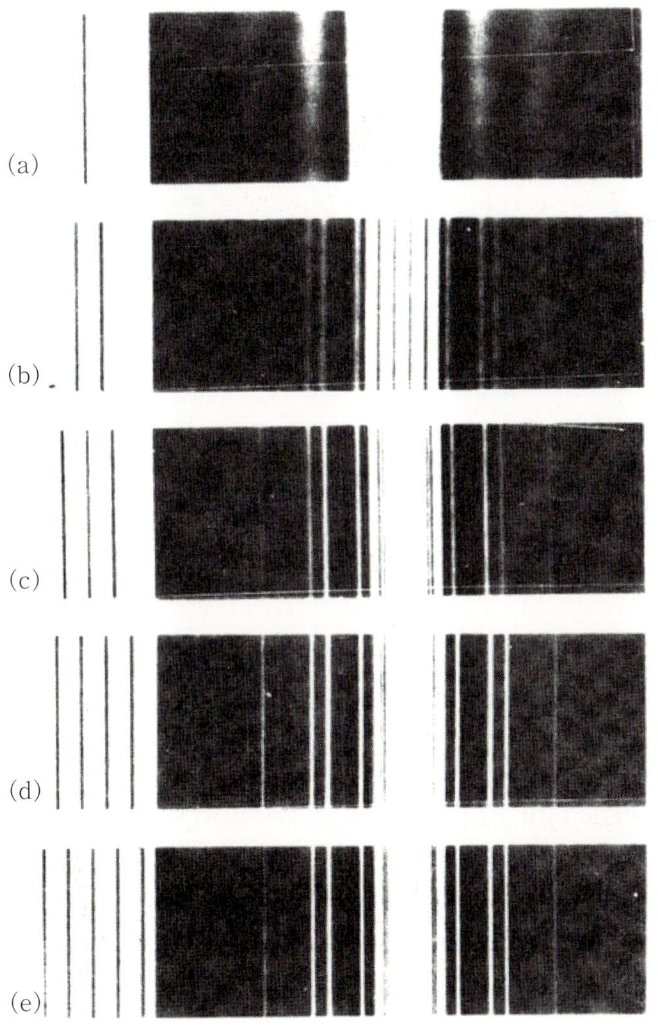

[그림 4-17] 슬릿의 수와 회절 간섭된 무늬의 비교

이다. 다중 슬릿(회절격자)에서 회절된 광선이 스크린 상에 맺는 간섭무늬는 슬릿수가 많을수록 [그림 4-17] 과 같이 더욱 선명하게 되며 날카로워진다. 만약 백색광을 사용하면 여러 색깔의 빛에 대한 회절정도가 각각 다르므로 색분산 효과가 일어난다. 그러므로 간섭무늬는 선명하지 않게 된다. 다중 슬릿에 의하여 회절된 빛이 간섭하여 선명한 무늬를 얻으려면 격자 간격은 빛의 파장 정도가 되게 하여야 한다. 가시광선에 사용되는 격자는 보통 1인치당 10,000에서 30,000개 정도의 슬릿선을 가진다.

3. 회절격자와 분광기

회절격자는 프리즘을 대신하여 빛을 스펙트럼(spectrum)으로 분산시키는 분광학에 널리 사용된다. 헬륨이나 나트륨 기체와 같은 소량의 기체가 들어 있는 방전관에 높은 전압을 걸면 가속된 전자와 기체원자의 충돌 때문에 여기되고 이로 인하여 기체 특유의 파장을 갖는 빛을 낸다. 파원으로부터 나온 이러한 빛은 좁은 슬릿과 렌즈를 통과하여 평행광선이 되어 평면 회절격자에 수직으로 입사한다. 격자에서 회절된 평행광선이 격자로부터 먼 거리에 있는 스크린 위에 맺혀지는 상을 관측하는 대신에 [그림 4-18] 과 같이 망원경으로 집속시켜서 눈으로 직접 볼 수 있다. 이때 망원경은 각 θ 가 측정될 수 있도록 회전하는 판 위에 놓여 있다. 각 $\theta = 0^\circ$ 에서는 모든 파장의 빛이 중앙 최고 주극대로 나타난다. 중앙 최고로부터 첫 번째 최고의 간섭은 빛의 파장에 따라 각 θ 가 다른 위치에 생긴다. 따라서 파원으로부터 방출된 빛속에 포함된 각 파장이 분리된 상을 얻을 수 있게 되며 이것을 **스펙트럼 선**(線)이라 한다. 이러한 회절격자를 이용한 분광기의 중요한 특징은 거의 같은 파장 λ_1 과 λ_2 를 가진 빛을 측정하는 능력이다. 예를 들면, 파장 λ_1, λ_2 인 두 개의 특정적인 빛을 포함하고 있는 기체가 내는 빛이 인접한 슬릿의 간격이 d 인 평면 회절격자에 수직하게 입사할 때, 이 격자에 의해서 만들어지는 m 번째 분리

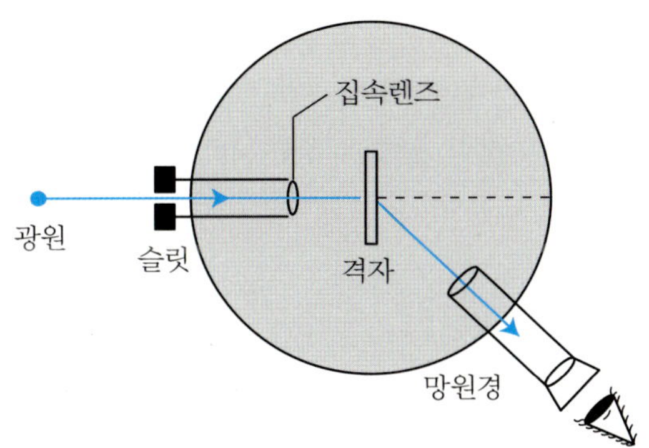

[그림 4—18] **회절 격자 분광기**

각을 밝은 무늬를 갖는 조건식 $d\sin\theta = m\lambda$를 이용하여 구하여 보자.

파장 λ_1 인 광선의 회절각 θ_1 은

$$\sin\theta_1 = m\cdot\lambda_1/d,$$

여기서, 각 θ_1 이 작은 각이라면

$$\theta_1 = m\cdot\lambda_1/d$$

로 놓을 수 있다. 그리고 파장 λ_2 인 광선의 회절각 θ_2 는

$$\sin\theta_2 = m\cdot\lambda_2/d,$$

여기서, 각 θ_2 도 작은 각이라면

$$\theta_2 = m\cdot\lambda_2/d$$

로 나타낼 수 있다. 따라서 두 광선의 분리각 $\triangle\theta$ 은

$$\triangle\theta = \theta_2 - \theta_1 = m\cdot\frac{\lambda_2-\lambda_1}{d} = m\cdot\frac{\triangle\lambda}{d}$$

$$\therefore\ \triangle\theta = m\cdot\frac{\triangle\lambda}{d} \qquad (4-15)$$

여기서, $\triangle\lambda = \lambda_2 - \lambda_1$, $\lambda_1 < \lambda_2$

m=1, 2, 3, … 이다.

예제 | 4-3

가시광선 스펙트럼의 한계는 약 400 nm 에서 700 nm 까지이다. 빛이 1인치(2.54 cm) 당 15,000 개의 슬릿을 갖는 평면 회절격자에 수직하게 입사할 때 이 격자에 의해서 만들어진 제 1차 가시광선 스펙트럼의 분리각 $\triangle\theta$는 얼마인가?

풀이 두 인접한 격자간격 d 는

$$d = \frac{2.54\ \text{cm}}{15{,}000} = 1.69 \times 10^{-6}\ \text{m}$$

따라서 제1차 가시 광선 스펙트럼의 분리각은 근사적으로

$$\triangle\theta = m \cdot \frac{\triangle\lambda}{d} = 1 \times \frac{(700 - 400) \times 10^{-9}\ \text{m}}{1.69 \times 10^{-6}\text{m}} = 0.177\ \text{rad}$$

∴ 제1차 가시광선 스펙트럼 분리각 $\triangle\theta = 0.177\ \text{rad}$

4-5 분해능 (Resolution)

광학기구의 분해능(分解能)이란 매우 가까이 있는 물체들의 상을 분리하는 능력을 말한다. 망원경이나 현미경은 기하광학의 법칙을 사용해서 가능한 한 작은 물체의 상을 볼 수 있도록 만든 것이다. 그러나 빛은 회절하므로 인접한 둘 이상의 물체에 대한 상을 분리하는 데는 한계가 있다. [그림 4-19] 의 (a) 는 두 개의 평 볼록렌즈 사이에 슬릿의 폭이 d 인 단일슬릿을 장치한 광학계로 미소거리에 놓인 두 물점 S_1, S_2 의 회절상이 스크린 위에 맺는 것을 나타낸 것이다. 상 S_1', S_2'의 주극대 사이의 간격이 어느 정도 떨어져 있는 가에 따라 두 상은 완전히 둘로 독립되어 보이기도 하고, 겹쳐져서 겨우 분리되어 보이기도 하고, 너무 가까워 하나로 보이기도 할 것이다. [그림 4-19] 의 (b) 와 같이 주극대 사이에 각각의 제1 극소점(밝기 세기가 0 임) 이 일치하는 경우는 상 S_1', S_2' 는 완전히 분리되어 보일 것이고, [그림 4-19] 의 (c) 와 같이 주극대점에 상대의 제1 극소점이 겹치게 될 때는 회절상 S_1' 와 S_2' 는 겨우 분리되어 보일 것이며,

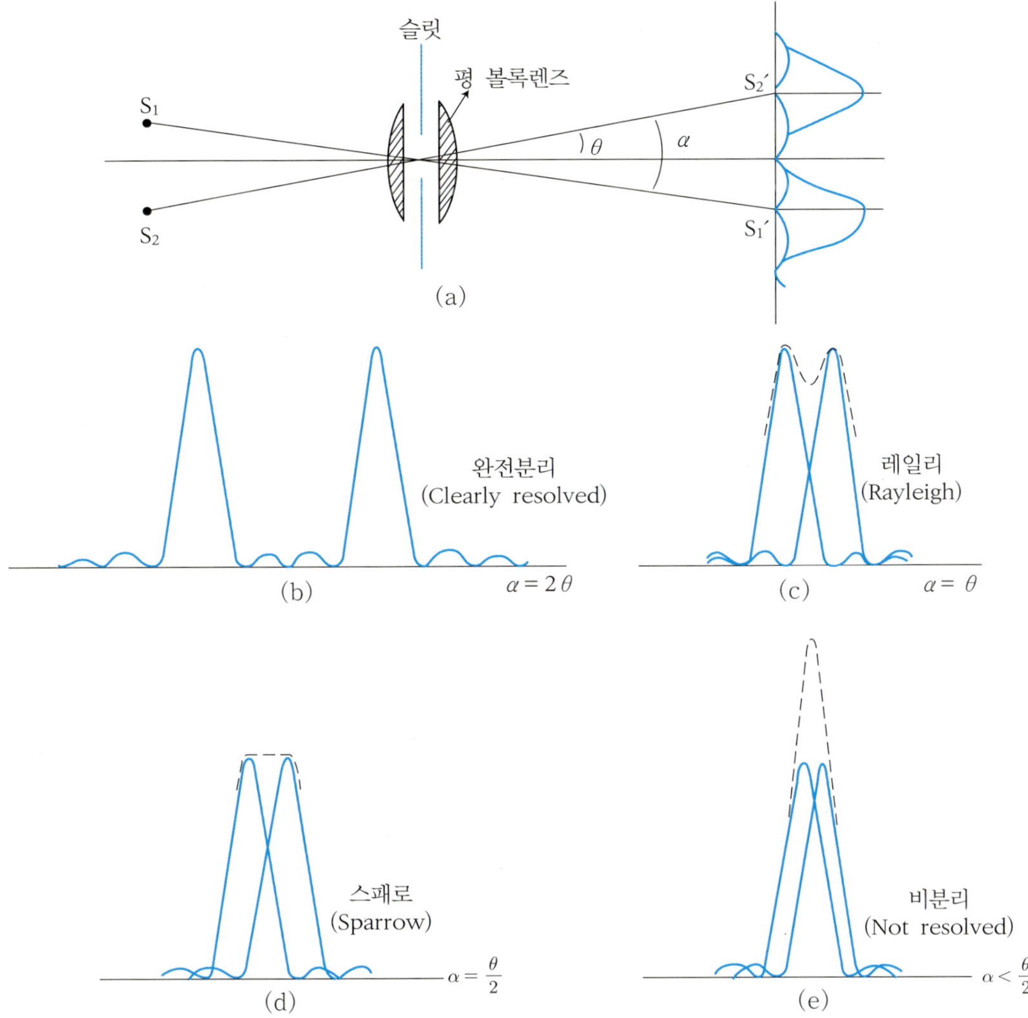

[그림 4—19] 두 물점의 회절상에 의한 분해능

[그림 4−19] 의 (d), (e) 와 같이 주극대점 사이의 거리가 더 가까워져서 제1 극소점이 상대의 주극대점을 넘어서게 되어 겹쳐지면 두 회절상 S_1' 와 S_2' 는 분리되지 않고 하나로 보이게 될 것이다. 미소거리에 놓인 두 물체 S_1, S_2 의 슬릿에 의한 회절상 S_1' 와 S_2' 의 주 극대점을 겨우 구별할 수 있는 최소 분리각 θ 를 개구의 분해능이라 한다. 즉, 슬릿(개구) 분해능이란 [그림 4−19] 의 (c) 와 같이 주극대점에 상대의 제1 극소점이 겹

치게 될 때의 분리각 θ 를 말한다.

1) 슬릿 개구의 분해능

상 S_1' 와 S_2' 의 최소 분리각(분해능)은 주 극대점과 제1 극소점이 슬릿과 이루는 각과 같으므로, 슬릿의 폭이 d 이면

$$d \sin\theta = \lambda, \qquad \sin\theta = \lambda / d$$

이고, 슬릿의 폭 d 에 비하여 슬릿과 스크린 사이의 거리가 대단히 멀기 때문에 각 θ 는 대단히 작은 각이 되며, $\sin\theta \approx \theta$ 로 놓을 수 있다. 따라서 직선 슬릿의 분해능 θ 는

$$\theta = \lambda / d \qquad (4\text{-}16)$$

이다. 두 회절상 S_1', S_2' 의 주 극대점이 슬릿과 이루는 각을 α 라 할 때, $\alpha < \theta$ 이면 두 상은 분리되지 않고, $\alpha = \theta$ 이면 겨우 분리되며, $\alpha > \theta$ 이면 완전히 분리되어 보인다.

2) 원형 슬릿의 분해능

망원경이나 기타 광학기구는 원형 슬릿이므로 슬릿의 분해능 식 (4-16) 을 수정하여야 한다. 원형 슬릿에 의한 회절은 단일 슬릿에 의한 회절과 비슷하지만 원통 좌표를 이용하기 때문에 좀 더 복잡한 수학적 분석이 필요하므로 여기서는 결과만 소개한다. 즉, 원형 슬릿에서 중앙 주극대로부터 제1 극소점까지의 분리각 θ 를 빛의 파장 λ 와 구멍의 지름 D 로 나타내면

$$\theta = \sin^{-1}\frac{1.22\,\lambda}{D} \qquad (4\text{-}17)$$

가 되며 **레일리의 기준**(Rayleigh's criterion)이라 한다.

식 (4-17) 에서 θ 는 극히 작으므로 $\sin\theta \approx \theta$ 로 놓을 수 있다. 따라서 최소분리각 θ 는 다음과 같이 간단히 표현할 수 있다.

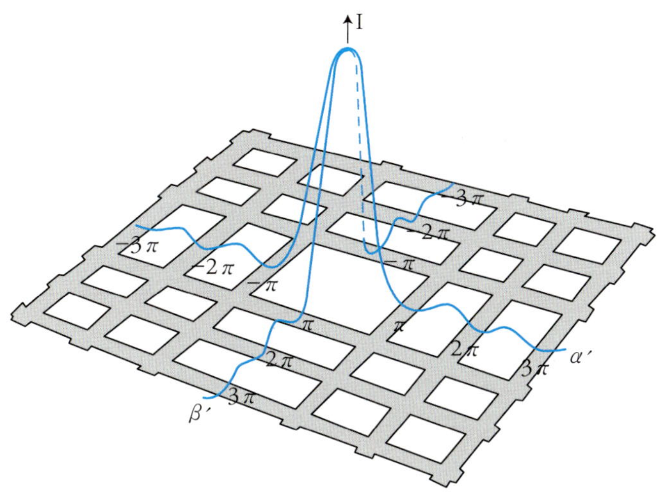

[그림 4–20] 원형 슬릿에 의해 회절 간섭된 빛의 세기

$$\theta = 1.22\frac{\lambda}{D} \text{ rad} \qquad (4-18)$$

식 (4−16) 과 (4−18) 은 1.22 라는 상수를 제외하고는 유사하다.

예제 4-4

두 물체를 눈으로 감지할 수 있는 최소 분리각은 얼마인가? 또 물점이 눈으로부터 100 m 떨어진 거리에 있을 때 두 물점 간의 거리는 최소 얼마나 떨어져 있어야 분리되어 보이게 되는가? 단, 눈동자의 지름은 5 mm 이고, 빛의 파장은 600 nm 라고 한다.

풀이 최소 분리각 θ는

$$\theta = 1.22\frac{\lambda}{d} = 1.22 \times \frac{600 \times 10^{-9}\text{ m}}{5 \times 10^{-3}\text{ m}} = 1.46 \times 10^{-4}\text{ rad}$$

동공으로부터 100 m 떨어진 곳에서 분리되어 보이게 될 두 물점 간의 최소 거리 y는

$y = 100 \tan\theta = 100 \times 1.46 \times 10^{-4}(\text{m}) = 1.46\,(\text{cm})$

$\therefore \theta = 1.46 \times 10^{-4}\text{ rad}, \quad y = 1.46\text{ cm}$

연·습·문·제 I

01 다음은 회절의 특성에 관한 설명이다. 옳은 것을 모두 고르시오.

① 슬릿의 폭이 좁을수록 회절이 크게 일어난다.
② 빛의 파장이 길수록 회절성이 크다.
③ 입사광이 단색광이면 백색광보다 회절이 선명하게 일어난다.
④ 빛의 진동수가 클수록 회절성이 크다.

02 다음 전자기파 중에서 회절성이 가장 큰 것은?

① γ선
② 극초단파
③ 가시광선
④ X선

03 다음 중 빛의 회절 때문에 생기는 현상은 무엇인가?

① 무지개
② 빨간색 사과
③ 비눗방울
④ 공작새의 깃털

04 광학 현미경의 최대 배율에는 한계가 있다. 빛의 어떤 현상 때문인가?

① 굴절
② 반사
③ 산란
④ 회절

05 단일 슬릿의 폭과 슬릿에서 스크린까지의 거리를 일정하게 하고 빛의 파장이 긴 빛으로 변화시키면 회절 무늬는 어떻게 되는가?

① 넓어진다.
② 좁아진다.
③ 밝아진다.
④ 변화가 없다.

06 이중 슬릿에 의한 회절 간섭 실험에서 단색광 대신 백색광을 사용하면 스크린 위에 착색된 간섭무늬를 볼 수 있다. 스크린 중앙점에서부터 나타나는 색의 배열순서로 옳은 것은?

① 보라색, 노란색, 빨간색
② 빨간색, 노란색, 보라색
③ 빨간색, 보라색, 노란색
④ 노란색, 빨간색, 보라색

07 파장이 600 nm인 단색광이 슬릿을 통과한 후, 슬릿의 중앙으로부터 30° 에 위치한 스크린 상에 첫 번째 어두운 무늬를 형성하였다. 슬릿을 통과한 광선의 경로차는 얼마인가?

08 유리판에 1 cm 당 6,240개의 선을 그은 회절 격자가 있다. 여기에 어떤 단색광을 수직으로 비출 때 최초의 스펙트럼 회절각은 21.6° 였다. sin 21.6° = 0.368이라면 단색광의 파장은 대략 얼마인가?

09 폭이 0.02 mm 인 단일 슬릿에 파장 600 nm 인 단색광이 슬릿에 수직하게 입사한다. 슬릿으로부터 1 m 떨어진 스크린 위에 맺혀진 프라운호프 회절상에서

a) 제 1극대점의 위상차는 얼마인가?

b) 중앙 주극대점에서 제 1극대점까지의 스크린상의 거리는 몇 cm 인가?

c) 제 1극대의 회절강도는 중앙극대 강도 I_0 의 몇 배가 되는가?

10 1 cm 당 10,000개의 슬릿을 갖는 평면 회절 격자에 파장이 600 nm 인 단색광이 격자에 수직하게 입사하였다. 1차 최고를 형성하는 회절각 θ를 구하여라.

11 파장 700 nm 인 적색광을 회절격자에 수직으로 비추어 격자로부터 5 m 떨어진 스크린 위에 회절무늬를 측정하였다. 중앙의 밝은 선에서 20 cm 떨어진 곳에 1차 밝은 선이 보였다. 이 회절격자 간격은 몇 mm 인가?

12 0.5 mm 에 400개의 선을 그은 회절격자에 수직으로 단색광을 비추었더니 30° 의 방향으로 제 1차 밝은 선이 생겼다면 이 빛의 파장은 얼마인가?

13 어떤 산에 직경이 약 5 m 인 망원경이 있다. 이 망원경으로 4 광년 떨어진 2 중 항성을 관측하려고 한다. 물론 하늘은 이상적인 조건이라고 가정한다면 분해능은 회절에만 관계될 것이다. 그 별들의 상이 분리되기 위한 항성 최소분리각은 얼마가 되어야 할까? 단, 별 빛의 파장은 600 nm 이다.

연·습·문·제 II

01 다음 중 빛의 회절에 의한 현상은 어느 것인가?

① 기름방울의 색무늬 ② 뉴턴의 원무늬 ③ 영의 실험
④ 복굴절 ⑤ 광통신

02 다음은 회절에 대한 설명이다. 잘못된 것은?

① 슬릿의 폭이 좁을수록 회절무늬의 폭은 좁아진다.
② 중앙의 밝은 무늬의 폭 너비는 슬릿의 폭에 반비례 한다.
③ 투과된 빛의 세기 중, 대략 85%가 중앙의 밝은 무늬에 집중된다.
④ 두 손가락으로 틈새를 만들어 눈에 갖다 대고 멀리 떨어진 가로등을 보면 밝고 어두운 회절 무늬가 보인다.
⑤ 회절무늬는 슬릿의 폭보다 상당히 넓은 폭을 가진 중앙의 밝은 무늬 주의로 어두운 무늬와 밝기가 급격히 감소하는 밝은 무늬가 교차로 반복하여 나타나는 모양을 한다.

03 다음은 회절을 이용하면 설명될 수 있는 것들이다. 관련없는 것은?

① 빛의 파장을 결정할 수 있다.
② 우주의 팽창을 설명할 수 있다.
③ 원자들의 배열구조를 알아낼 수 있다.
④ 망원경을 통해 볼 수 있는 천체의 한계를 결정할 수 있다.
⑤ DVD (650 nm 레이저광 사용)는 CD (780 nm 레이저광 사용)보다 더 많은 정보를 저장할 수 있다.

04 회절과 관련된 설명이다. 잘못된 것은?

① 그림자 영역에 밝은 줄무늬가 생긴다.
② 밝은 영역에 어두운 줄무늬가 생긴다.
③ 하나의 틈새는 여러 개의 미세한 부분들로 나누어 생각한다.
④ 좁은 틈새를 통과한 빛은 기하광학에서 예측한 빛의 경로를 따른다.
⑤ 다수의 틈새들로 이루어지 틈새배열로부터 나오는 명암무늬는 틈새의 간격, 크기에 따라 달라진다.

05

빛의 간섭과 회절에 대한 설명이다. 잘못된 것은?

① 두 현상 모두 파동성으로 설명될 수 있다.
② 두 현상 모두 중첩원리와 호이겐스 원리를 따른다.
③ 회절이란 여러 개의 빛 파동들에 의한 간섭무늬 효과이다.
④ 백열전등을 이용하면 회절현상을 뚜렷하게 관측할 수 있다.
⑤ 하나의 틈새는 여러 개의 미세한 부분들 각각에서 나온 빛들의 간섭 효과로 설명될 수 있다.

06

백색광이 회절격자에 입사된다. 입사방향과 가장 작은 각을 이루는 빛은 어느 것인가?

① 빨강 ② 노랑 ③ 초록
④ 파랑 ⑤ 보라

07

회절이 잘 일어나는 경우는 다음 중 어느 때인가?

① 진폭이 클 때 ② 파장이 길 때 ③ 진동수가 클 때
④ 파수가 클 때 ⑤ 초기위상이 클 때

08

수면파가 회절 할 때 변하는 것은?

① 진행방향 ② 파장 ③ 진동수
④ 속도 ⑤ 위상

09

단일슬릿의 양끝 A, B를 지나는 파장 λ인 빛이 P점에서 첫 번째 어두운 무늬를 만든다. $\overline{AP}-\overline{BP}$ 는?

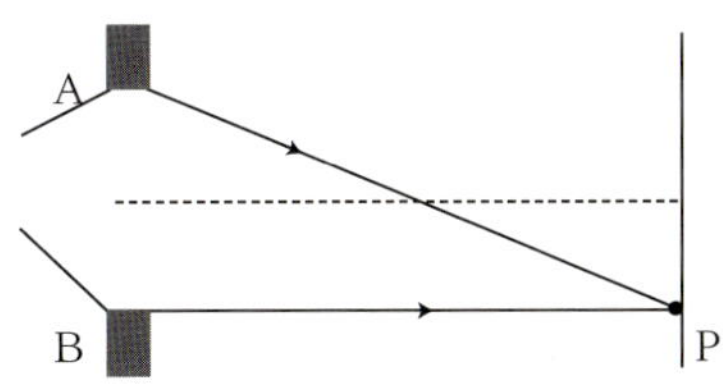

① $\frac{\lambda}{4}$ ② $\frac{\lambda}{2}$ ③ λ
④ 2λ ⑤ 4λ

10

파장 633 nm 인 레이저광이 단일슬릿을 통과하여 5.0 m 떨어져 있는 스크린에 회절무늬를 만든다. 중심의 밝은 무늬로부터 첫 번째 위치한 양쪽의 극소점들 사이의 거리가 40 mm 로 측정되었다. 슬릿의 폭은 몇 mm 인가?

① 0.13　② 0.16　③ 0.19
④ 0.22　⑤ 0.25

11

왼쪽 그림은 회절무늬를 나타내는 그림이며, 오른쪽 그림은 폭 a 인 단일슬릿에서 나온 빛의 여러 가지 경로를 나타낸다. 극대점인 A 와 극소점인 B 를 나타내는 경로를 올바르게 나타낸 것은?

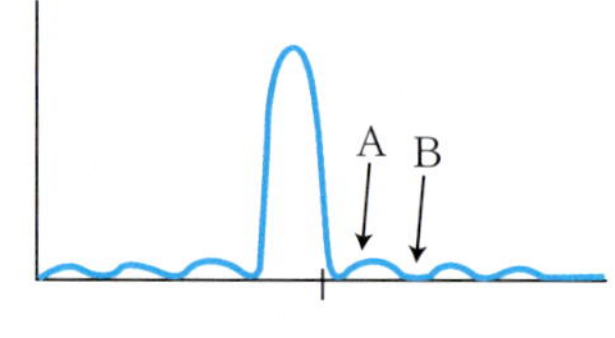

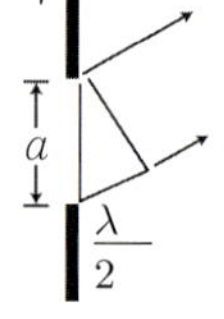

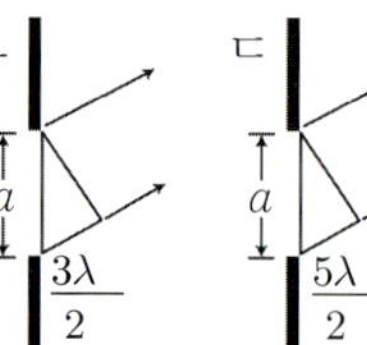

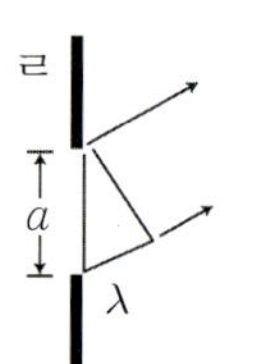

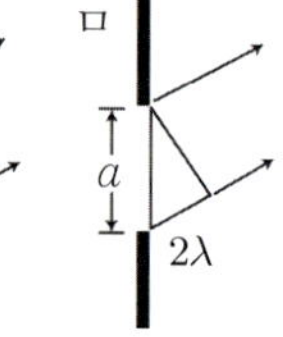

① ㄱ, ㄹ　② ㄴ, ㅁ　③ ㄷ, ㄹ
④ ㄹ, ㅁ　⑤ ㄱ, ㄷ

12

파장만 달리 한 상태에서 단일슬릿 실험을 하여 얻은 회절무늬들이다. 긴 파장이 사용된 것부터 나열하면?

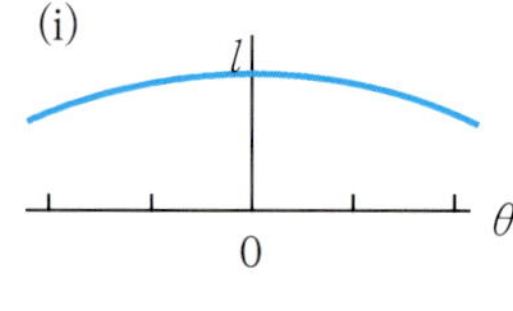

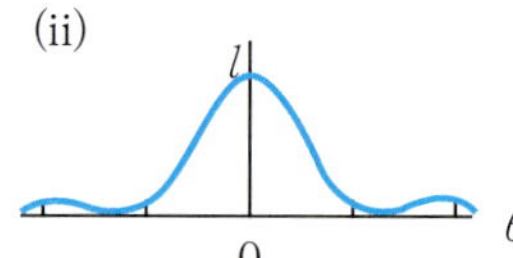

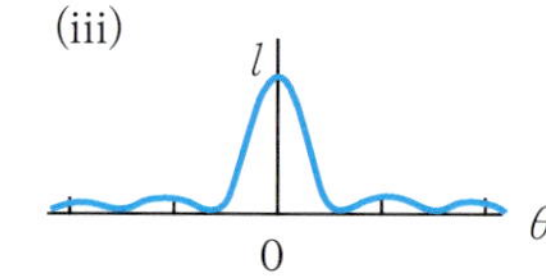

① (ii) − (i) − (iii)　② (iii) − (ii) − (i)
③ (i) − (ii) − (iii)　④ (iii) − (i) − (ii)
⑤ (ii) − (iii) − (i)

13

단일슬릿에 의한 회절무늬 실험을 한다. 중심의 밝은 무늬로부터 첫 번째 어두운 무늬를 만들어내는 단일슬릿 윗부분과 아래 부분을 통과하는 빛의 경로차는?

① $\frac{\lambda}{4}$　② $\frac{\lambda}{2}$　③ λ
④ 2λ　⑤ 4λ

14 파장 500 nm 의 단색광을 이용해 단일슬릿에 의한 회절무늬를 관측한다. 파장을 600 nm 로 바꾸면 회절무늬의 간격은 몇 배로 되는가?

① 0.5 ② 0.83 ③ 변함이 없다.
④ 1.2 ⑤ 2

15 광학현미경의 최대 배율을 제한하는 현상은?

① 반사 ② 굴절 ③ 간섭
④ 회절 ⑤ 편광

16 녹색레이저를 사용하여 단일슬릿 회절실험을 하고 있다. 회절무늬 사이의 간격을 넓혀 보다 잘 관측하고 싶다면 어떻게 하여야 하는가?

① 청색레이저로 교체한다.
② 레이저의 출력을 높인다.
③ 슬릿의 폭을 좁은 것으로 교체한다.
④ 슬릿과 스크린 사이의 거리를 가깝게 한다.
⑤ 레이저와 단일슬릿 사이의 거리를 넓힌다.

17 초점거리 800 mm, 지름 50 mm 인 수렴렌즈가 있다. 파장 550 nm 의 빛을 사용하여 1 km 떨어진 두 물체를 구별하려 한다. 두 물체는 최소한 몇 mm 이상 떨어져 있어야 하는가?

① 10.1 ② 11.2 ③ 12.3
④ 13.4 ⑤ 15.5

18 그림은 구경이 다른 세 망원경으로 찍은 두 별에 대한 사진이다. 그림과 관련된 사항 중 잘못 설명하고 있는 것은?

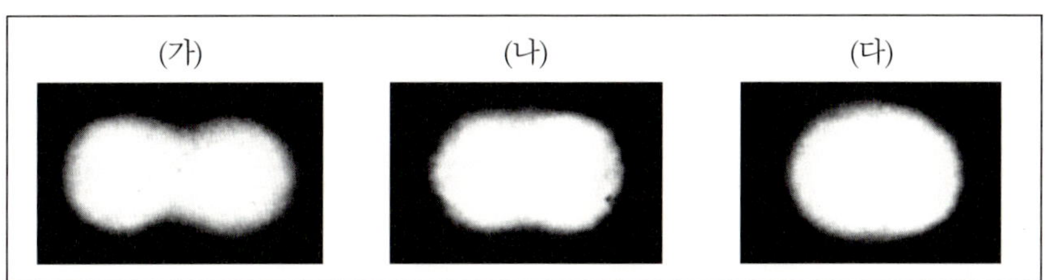

① 분해능이 가장 좋은 것은 (가)이다.
② 가장 큰 구경의 망원경이 사용된 것은 (나)이다.
③ 최소분리각이 가장 작은 것은 (가)를 찍은 망원경이다.
④ 별이 점 모양이 아닌 크기가 있는 원 모양으로 찍힌 것은 회절 현상 때문이다.
⑤ (다)의 경우는 두 별에 의한 회절무늬의 중심의 극대가 거의 일치해 있다.

19

589 nm 의 나트륨광을 이용하여 현미경을 본다. 대물렌즈의 지름은 0.9 cm 이다. 이 현미경이 분해할 수 있는 한계각은 몇 rad 인가?

① 5.0×10^{-5} ② 6 ③ 7.0×10^{-5}
④ 8.0×10^{-5} ⑤ 9.0×10^{-5}

20

대물렌즈의 지름은 0.9 cm 이다. 가시광선을 사용하여 최대로 분해할 수 있는 한계각은 얼마인가? 가시광선의 범위는 380 ~ 780 nm 이다.

① 5.2×10^{-5} ② 6.2×10^{-5} ③ 7.2×10^{-5}
④ 8.2×10^{-5} ⑤ 9.2×10^{-5}

21

기름을 세포와 대물렌즈 사이에 채우고 현미경으로 세포를 관찰한다. 이 기름은 현미경의 분해능에 어떤 영향을 미칠까?

① 세포에 따라 다르다.
② 분해능을 좋게 한다.
③ 분해능을 나쁘게 한다.
④ 아무런 영향을 미치지 않는다.
⑤ 현미경에 사용되는 빛의 파장에 따라 달라진다.

22

구경 30 cm 인 망원경으로 인공위성의 사진을 찍었다. 인공위성에는 두 대의 레이저가 1 m 떨어져 장착되어 있다고 한다. 레이저에서 방출되는 녹색광의 파장은 500 nm 인 것으로 측정되었으며, 사진에서는 이 두 대의 레이저가 간신히 구분되어 보인다. 인공위성의 고도는 약 몇 km 인가?

① 100 ② 200 ③ 300
④ 400 ⑤ 500

23 현미경의 분해능을 높이기 위해 물체와 대물렌즈 사이에 굴절률 1.4인 기름을 채웠다. 기름이 없었을 때의 분해 한계각이 0.70 rad 이었다면 기름을 채웠을 때의 한계 분해각은 몇 rad 인가?

① 0.50 ② 0.62 ③ 0.74
④ 0.86 ⑤ 0.98

24 초점거리 50 mm, 구경 25 mm 인 카메라 렌즈로 9.0 m 떨어진 두 물체를 보았더니 겨우 분해되어 보인다. 두 물체는 서로 몇 mm 떨어져 있나? ($\lambda =$ 555 nm으로 계산하라.)

① 0.20 ② 0.24 ③ 0.28
④ 0.32 ⑤ 0.36

25 다음과 같은 사양을 갖는 망원경들이 있다. 분해능이 가장 좋은 순서로 나열된 것은?

(i) 파장 20 cm 를 탐지하는 지름 100 m 인 전파 망원경
(ii) 파장 12 μm 를 탐지하는 지름 2.0 m 의 적외선 망원경
(iii) 파장 550 nm 를 탐지하는 지름 2.0 m 인 광학 망원경
(iv) 파장 100 nm 를 탐지하는 지름 1.0 m 의 자외선 망원경

① (i) – (ii) – (iii) – (iv) ② (ii) – (i) – (iv) – (ii)
③ (iii) – (iii) – (ii) – (iv) ④ (iv) – (iii) – (ii) – (i)
⑤ (ii) – (iii) – (i) – (iv)

26 어떤 빛이 폭 750 μm 인 단일슬릿에 입사되고 있다. 중심에 있는 가장 밝은 무늬와 첫 번째 어두운 무늬 사이의 거리가 1.40 mm 로 측정되었다. 빛의 파장은 몇 nm 인가? 이때 슬릿과 스크린 사이의 거리는 2 m 이다.

① 425 ② 450 ③ 475
④ 500 ⑤ 525

27

고도 1,000 km 상공에 32 km 떨어져 있는 두 대의 인공위성으로부터 3.7 cm 마이크로파가 송출되고 있다. 지상에 두 송신파를 분해할 수 있는 수신용 접시 안테나를 설치하려고 한다. 이 접시 안테나의 지름은 적어도 몇 m 이어야 하나?

① 0.91 ② 1.41 ③ 2.75
④ 3.67 ⑤ 4.59

28

목성 표면의 200 km 떨어져 있는 두 지형을 분해하여 볼 수 있는 망원경을 설계하려고 한다. 적절한 망원경의 지름은 몇 m 인가?
(지구–목성 거리: 5.93×10^{8} km, 파장은 550 nm 를 사용한다.)

① 1.5 ② 2.0 ③ 2.5
④ 3.0 ⑤ 3.5

29

허블우주망원경보다 분해능이 10배나 높은 지름 25 m 의 거대마젤란망원경(Giant Magellan Telescope) 이 2018년 칠레의 라스캄파나스에 설치된다. 이 사업에는 미국, 호주, 한국 3개국이 참여하고 있는 데, 총 사업비는 7억 4천만 $ 로 우리나라는 2009 년 10 % 의 지분을 투자하여 지름 1 m 인 부경(secondary mirror) 를 제작한다. 지구에서 가장 가까운 별인 켄타우루스자리의 α 별에 목성 크기의 행성이 있다면, 이 망원경으로 분해하여 볼 수 있을까? (목성 크기 140,000 km, 지구에서 α 별까지의 거리 4.4 광년, 파장 550 nm)

Chapter 5
편광
Polarization

빛의 간섭과 회절현상에 의해 빛이 파동임을 알 수 있었다. 그러나 이들 현상은 빛이 어떤 종류의 파동인지 알 수 없었다. 즉 빛이 횡파인지 또는 종파인지, 진동이 직선 방향인지 원형을 그리는지 또는 타원을 그리는 지는 확인할 수 없었다. 이와 같은 성질은 편광현상에 의해서 측정되어질 수 있다. 여기서는 편광되어 있지 않는 보통 광선으로부터 편광을 얻는 주요 방법에 관하여 알아보고자 한다.

편광 (Polarization) 5-1

빛이 간섭과 회절현상에 의해서 파동의 일종임을 확인하였다. 사실 Young 과 Fresnel 당시만 해도 빛이 종파일 것이라고 염두에 두고 있었다. 그러나 빛의 편광에 대한 연구가 시작되면서 빛이 횡파라는 사실에 대해 알게 되었다. 그러면 빛은 횡파인지 종파인지를 어떻게 알 수 있는가?

줄의 한쪽 끝을 잡고 흔들면 횡파가 줄을 타고 전파된다. 이때 진동은 한 방향으로만 일어나는데, 이러한 파동을 한쪽방향으로 **편광**되었다고 한다. 만약 하나의 전자가 어떤 요인에 의해 수평방향으로 진동한다면 수평방향으로 편광된 전자기파를 발생하고 수직방향으로 진동한다면 수직방향으로 편광된 전자기파를 발생한다. 이 경우 전자기파는 횡파이다. 그러나 태양빛이나 촛불, 형광등, 백열등과 같은 빛은 같은 전자기파이기는 하나 편광되어 있지는 않다. 왜냐하면 이 빛을 만들어내는 전자들의 진동방향이 무질서하게 다르기 때문이다. 그러나 이러한 빛을 편광필터 또는 폴라로이드판에 비추면 이를 통과한 빛은 편광이 된다. 만약 폴라로이드판의 편광축이 수직이면 편광된 빛의 진동방향은 수직이 된다.

이러한 편광에 관한 이해를 돕기 위하여 [그림 5-1] 과 같이 설치한 후 간단히 실험해 보자. 폴라로이드(polaroid) 판이나 결정축에 나란하게 자

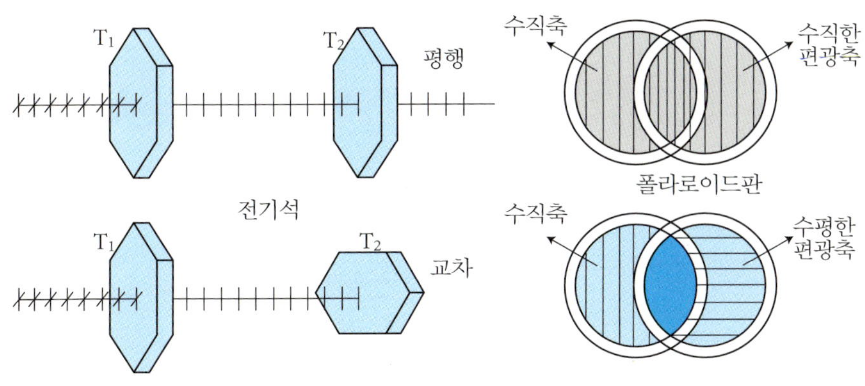

[그림 5—1] 편광판에 의한 빛의 편광

른 얇은 전기석과 같은 폴라로이드판을 두 장 겹쳐서 광원 앞에 놓고 그 중 하나를 서서히 돌려가면서 보면 밝게 보일 때와 어둡게 보일 때가 있다. 이런 현상은 폴라로이드판을 90° 회전시킬 때마다 반복하여 나타난다. 즉, 두 폴라로이드판의 결정축이 평행일 때는 밝게 보이고, 서로 수직일 때는 어둡게 보인다.

이것은 빛이 진행방향과 수직한 모든 방향(방사형)으로 진동하는 횡파이기 때문에 나타나는 현상이다. 즉, [그림 5-2] 와 같이 첫 번째 폴라로이드판 T_1 에 도달하면 빛의 진동방향이 첫 번째 폴라로이드판 T_1 의 결정축 또는 편광축에 나란한 것만 통과시킨다. 이때 만약 두 폴라로이드판 T_1, T_2 의 편광축이 나란하면 빛이 통과되어 밝게 보이며, 수직하면 첫 번째 폴라로이드판 T_1 으로 통과된 빛이 두 번째 폴라로이드판 T_2 를 통과하지 못하여 어둡게 보인다. 이 때 하나의 폴라로이드판을 통과한 빛과 같이 한쪽 방향으로만 진동하는 빛을 **직선 편광**(liner polarization)이라 하며 [그림 5-3] 과 같다. 이는 마치 줄의 운동과 같다. 이와 같은 편광현상은 횡파에서만 갖는 특성이며, 음파와 같은 종파는 편광되지 않는다. 이는 폴라로이드판의 결정축 방향에 관계없이 통과된 음은 그대로 변함없이 종파 그대로 전달되기 때문이다.

이미 언급한 바와 같이 단일 파원이나 단일 전자에 의해 생긴 대부분

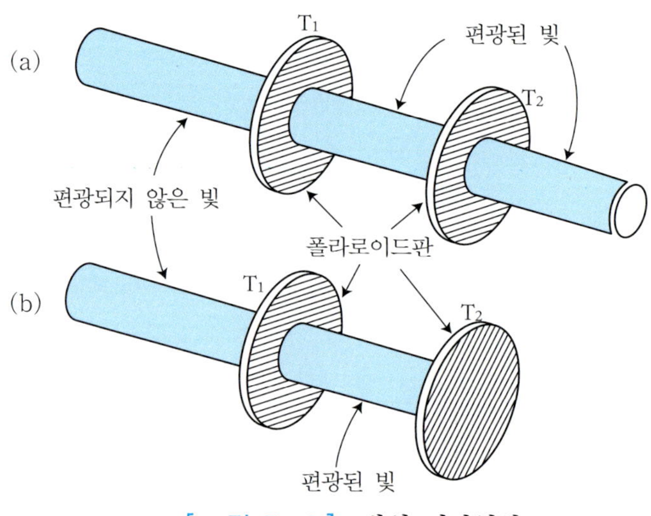

[그림 5—2] **빛의 편광현상**

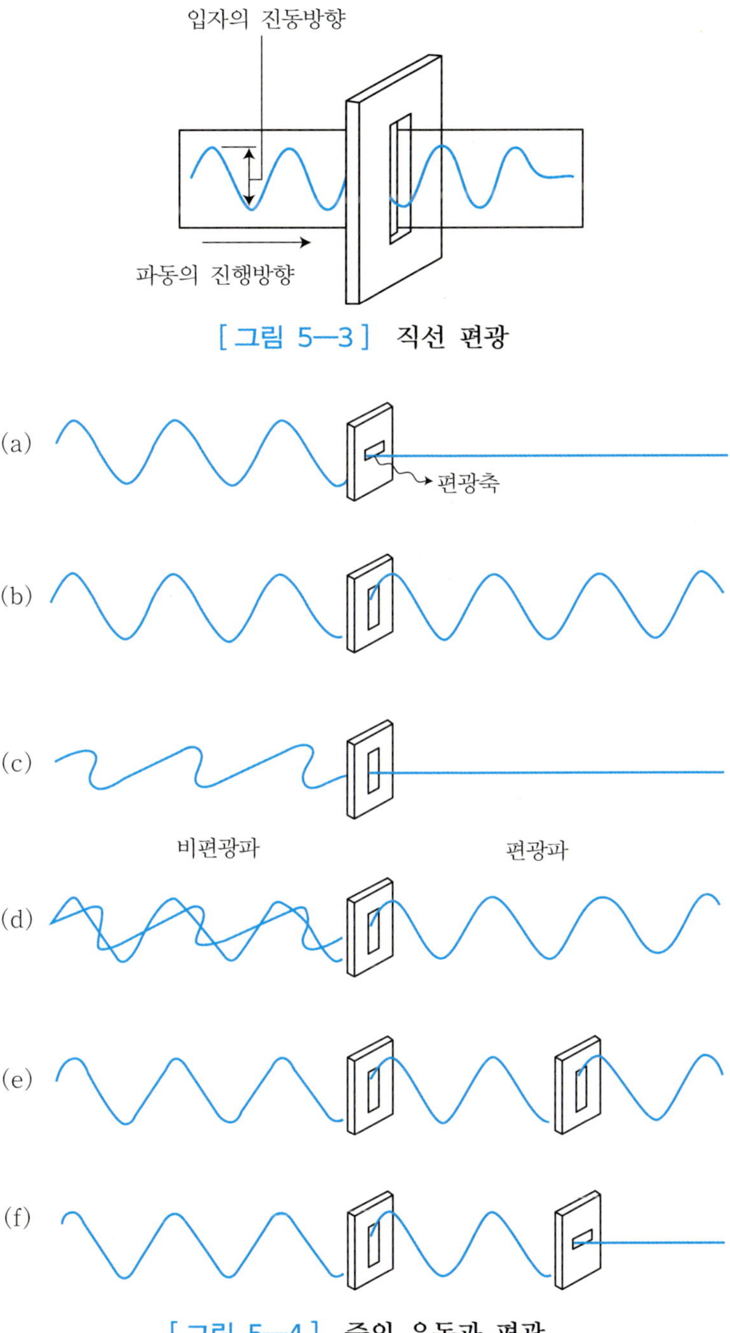

[그림 5-3] 직선 편광

[그림 5-4] 줄의 운동과 편광

의 횡파는 편광되어 있다. 즉, [그림 5-4] (a), (b), (c), (e), (f) 와 같이 줄의 한쪽 끝의 진동으로 생긴 파동이나 하나의 원자 또는 단일 전기 쌍

극자 안테나에 의해 생긴 전자기파는 처음부터 편광된 파이다. 이들 각각은 편광판 축의 방향에 따라 통과할 수도 있고 통과되지 않을수도 있음을 알 수 있다. 이와 같은 현상은 음파와 같은 종파에서는 일어나지 않는다. 예를 들어 벽에 세로 또는 가로로 구멍을 낸 후 벽 왼쪽 방에서 다른 쪽 방을 향하여 소리를 지른다면 구멍의 방향에 관계없이 똑같이 들리기 때문이다. 이것은 종파가 편광되지 않는다는 의미이다. 한편 [그림 5-4] (d) 나 [그림 5-5] 와 같이 여러 개의 파원이나 태양빛 등에 의해 생긴 파동은 처음부터 편광된 파는 아니나 편광판에 의해 편광시킬 수 있음을 보여주고 있다.

[그림 5-6] 과 같이 빛을 포함한 전자기파는 전기파와 자기파가 서로 수직하게 어울려져 있으나 눈이나 대부분의 검출기는 자기장 B 보다 전기장 E 에 더 민감하기 때문에 전자기파를 논할 때는 이들 중 전기장에 의한 전기파만 고려하였다. [그림 5-7] 은 수학적으로 복잡하므로, 이해

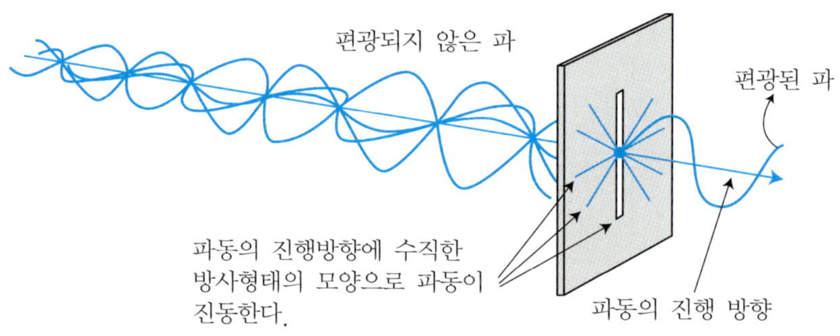

[그림 5-5] 편광되지 않은 파의 진행 경로

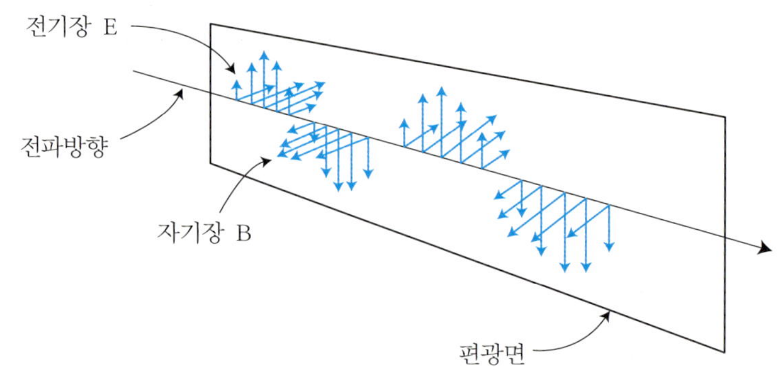

[그림 5-6] 전자기파

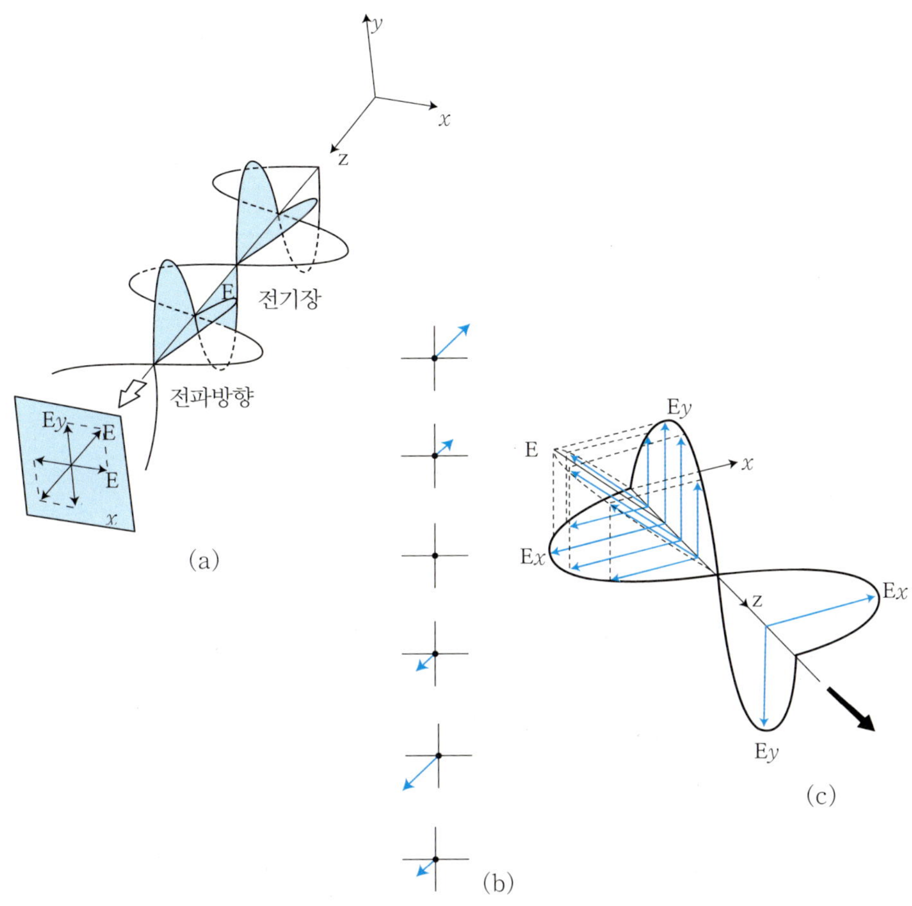

[그림 5—7] **전기파(전기장의 x, y 성분 및 크기, 전파방향)**

를 돕기 위하여 그림만을 통하여 편광되지 않은 전기파의 크기와 전파방향을 나타낸 것이다.

예제 5-1

빛이 횡파라는 사실은 빛의 어떤 현상으로부터 알 수 있는가?

① 회절 ② 간섭 ③ 편광 ④ 굴절

풀이 소리와 같은 종파는 편광되지 않는다.

답 ③

5-2 빛의 흡수와 편광 (Absorption of light and polarization)

1938년 랜드(E. H. Land)가 발명한 폴라로이드라고 하는 물질에 의한 빛의 흡수 및 투과를 통하여 편광을 얻을 수 있다. 이 물질은 제조 과정에서 판이 한 쪽 방향으로 잡아 당겨질 때 일렬로 정렬되는 긴 사슬고리로 된 탄화수소를 포함하고 있다. 그 판을 요오드 용액 속에 담그면 그 사슬고리들은 전도성을 갖는다. 그 사슬고리에 나란한 전기장 벡터 E를 갖는 빛이 입사되면 그 사슬고리들을 따라 전류가 흐르게 되어 빛 에너지가 흡수되고, 이 사슬고리에 수직인 전기장 벡터 E를 갖는 빛이 입사되면 빛은 투과된다. [그림 5-8]과 같이 사슬고리에 수직인 방향을 **투과축**(transmission axis)이라 한다. 따라서 전기장 E가 투과축에 나란하면 모든 빛은 투과되고 전기장 E가 투과축에 수직이면 모든 빛은 흡수된다. 즉, y 방향의 투과축을 갖는 폴라로이드판에 x 방향으로 빛이 입사할 때 y 방향의 전기장 E를 갖는 광속(光束)만 투과하며 투과광은 직선편광이 된다.

[그림 5-9]는 투과축이 서로 θ 각을 이루는 두 장의 폴라로이드판이 있을 때 전기장 E의 y 방향 성분과 z 방향 성분을 그림으로 나타낸 것이다. 광원 쪽의 편광소자(偏光素子)를 **편광자**(polarizer)라 하고 관측자 쪽의 편광소자를 **검광자**(analyzer)라 한다.

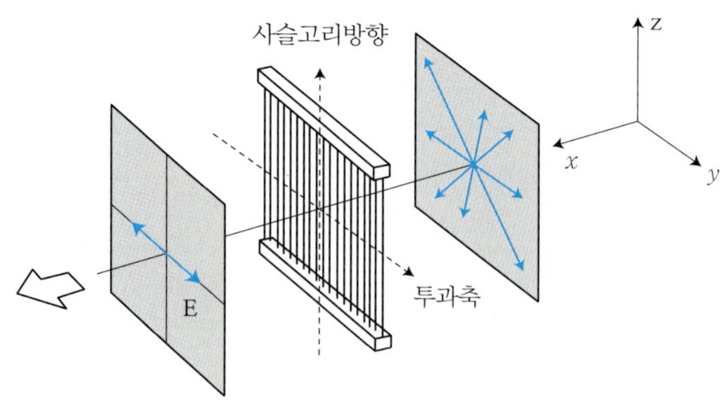

[그림 5-8] **폴라로이드**(polaroid)**의 원리**

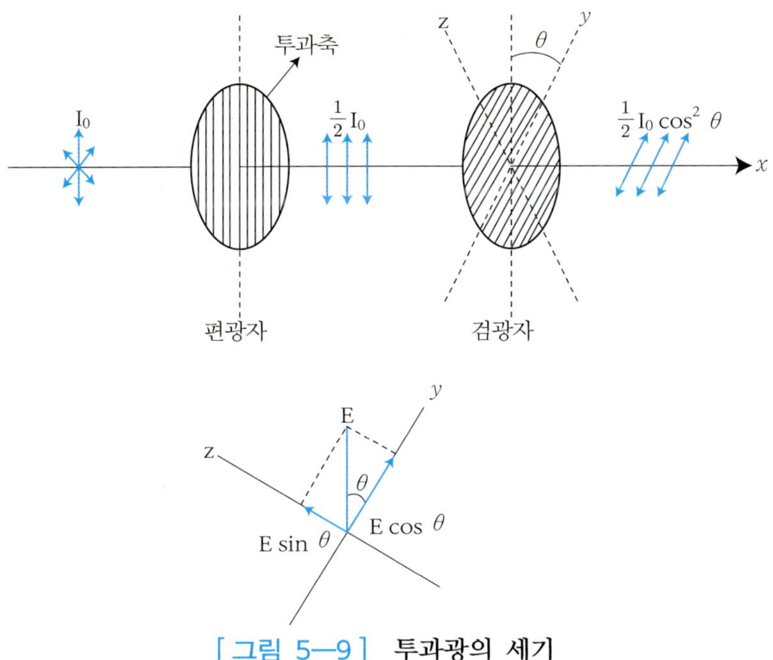

[그림 5—9] **투과광의 세기**

(편광자와 검광자의 두 투과축이 θ 각을 이룰 때 x 방향으로 빛이 진행하는 경우)

이제 광원으로부터 방출된 빛이 편광자와 검광자를 투과한 후 빛의 세기에는 어떤 변화가 생겼는지 알아보자.

광원으로부터 세기가 I_0 인 빛이 입사할 때 편광자를 통과한 빛의 세기는 $1/2\ I_0$ 로 감소하게 된다. 왜냐하면 이상적인 편광자는 편광축에 평행인 성분만 통과시키기 때문에 빛의 세기는 절반으로 줄어든다. 한편 편광자를 투과한 빛의 전기장 벡터 E 는, 검광자의 투과축에 나란한 성분 E_y 와 수직인 성분 E_z 로 다음과 같이 분해할 수 있다.

$$E_y = E \cos \theta, \qquad E_z = E \sin \theta$$

여기서 편광자를 투과한 광선들은 검광자의 투과축 y 에 나란한 성분, 즉 $E_y = E \cos \theta$ 의 진폭을 가지고 있는 평행성분만이 검광자를 통과할 수 있다. 그러므로 최종적인 투과광의 세기 I 는 투과광 진폭의 제곱에 비례하므로 다음과 같이 정리할 수 있다.

$$I = I_m \cos^2\theta$$

여기서 I_m 은 검광자까지 도달되는 최대의 빛의 세기이므로 처음 편광자를 통과한 빛의 세기 $\frac{1}{2}I_0$ 가 된다. 따라서

$$I = 1/2 \cdot I_0 \cdot \cos^2\theta \qquad (5-1)$$

가 된다. 식 (5-1) 을 **말류스(Malus)의 법칙**이라 하며 [그림 5-10] 에 나타내었다. 즉, 최종적으로 투과되는 빛의 세기 I 는 편광자와 검광자의 투과축이 이루는 각 θ 에 따라 달라진다.

예를 들면,

① $\theta = 0^\circ$: 두 투과축이 나란하면 최종 투과광의 세기 I 는

$$I = 1/2\ I_0$$

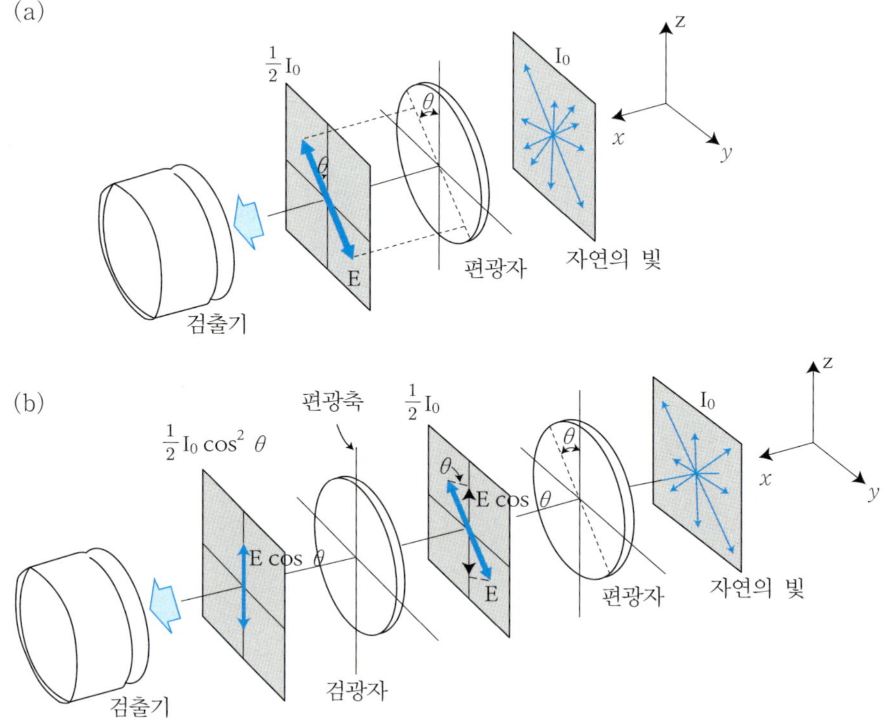

[그림 5—10] **말류스의 법칙**(x **방향으로 빛이 진행**)

② $\theta = 90^\circ$: 두 투과축이 서로 수직이면 최종 투과광의 세기 I는

I = 0, 완전 흡수되어 어둡게 된다.

③ $\theta = 45^\circ$: 두 투과축이 서로 45°를 이루면 최종 투과광의 세기 I는

$$I = 1/2\ I_0 \cos^2 45^\circ = 1/4\ I_0$$

④ $\theta = 60^\circ$: 두 투과축이 서로 60°를 이루면 최종 투과광의 세기 I는

$I = 1/2\ I_0 \cos^2 60^\circ = 1/8\ I_0$ **로 입사광의 세기** I_0 **의 1/8 배만 투과한다.**

예제 | 5-2

입사광의 세기가 I_0 인 빛이 편광자와 검광자를 투과해 나가고 있다. 이때 편광자와 검광자 투과축이 45° 라면 최종적으로 투과해 나간 빛의 세기는 얼마인가?

풀이 식 (5-1)을 이용하면 $I = \frac{1}{2} I_0 \cos^2 \theta = \frac{1}{2} I_0 \cos^2 45 = \frac{1}{4} I_0$ 이므로 최종적으로 투과된 빛의 세기는 $\frac{1}{4} I_0$ 이다.

빛의 반사와 편광 (Reflection of light and polarization) 5-3

1. 직선 편광(Linear polarization)

전자기학에 의하면 어떠한 종류의 빛이든지 모두 횡파이며, 여기서 진동하고 있는 양(量)은 전기적 벡터와 자기적 벡터로 나타낼 수 있는데, 이들은 서로 수직하다. 여기서는 편의상 광파의 진동을 전기장 벡터로만 표현하기로 하자.

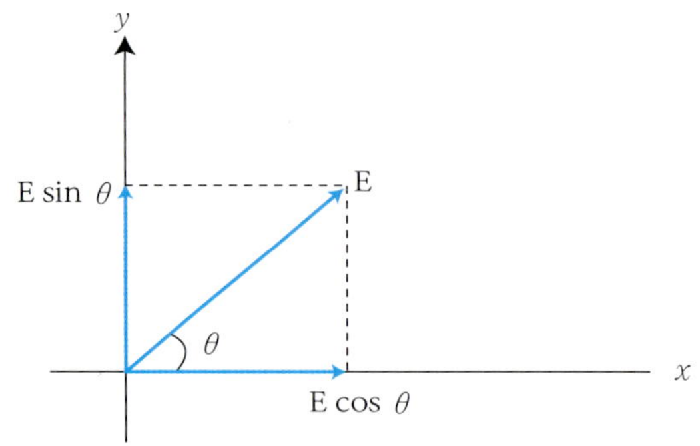

[그림 5—11] **전기장 벡터의 분해**

[그림 5-11]은 광파의 진폭을 전기장 벡터 E로 나타낸 것이다.

진동방향이 x축과 θ의 각을 이룬다면 이 광파 진폭의 x 및 y 성분은 각각 E cos θ와 E sin θ로 분해할 수 있다. 같은 방법으로 자연광이 편광자를 통과하면 직선편광이 되므로 이러한 개개의 직선편광을 어떤 물질에 입사시키면 입사면에 수직한 성분과 수평한 성분 등, 두 개의 성분으로 분해 할 수 있다. 또 같은 방법으로 자연광이 어떤 물질에서 반사 또는 굴절될 때에도 반사 및 굴절광선속의 전기장 벡터 x 및 y 성분의 양을 분석함으로서 그 물질의 반사 및 굴절성을 쉽게 이해할 수도 있다.

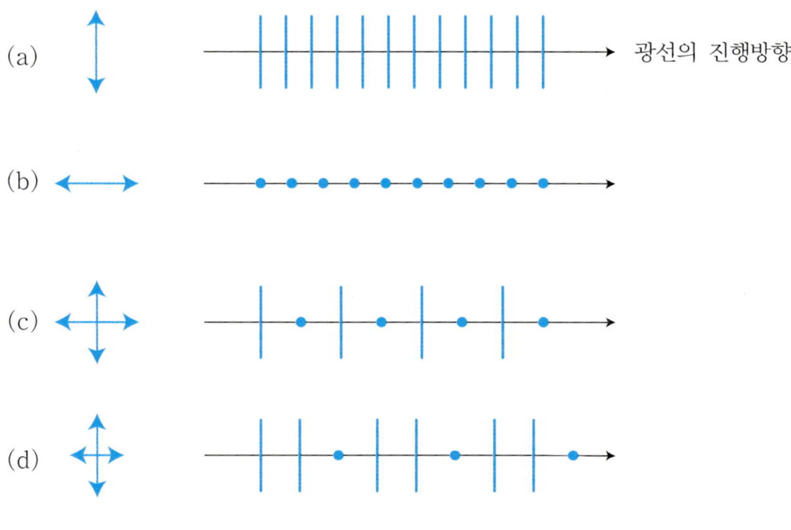

[그림 5—12] **직선편광 광선속과 보통 광선속**

[그림 5-12] 는 반사 및 복굴절 등의 자연광 편광현상을 설명하기 위한 표현방법에 관하여 소개한 것이다. 따라서 다음절을 이해하기 위하여 아래 방법을 익혀두기 바란다.

(a) 는 입사면에 수직하게 진동하는 직선편광을 나타낸 것이고,

(b) 는 입사면에 평행한 방향으로 진동하는 직선편광을 나타낸 것이며,

(c) 는 보통광선속과 같이 입사면의 모든 가능한 방향, 즉 방사형으로 진동하는 직선편광이 혼합된 것을 나타낸 것이며,

(d) 는 입사면에 수직한 진동이 평행방향의 진동보다 많이 포함된 것을 나타낸 것이다.

이제부터 이와 같은 표현 방법을 사용하여 반사 및 복굴절 등의 자연광 편광현상을 설명하고자 한다.

2. 반사에 의한 편광 (Polarization by reflection)

입사광이 어떤 투명한 물체의 표면에 부딪치면 광선의 일부는 반사하고 일부는 굴절하게 된다. 이때 입사각의 크기에 따라 정도의 차이는 있으나 입사면에 수평하게 진동하는 광파가 입사면에 수직하게 진동하는 광파보다 잘 반사하는 것을 실험적으로 알 수 있다.

[그림 5-13] 의 (a) 는 자연광이 반사체 면에 90° 아래로 입사하는 경우를 나타낸 것으로 이 때 반사광선의 진동이나 굴절광선의 진동은 모든 방향으로 균일하게 혼합되어 있다. [그림 5-13] 의 (b) 는 자연광이 반사체 면에 비스듬이 입사한 것을 나타낸 것으로 반사광선의 진동방향은 입사면에 나란한 광선이 수직한 광선보다 많이 포함되어 있고, 반면 굴절광선은 그 반대가 된다. 즉, 반사할 때에는 광선의 진동방향이 입사면에 나란한 광선이 잘 반사된다.

[그림 5-13] 의 (c) 는 반사광선과 굴절광선이 이루는 각이 90° 가 되는 경우 반사광선은 입사면에 나란한 방향으로 진동하는 광선으로만 완전

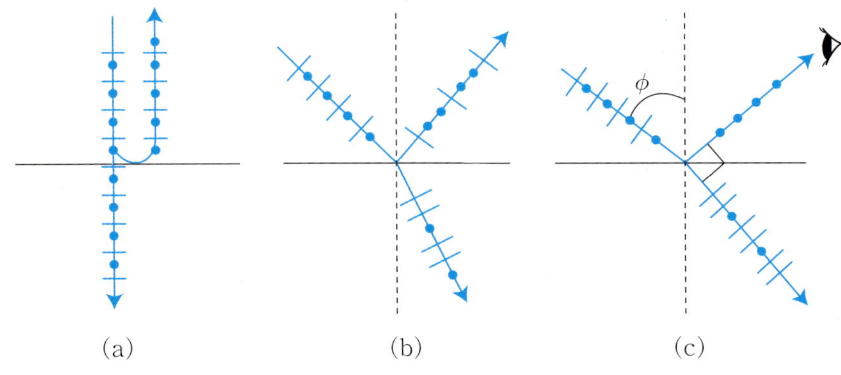

[그림 5—13] **반사에 의한 편광**

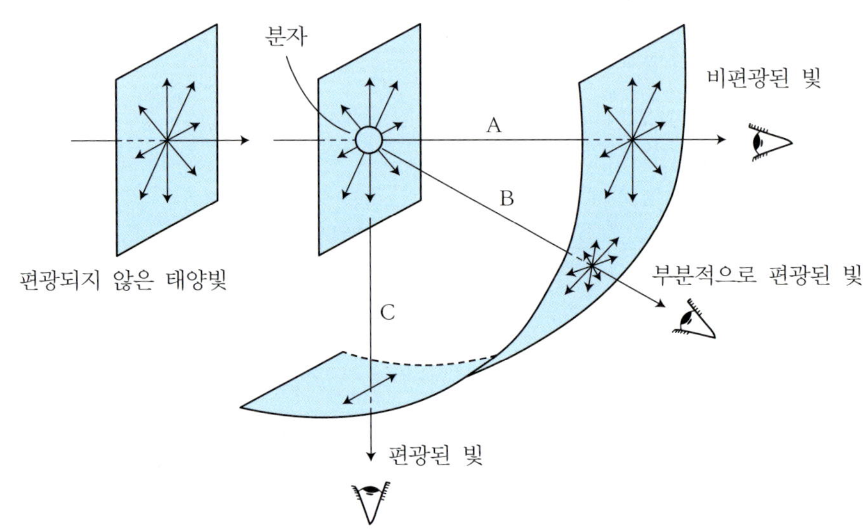

[그림 5—14] **비편광된 광선속의 산란경로에 따른 편광정도**

직선편광이 되며, 굴절광선은 입사면에 수직한 방향으로 진동하는 광속이 나란한 방향으로 진동하는 광선보다 많은 혼합광이다. 이것은 반사체가 입사면에 나란하게 진동하는 광선을 전부 반사시키는 것이 아니고 일부만 반사시킴으로서 잔여광이 굴절광 속에 포함되기 때문이다. 이해를 돕기 위하여 [그림 5-14] 와 [그림 5-15] 를 참조하기 바란다.

[그림 5-14] 는 비편광된 빛이 반사면을 구성하고 있는 분자들에 의해

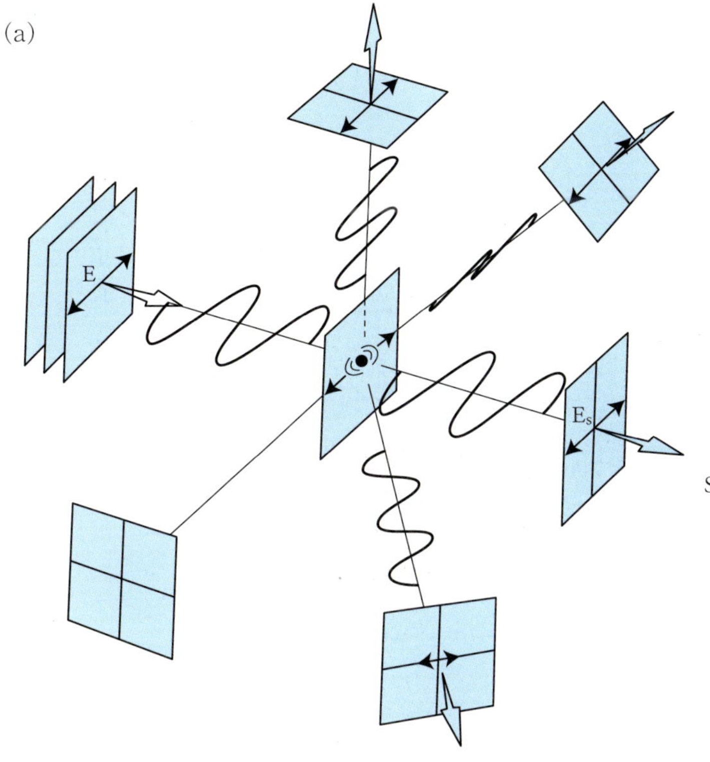
(a)
E
Es
S

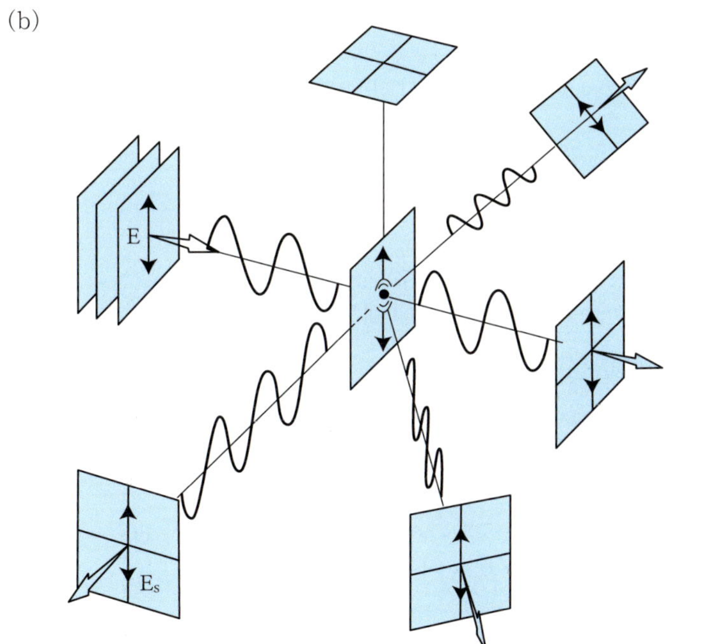
(b)
E
Es

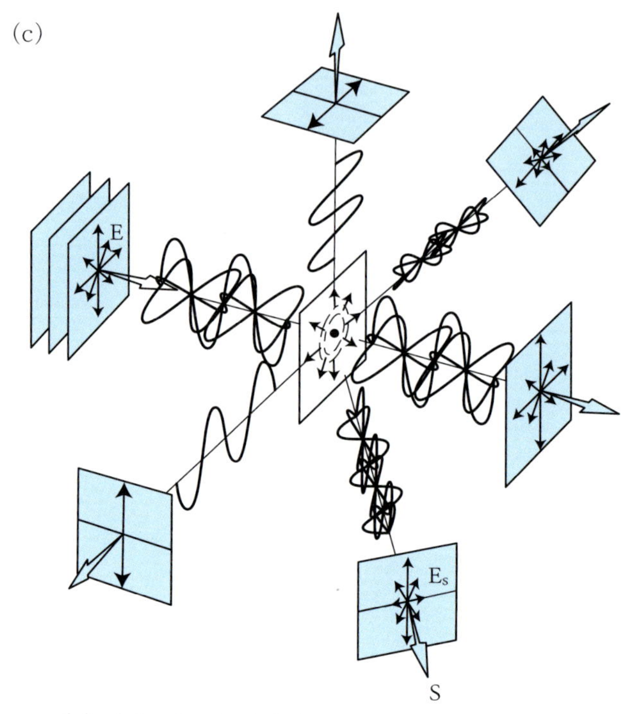

(a), (b) 편광된 입사광
(c) 비편광된 입사광의 반사, 굴절에 따른 편광정도

[그림 5–15] **입사각에 따른 편광정도**

산란된 후 편광되는 과정으로서 산란 경로에 따라 편광정도가 다름을 나타내었다.

[그림 5-15] 는 편광된 광선속과 비편광된 광선속의 입사각에 따른 편광의 정도를 보여주고 있다.

사실 바닷가나 연못 또는 유리면에 반사되는 태양빛은 매우 반짝이며 눈이 부실 정도이다. 이때 반사되는 빛은 반사면과 같은 평면안에서 진동하는데, 이 방향을 그림에서는 •로 표시한 것에 유의하기 바란다. 그러므로 실제로 우리 눈으로 반사되는 빛을 바라볼 때 수평방향(180° 수평)으로 편광된 빛을 보게 된다. 따라서 왜 눈부심을 방지하는 폴라로이드 색안경의 편광축이 [그림 5-16] (a) 와 같이 수직으로 되어 있는지를 알 수 있다.

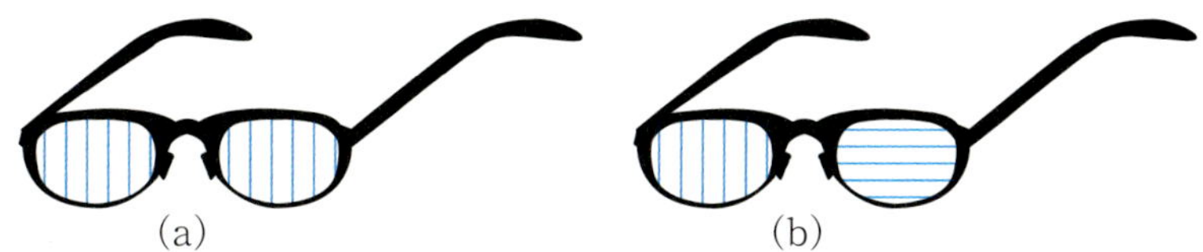

[그림 5—16] (a) 수평면에서 반사되는 눈부시는 빛은 각도에 따라 다르나 [그림 5—13](b), (c) 에서와 같이 대부분 수평방향(•)으로 편광되어 있으므로 편광축 90° 색안경을 착용하게 된다. (b) 입체 영화를 감상할 때 사용한다.

3. 편광각과 브루스터 (Brewster)의 법칙

자연광선이 투명한 물체에서 반사와 굴절을 일으킬 때 반사광선과 굴절광선이 90°를 이룰 경우, 그 입사각을 **편광각** (Polarizing angle) 또는 **브루스터각** (Brewster angle), θ_B 라고 한다. 광선속이 편광각으로 입사할 때는 [그림 5- 17] 과 같이 반사광선속은 완전 직선편광(•)이 되며, 굴절광선속은 입사면에 수직한 방향(↔)으로 진동하는 광선속이 나란한 방향(•)으로 진동하는 광속보다 많은 부분 편광이 일어난다. 이와 같은 사실은 1812년 브루스터 (D. Brewster) 경이 최초로 실험적인 방법을 통하여 발견하였다.

제 I, II 매질의 굴절률을 n_1, n_2 라 하고 입사각과 굴절각을 각각 θ_B, θ_2 라 하면 $\theta_2 = 90° - \theta_B$이고, 굴절의 법칙(스넬의 법칙)에서

$$n_1 \sin\theta_B = n_2 \sin\theta_2 = n_2 \sin(90° - \theta_B)$$

$$n_1 \sin\theta_B = n_2 \cos\theta_B$$

$$\tan\theta_B = n_2 / n_1 \qquad (5-2)$$

이 된다. 이때 식 (5-2) 를 **브루스터(Brewster)의 법칙** 이라 하며 편광각 θ_B는 굴절률에만 의존한다.

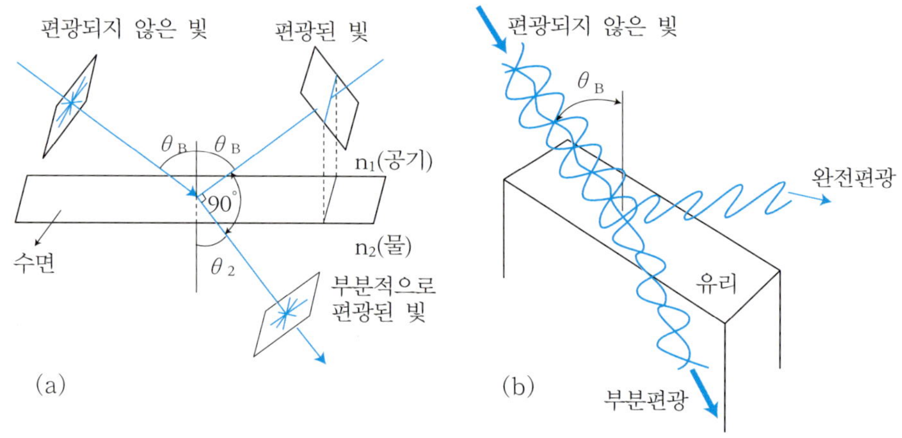

[그림 5–17] 브루스터 법칙

예제 | 5-3

굴절률이 1.33 인 잔잔한 수면 위에 비친 태양빛이 완전 직선편광이 되어 눈이 부시다. 이때 편광각(태양빛의 입사각)은 얼마일까?

풀이 식 (5–2)에서 $\tan\ \theta_B = \frac{1.33}{1} = 1.33$, $\theta_B = \tan^{-1}(1.33) = 53.1°$

4. 다중 평면판에 의한 투과광의 편광 (Polarization of transmission light by multiple plane)

편광되어 있지 않은 빛이 서로 다른 매질의 경계면에 도달하게 되면 일부는 반사하고 일부는 굴절하게 된다. 이 때 굴절되는 광을 측정하여 보면 입사각에 따라 정도의 차이는 있으나 [그림 5–13] 과 같이 부분적으로 편광된다.

예를 들면, [그림 5–17] 과 같이 굴절률 n = 1.50 인 유리면에 편광되지 않은 빛이 편광각으로 입사하였을 때 반사광은 입사면에 나란한 진동(•)으로 완전 편광되나 굴절광은 입사면에 수직한 진동은 100 % 투과하고, 입사면에 나란한 진동은 85 % 정도만 투과시키고 나머지 15 % 는 반

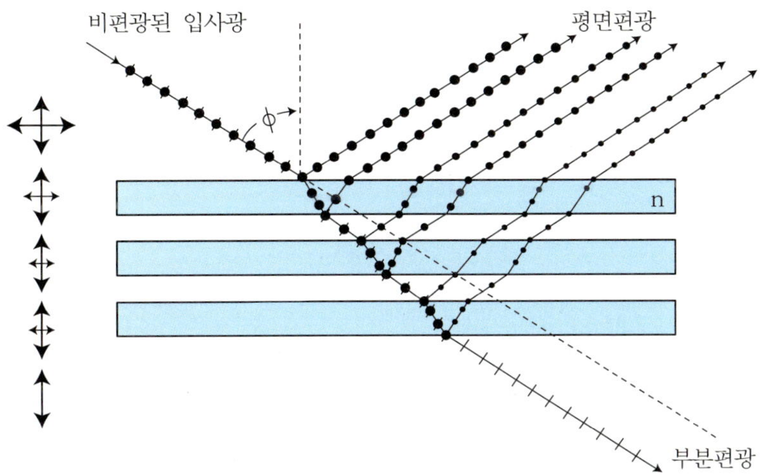

[그림 5—18] 여러 장의 유리판에 의한 빛의 편광

사한다.

[그림 5-18] 과 같이 여러 장의 유리판을 겹쳐 놓은 후 광선이 편광각으로 입사한다면 입사면에 수직한 진동은 전부 투과하고 입사면에 나란한 진동은 점차 감소하게 되며, 표면수가 충분히 많아지면 투과광은 완전편광에 가까워지게 된다. 투과광의 **편광도**(偏光度)는 입사면에 수직한 진동 편광의 세기 I_p 와 나란한 진동 편광의 세기 I_s 를 측정함으로써 다음과 같이 표시된다.

$$P = \frac{I_p - I_s}{I_p + I_s} = \frac{m}{m + \left[\dfrac{2n}{1-n^2}\right]^2} \tag{5-3}$$

여기서, m 은 유리판의 수 (표면수는 2 m) 이고, n 은 굴절률이다. 이 식에 의하면 충분히 많은 수의 유리판을 이용함으로써 투과광의 편광도(偏光度)는 1 (100%)에 가깝게 할 수 있다.

[그림 5-19] 는 여러 장의 유리판을 겹쳐 놓고 입사각이 편광각이 되도록 만든 **편광기**(偏光器)이다. [그림 5-19] 의 (a) 는 편광자이고, [그림 5-19] 의 (b)는 검광자이며 편광자를 통과하는 빛은 완전 직선편광으로

되며, NM선을 축으로 하여 검광자를 1회전시킬 때 투과광의 세기는 두 번의 최대치와 두 번의 최소치가 나타나게 된다.

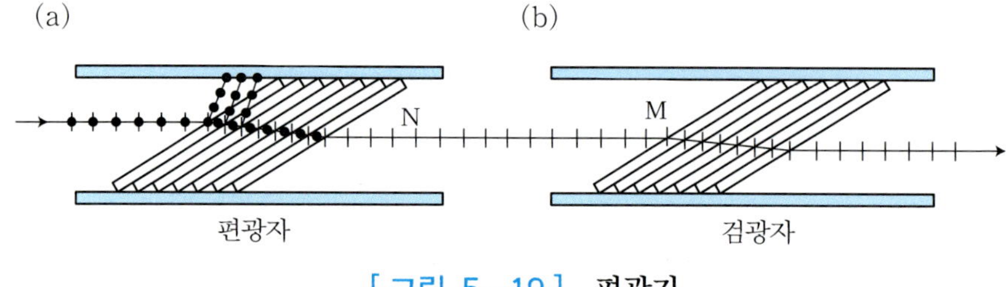

[그림 5—19] **편광기**

복굴절에 의한 편광 (Polarization of double refraction) 5-4

1. 복굴절

방해석(calcite)을 통해서 물체를 보면 두 개로 보인다. 이것은 하나의 입사광선으로부터 두 개의 굴절광이 만들어져서 눈에 들어오기 때문이다. 이와 같은 현상을 **복굴절**이라 하며, 복굴절을 일으키게 하는 물체를 **복굴절체**라 한다. 이 때 굴절광선의 하나는 보통의 굴절의 법칙을 따르지만 다른 하나는 따르지 않는다. 전자의 굴절광선을 **정상광선**(ordinary ray), 후자를 **이상광선**(extraordinary ray)이라 한다. 유리와 같은 비정질(非晶質)이거나 등방성(等方性) 투명체 광물 속을 빛이 진행할 때는 호이겐스의 원리에 의하여 2차적인 소파(小波)가 모두 구면파가 되어 모든 방향으로 빛의 속도가 같으나, 이방성(異方性) 투명체 광물 속에서는 빛의 속도가 모든 방향에 대해서 같지 않으며, 호이겐스의 소파도 구면파와 회전타원면파가 혼합되어 복굴절이 일어난다.

복굴절체에서도 빛이 어떤 특정한 방향으로 입사할 때는 복굴절이 일

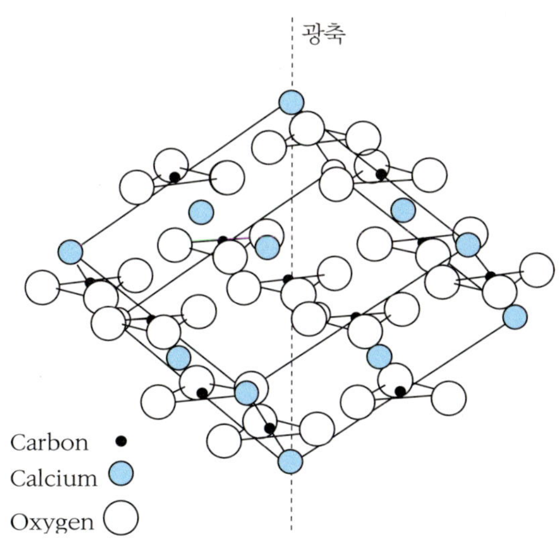

[그림 5-20] **방해석의 원자배열 및 광축**(optical axis)

어나지 않는다. 이 방향을 그 결정의 **광축**(optical axis)이라 한다.

[그림 5-20] 과 같이 결정에 따라 광축이 하나 있는 것 (1축성) 도 있고 두 개 있는 것 (2축성) 도 있다. 예를 들면 전기석, 방해석, 수정 등은 **1축성 결정**이고 운모 등은 **2축성 결정**이다.

[그림 5-21] 의 (a) 는 복굴절성 결정 내의 한 점파원 0 으로부터 나온 호이겐스의 소파를 그린 것인데, 완전한 파면은 광축 AA′를 축으로 하여 회전시키면 얻어진다. [그림 5-21] 의 (b), (c), (d) 는 광축에 대하여 서로 다른 3가지 방향으로 결정을 끊어서 절단면에 수직하게 빛을 입사시켰을 때의 파면을 그린 것이다. 이 때 두 갈래의 굴절파가 진행하는데 하나는 구면에 접하는 파면을 가진 것이고, 다른 하나는 타원면에 접하는 파면을 가지는 것임을 알 수 있다.

[그림 5-21] 의 (b) 와 같이 광축에 수직하게 절단하여 만든 결정면에, 수직하게 입사한 광선(광축에 나란하게 입사한 광선)은 정상 광선 O 와 이상광선 E 가 분리되지 않으며 속도도 동일하게 된다. 즉, 복굴절을 일으키지 않는다.

[그림 5-21] 의 (c) 와 같이 광축에 나란하게 절단하여 만든 결정면에, 수직하게 입사한 광선(광축에 수직하게 입사한 광선)은 정상 광선 O 와 이상광선 E 가 분리되지 않으나 O 보다 E 의 속도가 빠르게 됨을 알 수 있다.

[그림 5-21] 의 (d) 와 같이 광축에 대하여 비스듬히 절단하여 만든 결

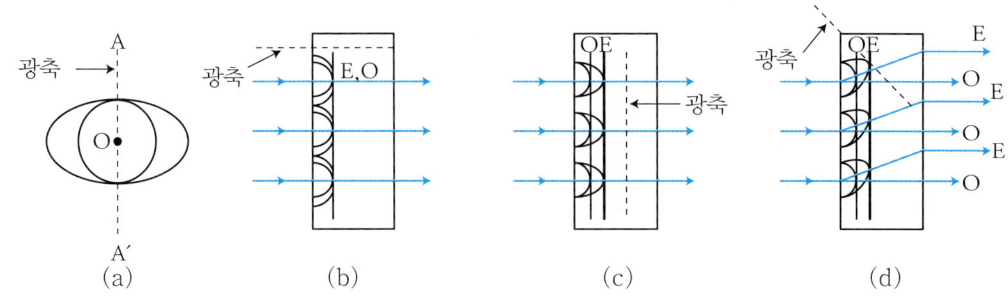

[그림 5-21] 복굴절체 내의 호이겐스 소파

정면에 수직하게 입사한 광선은 결정면을 통과할 때 정상광선 O 와 이상광선 E 는 둘로 갈라지며 속도도 다르게 진행된다.

따라서 정상광선 O 는 구면소파(球面小波)에 접하는 파면에 대응하는 광선이고, 이상광선 E 는 타원소파(楕圓小波)에 접하는 파면에 대응하는 광선이다. 만약, 입사광선을 축으로 결정체를 회전시키면 [그림 5−21] (d) 와 같이 정상광선은 고정되어 있으나 이상광선은 축(軸) 둘레를 회전하게 된다. 더욱이 입사광선이 결정면에 수직하게 입사할 때는, 즉 입사각 0° 로 입사할 때는 정상광선 O 는 굴절의 법칙에 따라 진행하나 이상광선 E 는 그 광선의 속도가 방향에 따라 다르기 때문에 굴절의 법칙에 따르지 않는다. 그러므로 이상광선의 굴절률은 방향에 따라 달라지는 방향함수이다.

보통 정상광선과 이상광선의 굴절률은 [그림 5−21] 의 (c) 와 같이 광

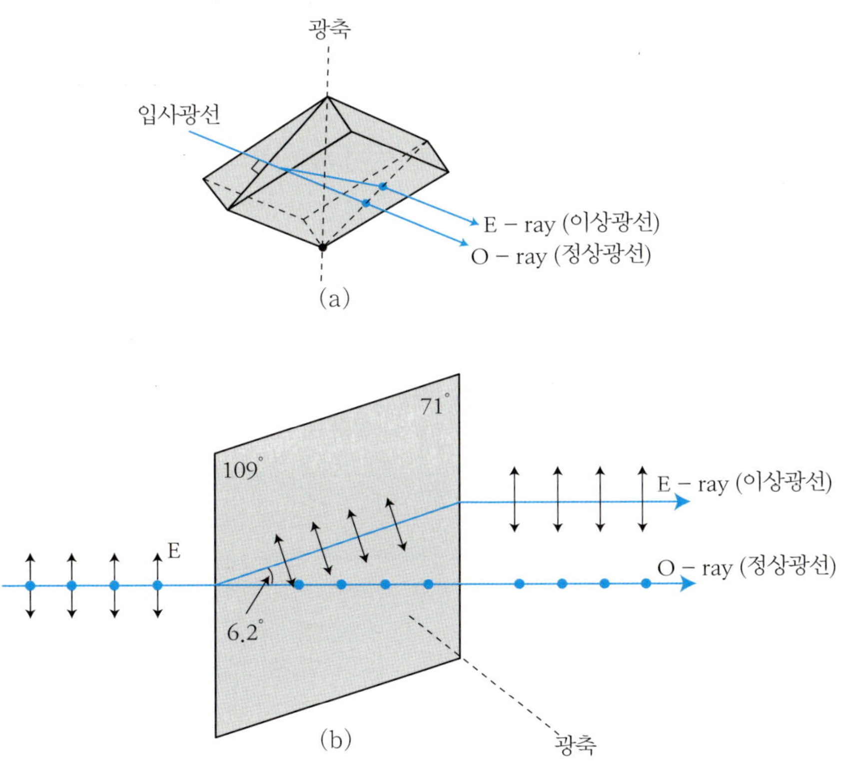

[그림 5−22] 자연광의 정상광선 (O − ray)**과 이상광선** (E − ray)

[표 5-1] **복굴절성 결정의 굴절률 (파장이** 589 nm)

결정(Crystal)	n_o	n_E
Tourmaline(전기석)	1.669	1.638
Calcite(방해석)	1.6584	1.4864
Quartz(석영)	1.5443	1.5534
Sodium nitrate	1.5854	1.3369
Ice(얼음)	1.309	1.313
Rutile(TiO_2)	2.616	2.903

축에 나란하게 절단하여 만든 결정면에 수직하게 입사한 경우의 굴절률이다.

[그림 5-22]는 방해석의 광축 방향에 따른 입사광선과 굴절광선의 경로에 대해서 예를 들은 것이다.

[표 5-1]은 광축에 나란하게 절단하여 만든 복굴절성 결정면에 수직하게 입사(광축에 수직하게 입사한 광선)하였을 때 정상광선과 이상광선에 대한 굴절률 n_o, n_E의 값을 나타낸 것이다.

[그림 5-21]의 (d)는 이상광선 E가 정상광선 O보다 속도가 큰 경우를 나타낸 것이나 결정의 종류에 따라 이상광선 E가 정상광선 O보다 속도가 느린 경우도 있다. 또 광축이 하나인 단일축성(單一軸性) 외에 광축이 두 개인 복축성(複軸性) 결정도 있으나, 광학기계에서 흔히 사용하는 모든 복굴절성 결정(주로 방해석, 석영 등)은 단일축성 결정이다.

한편, [그림 5-23]은 [그림 5-21]을 구체적으로 표현한 것이다.

예제 | 5-4

복굴절시 이상광선과 정상광선은 복굴절체를 통과 후 서로 직각인 편광현상이 일어난다. 이러한 투과광이 정상광선에서는 굴절법칙을 따르나, 이상광선에서는 굴절법칙을 따르지 않는다. 그 이유는 무엇인가?

풀이 이상광선의 속도가 방향에 따라 다르기 때문이다.

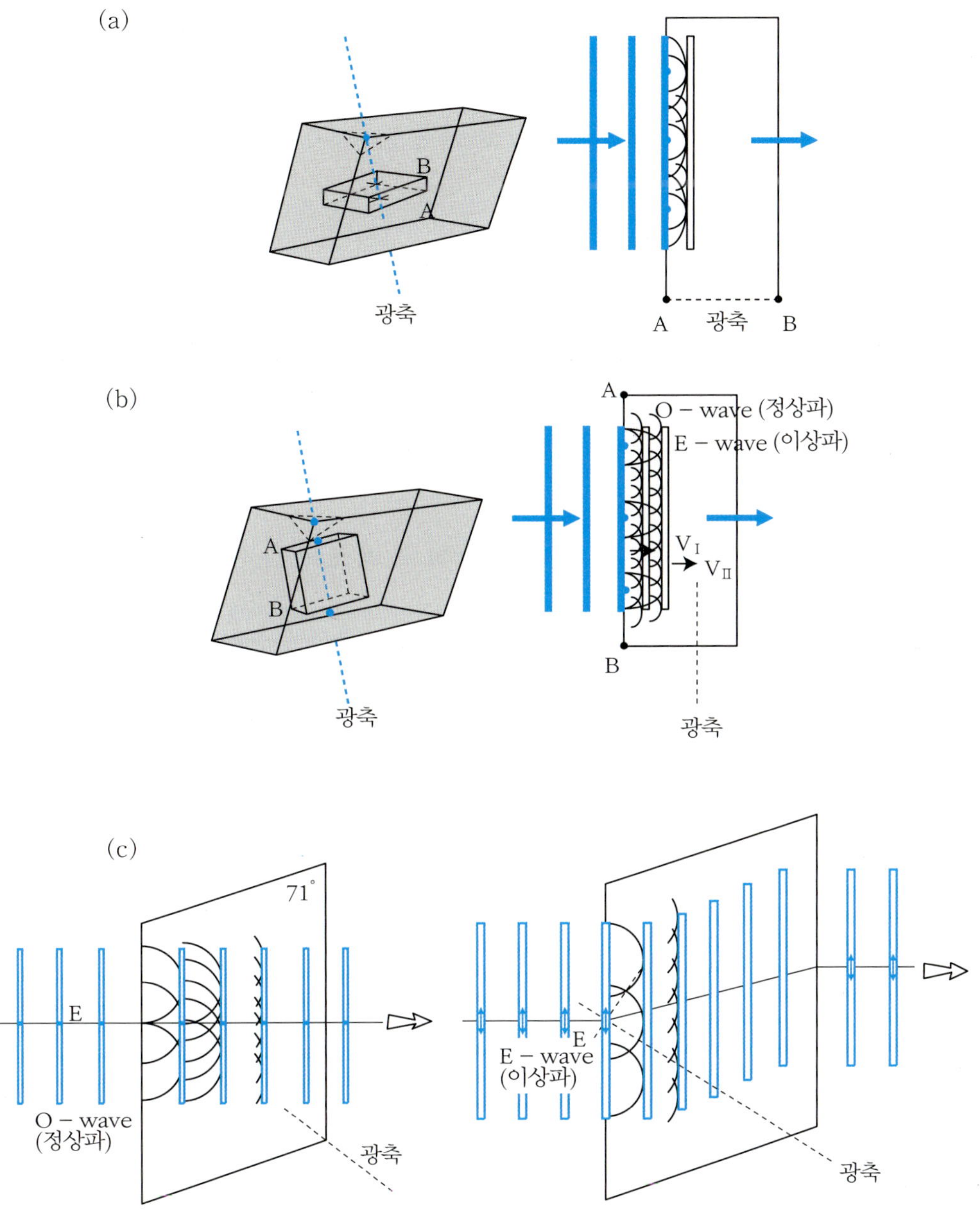

[그림 5—23] 방해석의 복굴절 현상

(a) 광축에 수평하게 입사했을 때
(b) 광축에 수직하게 입사했을 때
(c) 광축에 비스듬하게 입사했을 때의 굴절경로 및 속도

2. 니콜 프리즘에 의한 복굴절

니콜 프리즘(Nicol prism)은 복굴절에 의한 정상광선과 이상광선 중 정상광선 O는 전반사 시키고 이상광선 E만 투과시킴으로써 자연광에서 직선편광을 얻을 수 있는 장치이다. [그림 5-24]와 같이 니콜 프리즘은 천연산 방해석 결정의 71°가 되는 꼭지각을 68°가 되게 자르고 대각선 b, d에 따라 절단하여 이등분한다. 두 개의 절단면을 광학적 평면이 되도록 연마한 뒤에 **카나다 발삼**(Canada balsam)을 부착시킨 것이 **니콜 프리즘**(Nicol prism)이다. 카나다 발삼이 이용되는 이유는 투명도가 높은 물질로서 정상광선과 이상광선에 대한 굴절률의 중간값을 가지고 있기 때문이다. 나트륨(Na) 광선에 대한 굴절률은 다음과 같다.

정상 광선의 굴절률 : $n_o = 1.65836$

카나다 발삼의 굴절률 : $n = 1.55$

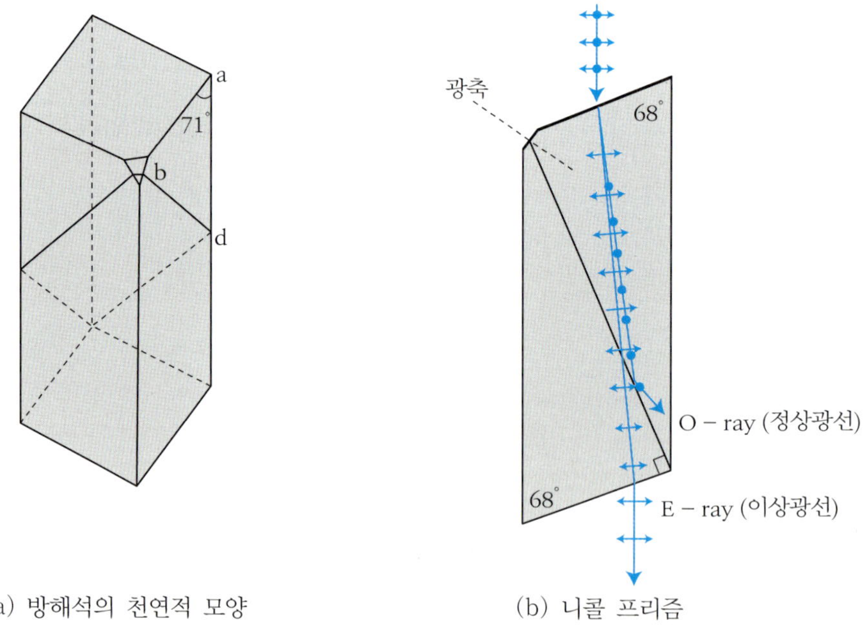

(a) 방해석의 천연적 모양 (b) 니콜 프리즘

[그림 5—24] **방해석과 니콜 프리즘**

이상 광선의 굴절률 : $n_E = 1.48641$

카나다 발삼은 방해석에 대하여 이상광선 E 보다 광학적으로 더 밀(密)하고 정상광선 O 보다는 소(疎)하다. 따라서 광선 E 는 굴절하여 니콜 프리즘을 통과하나 광선 O 는 입사각이 임계각(69°임)보다 크기 때문에 방해석과 카나다 발삼의 경계면에서 전반사하게 된다.

니콜 프리즘은 가장 좋은 편광자(偏光子)이고 검광자(檢光子)이다. 니콜 프리즘의 편광자와 검광자의 투과축이 서로 수직하게 놓인 것을 **십자(+) 니콜 프리즘**, 평행하게 놓은 것을 **평행 니콜 프리즘**이라 한다. 십자일 때는 빛이 통과해 나갈 수 없으나 그 사이에 다른 결정체를 넣으면 빛은 약간 통과하고, 백색광을 사용하면 일반적으로 착색된다. 이것을 **색 편광**(色偏光)이라 한다.

유리나 베이클라이트 (bakelite) 같은 물체는 보통 등방체 (等方體)이지만 힘 혹은 열을 가하면 이방체 (異方體)가 된다. 그러므로 이것을 십자 니콜 프리즘 속에 넣고 힘을 가하면 백색광이 나타난다. 이것을 이용하면 물체의 역학적 변형 (strain)을 광학적으로 조사할 수 있다. 이와 같은 방면을 연구하는 학문을 **광탄성학** (光彈性學)이라 한다.

3. 방해석 프리즘에 의한 굴절(Refraction by calcite prism)

[그림 5-25] 는 방해석으로 만든 프리즘이다. [그림 5-25] 의 (a) 는 광축이 기저면에 수직하도록 하여 만든 프리즘으로서 이 프리즘에 입사한 백색광은 모든 파장에 대하여 복굴절이 일어나므로 하나의 프리즘에 두 조의 스펙트럼이 나타나게 된다. 이 때 한 조의 스펙트럼은 입사면에 나란한 진동으로 편광되고 다른 한 조의 스펙트럼은 입사면에 수직한 진동으로 편광된다. 하나의 편광자를 굴절광속에 삽입함으로서 흥미있는 실험을 할 수 있다. 즉 편광자를 회전시키면 한 조의 스펙트럼이 소실되었

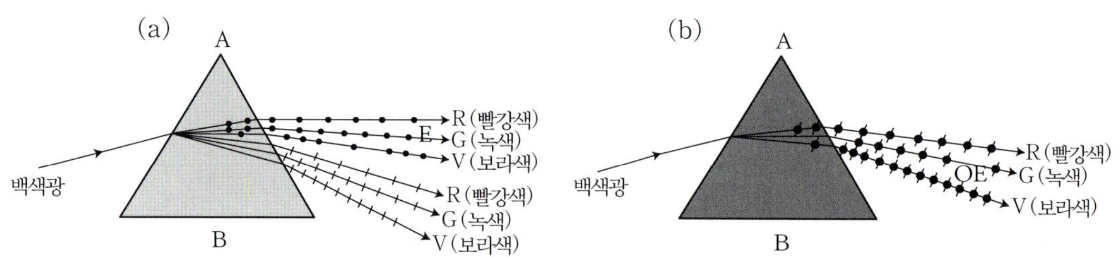

[그림 5-25] 방해석 프리즘에 의한 복굴절과 단굴절

다가 다음에는 다른 한 조의 스펙트럼이 소실된다.

[그림 5-25] 의 (b) 는 광축이 기저면에 나란하게 되도록 하여 만든 프리즘이다. 여기서 빛은 광축을 따라 진행하거나 또는 이것에 근접하여 나아가게 되므로 두 개의 스펙트럼은 중첩되어 한 조의 스펙트럼만 나타나게 된다.

빛의 산란과 편광 (Scattering of light and polarization) 5-5

1. 빛의 산란 (Scattering of light)

정지하고 있는 소리굽쇠 근처에서 소리굽쇠와 비슷한 진동수를 갖은 소리를 울려주면, 소리굽쇠는 진동을 시작하면서 여러 방향으로 소리를 재방출한다. 이와 마찬가지로 어떤 물질을 구성하는 원자에 빛이 쪼여지면 원자 내의 전자들의 움직임이 커지면서 진동하게 되며 이로부터 빛을 재방출하게 된다. 즉, 파동이 진행해 나아갈 때 파동의 크기, 또는 그 보다 작은 장애물을 만나면 파동은 그 장애물을 중심으로 하여 사방으로 퍼져 나간다. 이런 현상을 **산란(scattering)**이라 한다. **산란의 정도는 파장이 짧을수록 크다.** 즉, 빛의 산란은 파장의 4제곱에 반비례하게 된다. 예

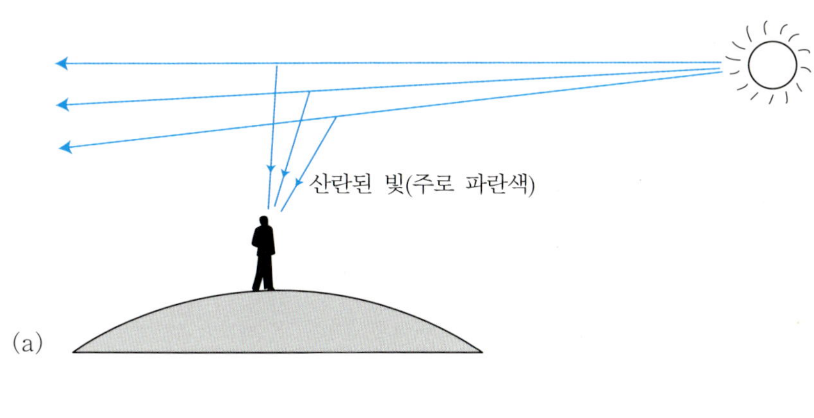

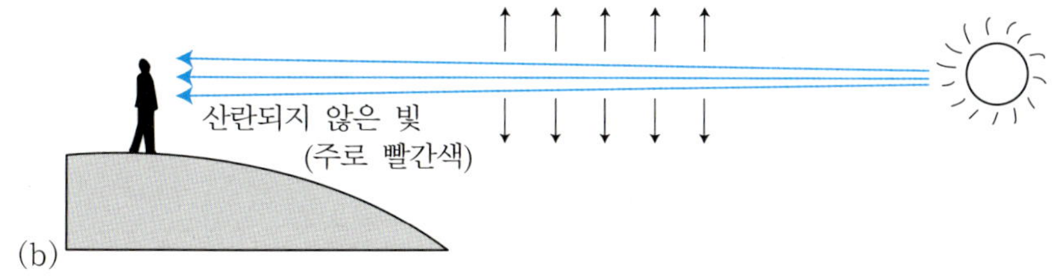

[그림 5-26] 빛의 산란에 의한 하늘색

를 들면, [그림 5-26] 의 (a) 와 같이 하늘이 푸르게 보이는 것은 파장이 짧은 파란색 부분의 빛이 대기중에서 강하게 산란을 일으켜 눈에 들어오기 때문이다. 이때 자외선은 오존층에서 대부분 흡수되고 일부는 대기 중 입자나 분자들에 의해 산란된다. 가시광선 중 파장이 가장 짧은 보라색이 가장 많이 산란되며 파랑, 노랑, 빨간색 순으로 산란된다. 사실 하늘이 보라색으로 보이지 않는 이유는 사람의 눈이 파란색에 더 민감하기 때문에 파란색으로 느껴지는 것이다. [그림 5-26] 의 (b) 와 같이 저녁 노을을 볼 수 있는 것은 이미 설명한 바와 같이 햇빛이 공기층이 긴 거리를 지나오는 동안 파란색은 낮동안 대부분 산란되어 버리고 파장이 긴 빨간색 영역이 저녁까지 대부분 통과해 오기 때문에 생기는 현상이다. 알갱이가 굵은 입자들(눈, 설탕, 소금, 구름 등)은 모든 파장의 빛을 똑같이 산란시키기 때문에 흰색으로 보인다.

대기의 상층으로 갈수록 분자들이 희박하므로 산란량이 적어지게 된다. 따라서 어두워진다. 그러므로 달의 하늘이 검은 이유는 달 주변에 공기분자가 없기 때문이다.

예제 | 5-5

낮의 하늘이 푸르게 보이고 구름은 흰색으로 보이는 이유는 무엇인가?

풀이 가시광선 중 푸른 빛의 파장이 짧기 때문에 산란정도가 크다. 산란의 정도는 파장의 제곱에 반비례한다. 그리고 구름은 입자가 커서 모든 파장의 빛을 산란시키기 때문이다.

2. 산란과 편광

니콜(nicol)이나 편광판(polaroid)을 눈에 대고 태양이 있는 방향을 향하여 직각으로 푸른 하늘을 쳐다보면, 즉 [그림 5-28] 의 (a) 에서 OP 방향으로 태양빛을 관측할 때 검광자(檢光子)를 회전시킴으로써 빛의 세기가 상당히 변화한다는 것을 알 수 있다. 따라서 [그림 5-27] 과 같이 산

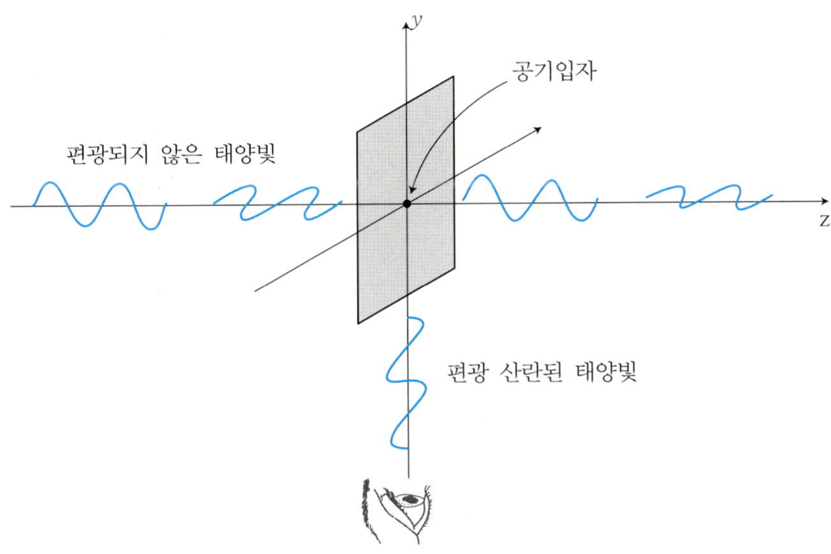

[그림 5—27] **태양빛의 산란과 편광현상**

란된 하늘의 빛은 최소한 부분적으로 편광되어 있음을 알 수 있다.

[그림 5-28] 의 (a) 에서 P를 작은 하전입자(荷電粒子, 전기를 띤 입자)라고 하자. 편광되지 않은 빛(전자기파)을 왼쪽에서 오른쪽 방향으로 입사시키면 하전입자 P는 입사 파동의 진동수로 강제 진동을 일으키게 될 것이다. 이 진동은 [그림 5-28] 의 (b) 와 같이 방향에 따라서 변화하는 진폭을 가진 구면 산란파를 형성하게 될 것이다.

이때, 편광정도는 각(θ)에 따라 다르게 된다.

- $\theta = 0^\circ$, 180° : 태양광선속(flux)의 진행방향에 나란한 방향에서는 전혀 편광되지 않으며
- $\theta = 90^\circ$, 270° : 태양광선속의 진행방향에 수직인 방향에서는 완전 편광되며
- θ = 그 외의 각 : 부분편광이 된다.

그러나 실제로는 태양광선에 90°인 방향에서의 편광은 완전 편광이 아

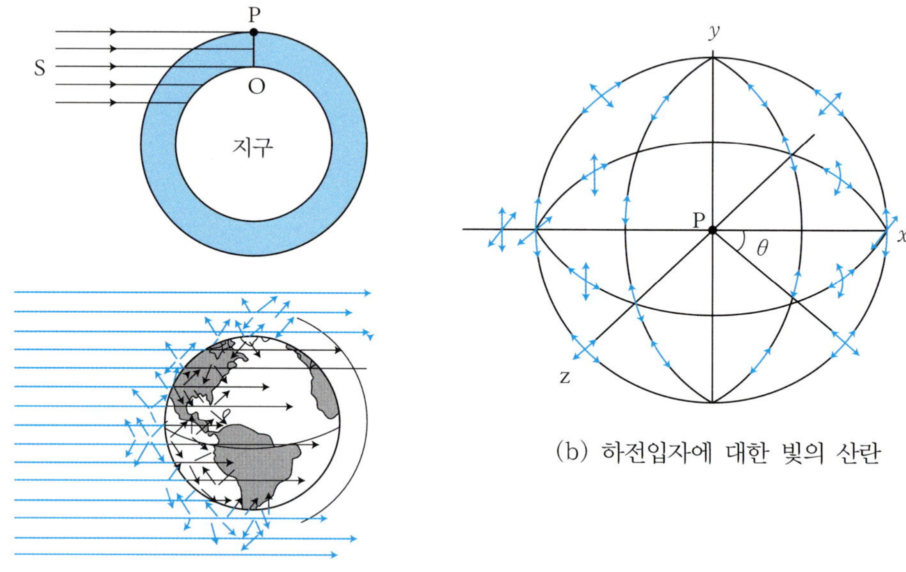

(a) 지구에 의한 태양빛의 산란

(b) 하전입자에 대한 빛의 산란

[그림 5—28] **입자에 의한 빛의 산란**

니고 부분 편광이 된다. 그 이유는 빛이 관측자의 눈에 도달하기까지에 두번 또는 그 이상 여러 번 산란되며, 많은 분자에 있어서 전자의 운동방향은 외부에서 가하는 장(場)과 완전히 같은 방향이 아니기 때문이며, 이것은 하늘 빛이 완전히 편광되지 않는 가장 큰 원인이 된다.

또한 입자의 크기가 입사된 빛의 파장보다 훨씬 작을 때에만 완전한 편광을 기대할 수 있으나 실제로는 그렇지 않은 경우가 더 많고 입자가 클수록 편광도는 감소된다.

원 편광과 타원 편광 (Circular polarization and elliptical polarization) 5-6

1. 원 편광과 타원 편광 (Circular polarization and elliptical polarization)

복굴절성 결정을 투과하는 정상광선과 이상광선은 직선편광이고 진동 방향은 서로 직각이다. 그러나 복굴절성 결정을 광축에 평행한 면으로 절단했을 때 그 면에 수직으로 입사된 광은 광축에 수직한 방향으로 결정 속을 횡단하고 [그림 5-21] 의 (c) 와 같이 정상광선 O 와 이상광선 E 는 분리되지 않고 같은 길로 진행하나 속도는 서로 다르다. 그러므로 이러한 경우, 빛이 결정의 제 2면에서 나타날 때에는 정상광선과 이상광선에는 서로 위상차가 생기게 되며, 위상차의 정도에 따라서 직선 편광, 타원 편광, 원 편광 중 어느 하나로 나타나게 된다. 이 때 결정의 제 2면에서 이상광선 E 와 정상광선 O 의 진동간 위상차는 빛의 진동수, 정상광선 O 와 이상광선 E 에 대한 결정의 굴절률, 결정의 두께와 같은 요인에 의존하여 결정된다.

[그림 5-29] 는 진동수와 진폭이 같은 정상 광선 O 와 이상 광선 E 가 복굴절성 결정의 광축에 수직하게 입사하여 제 2면에 도달될 때의 위상차에 따른 편광의 모양을 나타낸 그림이다.

① 위상차 0, 2π, 4π, …… , 즉 π 의 짝수배일 때 그 결과는 원래의 진동방향과 45° 기울어진 선진동(線振動)이다.

0	$\pi/4$	$\pi/2$	$3\pi/4$	π	$5\pi/4$	$3\pi/2$	$7\pi/4$	2π

[그림 5-29] 수평, 수직 단진동을 결합했을 때의 위상차에 따른 진동모양

② 위상차 π, 3π, 5π, ……, 즉 π 의 홀수배일 때 그 결과는 역시 선 진동을 하나 그 방향은 π 의 짝수배일 때의 선 진동에 수직한 선 진동이 된다.

③ 위상차 $\pi/2$, $3\pi/2$, ……, 즉 $\pi/2$ 의 홀수배일 때의 합성 진동은 원형이 된다.

④ 그 외의 다른 모든 위상차에 의한 합성진동은 타원형이 된다.

2. 1/4 파장판과 1/2 파장판 (Quarter wave plate and half wave plate)

복굴절성 결정을 광축에 나란한 방향으로 절단해서 만든 판의 면에 수직하게 입사한 특정 파장의 빛이 제2면을 투과해 나올 때 광선 O와 E의 위상차가 $\pi/2$ 가 되도록 하는 판의 두께를 그 빛에 대하여 **1/4 파장판**이라 한다. 또 O와 E의 위상차를 π가 되도록 하는 판의 두께를 그 빛에 대하여 **1/2 파장판**이라 한다.

[그림 5-30] 과 같이 편광되지 않은 빛이 편광자를 통과하면서 편광자에 그려진 사선의 방향(사선은 투과축임)으로 진동하는 직선 편광을 만든다. 그리고 복굴절성 결정판을 편광자 뒷쪽에 놓는다. 이 때 편광자는 입

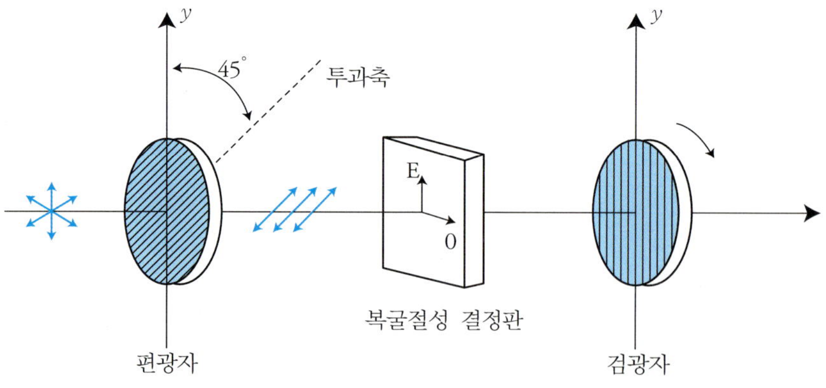

[그림 5—30] 1/4 **파장판과** 1/2 **파장판**

사광선의 진동면과 45°가 되도록 위치시킨다. 이 때 결정판을 통과하는 광선 O의 진동은 편광자의 광축에 나란하고 광선 E의 진동은 편광자의 광축에 수직하며, 두 광선의 진폭은 같게 된다.

만약, 결정판의 두께가 특정광에 대하여 1/4 파장판이라면 결정판의 제2면을 나오는 광선 O와 E의 위상차가 $\pi/2$가 되어서 **원진동**이 되고, 이런 경우는 검광자를 회전시켜도 밝기의 변화가 일어나지 않게 될 것이다. 결정판의 두께가 특정광에 대하여 1/2 파장판이라면 결정판의 제 2면에 나오는 광선 O와 E의 위상차가 π 가 되어 **선진동**이 된다. 이 때 검광자를 회전시키면 빛의 밝기가 변하며 빛이 전혀 통과하지 않는 곳도 있게 된다.

적색광에 대하여 1/4 파장판 또는 1/2 파장판인 결정은 다른 색깔에 대해서는 1/4 또는 1/2 파장판이 되지 않는다. 그 이유는 색상에 따라 진동수가 다르고 이 진동수들에 대해서 광선 O와 E의 굴절률 또한 다르고 위상차도 달라지기 때문이다. 입사광선이 백색광일 경우, 적색광에 대하여 1/2 파장판인 결정판을 투과축이 서로 수직인 편광자와 검광자 사이에 놓으면 결정판을 투과한 투과광중에서 적색광은 선진동이 되어 직선 편광으로 나타날 것이며, 다른 모든 파장은 각기 원(圓)이나 타원(楕圓)진동을 하는 원 또는 타원편광이 되어서 나타날 것이다. 검광자가 완전한 직선편광인 빨강색광만을 통과시키는 위치에 있을 때에는 다른 모든 파장의 빛은 대부분 흡수되고 결국 검광자를 통과한 빛은 적색이 많이 포함된 연분홍색을 가질 것이다. 이 위치에 놓인 검광자를 90° 회전시키면 붉은색이 없어지고 다른 파장들이 어느 정도 통과할 것이므로 합성색은 연분홍색의 보색, 즉 푸릇한 녹색이 될 것이다. 그러나 투과축이 서로 90°인 편광자와 검광자 사이에 놓여 있던 결정판을 뽑아버리면 검광자에는 어떤 빛도 투과하지 않는다.

5-7 **선광** (Optical rotation)

직선 편광을 결정이나 액체 속을 통과시키면 직선 편광의 진동 방향이 변한다. 이것은 편광면이 회전하기 때문에 일어나는 현상으로 **선광**(線光)이라 한다. 이러한 현상은 편광자와 검광자 사이에 수정판을 두고 직선 편광을 입사시킴으로써 알아 볼 수 있다. 이와 같은 선광성을 가지는 물질을 **선광성 물질** 또는 **광학적 활성체**라 한다. 진행하는 방향으로 볼 때 오른쪽으로 진동면이 회전하는 것을 **우선(右線) 물질**, 왼쪽으로 진동면이 회전하는 것을 **좌선(左線) 물질**이라 한다. 수정은 우선(右線)인 것과 좌선(左線)인 것이 있다. 이 선광성은 물질분자의 비대칭성 때문일 수도 있다.

선광성에 의하여 진동방향이 회전한 각을 **선광각**이라 한다. 선광각 θ는 온도와 파장에 관계하고, 빛이 통과한 선광성 물질의 두께에 비례하고, 또 묽은 용액에 있어서는 그의 농도에도 비례한다.

01 전자기파가 횡파라는 사실은 파동의 어떤 현상으로부터 알 수 있는가?

① 간섭현상
② 회절현상
③ 편광현상
④ 굴절현상

02 다음 설명 중 옳은 항을 모두 고르시오.

① 태양빛은 횡파이나 편광되어 있지 않다.
② 태양빛이나 백열등으로부터 나오는 빛은 편광시킬 수 있다.
③ 소리는 종파이나 편광시킬 수 있다.
④ 단일 전자 진동에 의한 횡파는 편광되어 있다.

03 천연전기석(결정)판 두 장의 투과축이 서로 평행이 되도록 놓고, 자연광을 면에 수직하게 투사하였더니 밝게 보이고, 서로 수직하게 놓고 볼 때는 어둡게 보인다. 이 현상을 통하여 알 수 있는 빛의 현상은?

① 편광
② 간섭
③ 회절
④ 굴절

04 빛과 소리를 구별할 수 있는 물리 현상은?

① 회절
② 간섭
③ 중첩
④ 편광

05 편광되지 않은 광선이 세 개의 편광자를 통과한다. 제2의 편광자는 제1의 편광자에 대하여 60°, 제3의 편광자는 제2의 편광자에 대해 45° 각을 이룬다. 최종투과광의 강도는 최초 투과광의 강도 I_0의 몇 배가 되는가?

06 60° 의 입사각으로 공기 중에 놓인 유리판에 입사하는 빛의 반사광선과 굴절광선이 90° 의 각을 이루고 있다면 이 유리의 굴절률은 얼마인가?

07 평행한 자연광이 입사각 60° 로 수면위로 입사되었을 때 반사광이 완전 직선편광이 되었다고 한다.

a) 투과광의 굴절각은 몇 도인가?

b) 이 물질의 굴절률은 얼마인가?

08 굴절률이 1.4인 액체 표면에 자연광이 입사되었다. 표면으로부터 반사되는 빛이 완전 편광되었다면 액체 속으로 굴절되어 들어간 빛의 굴절각은 얼마인가?
(단, 액체는 공기 중에 놓여있다)

09 어떤 표면에 빛이 입사되었을 때 입사각을 조정하면 반사광을 완전 편광시킬수 있다. 그렇다면 어떤 물질을 통과해 나오는 투과광도 완전 편광시킬 수 있을까? 있다면 어떤 방법이 있을까?

10 파장 589 nm 의 평면편광의 평행광선이 진공 중에서 방해석의 결정에 입사되고 있다. 이 결정속을 지나는 정상광선과 이상광선의 파장을 구하여라.

11 문제 10에서 결정속을 통과하는 정상광선 O와 이상광선 E의 속도를 각각 구하여라. (단, 진공속에서의 광속도 $C = 3 \times 10^8$ m/sec 이다)

12 방해석 프리즘에 백색광을 비추면 편광방향이 서로 수직한 두개의 스펙트럼(복굴절)이 나타나기도 하고 편광되지 않은 한개의 스펙트럼(단굴절)이 나타나기도 하는데 그 이유는 무엇인가?

13 대기의 상층으로 갈수록 어두운 이유는 무엇인가?

14 복굴절체의 광축에 수직하게 빛이 입사되었을 경우(그림 5-21의 C와 같이) 복굴절체를 통과된 빛은 직선편광되거나 타원 편광, 원편광이 생기는데 이유는 무엇인가?

01 다음은 산란과 관련된 설명이다. 잘못된 것은?

① 산란된 빛은 편광된다.
② 빛의 산란은 파장의 4제곱에 반비례한다.
③ 입자의 크기가 작을수록 더 낮은 진동수의 빛이 산란된다.
④ 알갱이가 굵은 입자들(눈, 설탕, 소금, 구름 등)은 모든 파장의 빛을 똑같이 산란시키기 때문에 흰색으로 보인다.
⑤ 파동이 진행할 때 파동의 파장 정도의 크기, 또는 작은 장애물을 만나면, 그 파동은 그 장애물을 중심으로 사방으로 퍼져나간다.

02 다음은 산란과 관련된 설명이다. 잘못된 것은?

① 구름 속에 있는 큰 물방울은 높은 진동수의 빛을 산란시킨다.
② 먼지 입자들이 많으면 진동수가 낮은 빛도 산란되어 하늘이 희뿌옇게 보인다.
③ 대기 상층으로 올라갈수록 빛을 산란시킬 공기분자들이 적으므로 하늘은 더 어두워진다.
④ 구름이 하얗게 보이는 것은 작은 물방울들이 모든 파장의 가시광선 전체를 모두 산란시키기 때문이다.
⑤ 보라색 빛이 파란색 빛보다 대기에 의해 더 많이 산란되지만, 우리 눈은 보라색 빛에 민감하지 못하므로 하늘이 파랗다고 느낀다.

03 다음은 산란과 관련된 설명이다. 잘못된 것은?

① 잔잔한 호수나 바닷물의 짙푸른 표면의 색은 파란 하늘의 색이 반사된 것이다.
② 저녁노을이 붉게 보이는 이유는 긴 파장의 빛은 공기분자에 의해 거의 산란되지 않기 때문이다.
③ 파도의 앞부분이 하얗게 보이는 것은 여러 크기의 물방울이 여러 색깔의 빛을 반사하기 때문이다.
④ 눈 덮인 산이 노르스름하게 보이는 이유는 흰색을 구성하는 파란색 빛이 우리에게 오는 도중에 산란되기 때문이다.
⑤ 먼 산이 푸르게 보이는 이유는 산에서 나오는 빛은 매우 적고, 우리와 산 사이에 있는 대기의 푸르름이 우리가 보는 주된 빛이기 때문이다.

04

다음은 편광과 관련된 설명이다. 잘못된 것은?

① 빛이 유리나 수면에서 반사될 때는 편광된다.
② 자연광이란 모든 방향으로 진동하는 빛을 말한다.
③ 백열등이나 LCD 모니터에서 나오는 빛은 자연광이다.
④ 빛이 입자이거나 종파라면 편광 현상이 일어나지 못한다.
⑤ 두 빛이 간섭될 때 보강과 상쇄가 발생하는 원리에는 경로차가 중요한 역할을 한다.

05

다음은 편광과 관련된 내용이다. 잘못된 것은?

① 편광각은 굴절률에만 의존한다.
② 반사시에는 진동방향이 입사면에 수직한 광파가 더 잘 반사된다.
③ 편광은 폴라로이드에 의한 빛의 선택적 흡수로 나타나는 현상이다.
④ 폴라로이드를 구성하는 탄화수소 사슬고리 방향과 나란히 진동하는 광파는 투과된다.
⑤ 반사광선과 굴절광선이 이루는 각이 직각이 되면 반사광선의 진동방향은 입사면에 수직이다.

06

다음은 복굴절에 대한 설명이다. 잘못된 것은?

① 이상광선은 스넬의 법칙을 따른다.
② 복굴절체 속에서는 방향에 따라 빛의 속도가 다르다.
③ 광학축 방향에서는 정상광선과 이상광선의 속도가 같다.
④ 복굴절이 일어나지 않는 방향을 광학축(optic axis)이라 한다.
⑤ 광학축 외의 방향에서는 정상광선의 속도와 이상광선의 속도가 다르다.

07

다음은 복굴절에 대한 설명이다. 잘못된 것은?

① 이상광선의 굴절률은 방향에 따라 다르다.
② 복굴절체 내에서 이상광선에 대한 호이겐스 소파는 구면파이다.
③ 이상광선이 굴절법칙(스넬의 법칙)을 따르지 않는 것은 이상광선의 속도가 방향에 따라 다르기 때문이다.
④ 정상광선은 구면소파에 접하는 파면에 대응하며, 이상광선은 타원소파(타원소파)에 접하는 파면에 대응한다.
⑤ 입사각 0°로 입사하면 정상광선은 직진하지만, 이상광선은 광선의 속도가 방향에 따라 다르기 때문에 굴절법칙에 따르지 않는다.

08

세기가 $60W/cm^2$인 자연광이 나란히 놓인 두 개의 편광판에 입사되고 있다. 첫 번째 편광판의 편광축은 수직 방향을 기준으로 시계방향 30° 방향이고, 두 번째 편광판의 편광축은 수직 방향을 기준으로 시계방향으로 90° 방향이다. 두 번째 편광판을 통과한 빛의 세기는 몇 W/cm^2인가?

① 0 ② 7.5 ③ 11.25
④ 15 ⑤ 25.9

09

다음은 어떤 한 가지 현상 때문에 나타나는 결과이다. 어떤 현상인가?

(i) 하늘은 파랗고, 저녁노을은 붉다.
(ii) 폴라로이드 필름을 회전시키면서 하늘을 관측하면 어떤 각도에서는 더욱 어두워 보인다.
(iii) 구름은 하얗게 보인다.
(iv) 우유를 물로 희석시키면 푸르스름하게 보인다.

① 굴절 ② 간섭 ③ 회절
④ 편광 ⑤ 산란

10

편광된 빛이 자신의 편광방향과 α의 각도를 이루고 있는 편광필터를 통과한 후, 빛의 세기가 I가 되었다. 그런데 편광 필터를 회전시켜 편광필터를 투과하기 전 빛의 방향과 θ를 이루도록 하였더니 빛의 세기가 $I/2$이 되었다. θ를 α로 표현하면?

① $\cos^{-1}\left(\frac{\cos\alpha}{2}\right)$ ② $\cos^{-1}\left(\frac{\cos\alpha}{\sqrt{2}}\right)$ ③ $\frac{1}{2}\cos^{-1}\left(\frac{\cos\alpha}{2}\right)$
④ $\frac{1}{2}cos^{-1}\left(\frac{\cos\alpha}{\sqrt{2}}\right)$ ⑤ $\frac{1}{\sqrt{2}}cos^{-1}\left(\frac{\cos\alpha}{2}\right)$

11 편광에 대한 설명이다. 잘못된 것은?

① 공기 중의 분자들에 의해 산란된 빛은 부분적으로 편광되어 있다.
② 편광각으로 반사면에 입사된 빛의 반사광은 입사면에 평행하게 편광된다.
③ 편광필터는 편광축에 평행인 편광된 빛은 통과시키지만, 수직인 편광된 빛은 통과시키지 못한다.
④ 위상차를 가지고 있는 두 개의 편광된 파들이 서로 중첩되면 원편광 또는 타원편광된 빛을 만든다.
⑤ 편광된 빛이 편광필터에 입사하면 편광필터를 투과하는 빛의 세기는 입사광의 편광축과 편광필터의 편광축 사이의 각에 의존한다.

12 다음 중 잘못 서술된 것은?

① 편광 방향에 따라 굴절률이 다른 물질은 복굴절을 일으킨다.
② 복굴절을 통과한 두 개의 서로 수직한 선편광된 빛은 통과 후 원편광이 될 수는 없다.
③ 위상차를 가지고 있는 두 개의 편광된 파들이 서로 중첩되면 원편광 또는 타원편광된 빛을 만든다.
④ 편광이 서로 수직이고 진폭이 동일한 두 파가 복굴절 물질로 들어가면 두 파는 다른 속력으로 진행한다.
⑤ 광축이 기저면에 수직하도록 만든 방해석 프리즘에 백색광을 입사시키면 두 조의 스펙트럼이 나타나게 된다.

Chapter 6
열복사와 스펙트럼
Radiation of Heat & Spectrum

빛은 전자기파의 일종이기 때문에 한 광원으로부터 빛이 발산된다는 것은 전자기파의 발생원리와 같다. 즉 하전입자(荷電粒子)의 가속운동이 원인이 됨을 예기할 수 있을 것이다. 이 장에서는 원자 물리학의 이론을 도입하여 인공적으로 조명을 얻는 방법과 광원의 종류에 따른 스펙트럼의 특성에 관하여 알아본다.

6-1 광원(Source of light)
6-2 스펙트럼(Spectrum)
6-3 열복사(Radiation of heat)
6-4 태양의 온도(Temperature of the sun)
6-5 원자모형과 선 스펙트럼
(Model of atoms and line spectrum)
6-6 수소 원자의 스펙트럼 계열
(Spectrum series of hydrogen atoms)

광원 (光原 : Source of light) 6-1

빛의 발생은 원자적인 현상에 기인한다. 어떤 특정 궤도를 따라 돌고 있는 전자가 가열 또는 충격 등으로 외부로부터 일을 받게 되면 에너지가 더 높은 상태로 여기(勵起 : exited)를 일으키게 되고, 이 높은 에너지의 상태가 불안정하므로 곧 에너지가 낮은 원래의 궤도로 돌아간다. 이때 [그림 6-1]과 같이 빛이 발생되고, 빛의 진동수는 두 정상 상태 사이의 궤도 에너지 차에 비례한다. 이것은 마치 물체가 높은 곳에서 낮은 곳으로 떨어지는 순간에 그 높이에 비례하는 운동 에너지 및 열 에너지가 발생하는 현상과 비슷하다.

광원은 크게 두 가지 종류로 구별할 수 있다.

- 원자를 가열하여 궤도 전자의 변위를 일으킴으로서 빛을 얻게 되는 열광원.
  예) 백열 전등, 금속 아크등, 자동차 전조등
- 저압의 기체원자에 전기방전으로 나오는 고속전자를 충돌시켜 줌으로서 궤도 전자의 변위를 일으켜 빛을 얻게 되는 전기방전에 의한 광원.
  예) 형광등, 알곤등, 수은등

1) 백열 전등 (열광원)

유리관 속에 도체를 넣고 이것을 전류로 가열하여 빛을 얻는다. 전류를 이루는 전자들이 필라멘트를 가열하여 충분히 높은 온도가 되면 필라멘트는 전 가시광선 영역의 빛을 내게 된다. 이것은 1880년 에디슨(Edison)에 의하여 발명되었고 처음에는 진공 속에 탄화된 대나무 필라멘트를 사용했으나, 그 뒤에 여러 차례로 개량되어 텅스텐 필라멘트를 사용하고 있다.

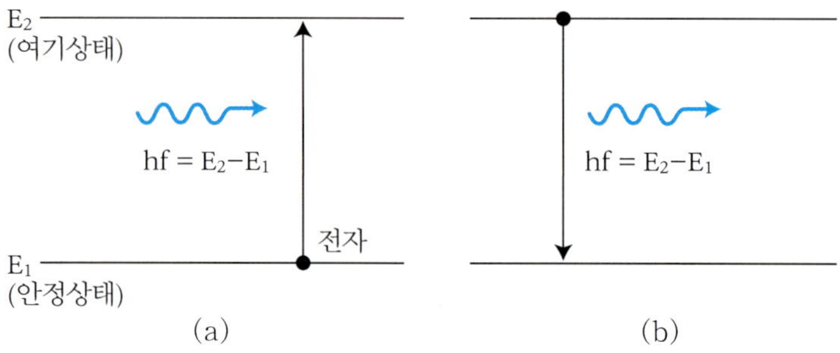

(a) E_2-E_1 과 같은 에너지의 빛을 흡수할 때 전자는 높은 에너지 상태로 올라간다.
(b) E_2-E_1 과 같은 에너지의 빛을 방출할 때 전자는 낮은 에너지 상태로 내려간다.
여기에서 h 는 plank 상수이며, f 는 빛의 진동수이다.

[그림 6—1] **빛(에너지)의 흡수 및 방출**

2) 형광등 (전기방전에 의한 광원)

공기를 뺀 긴 유리관 속에 기체를 봉입하고, 여기에 방전을 일으켜 조명등을 만들 수 있다. 이것은 상업적인 광고에 많이 사용되고 있는 네온(neon), 알곤(argon)등, 수은등(helium) 등과 같은 것이 있다. 여기서 수은등은 수은 원자들이 기체 상태로 되어 있으므로 수은등에 전류가 흐르면 전류를 이루는 전자들이 수은 원자들과 충돌하여 수은 원자들에게 에너지를 공급하게 된다. 에너지를 받은 원자들은 불안정한 여기상태로 되었다가 받았던 에너지만큼의 빛을 방출하므로서 안정상태로 빠르게 전이하게 된다. 이 과정에서 수은 원자들은 수은 특유의 스펙트럼선을 방출하게 된다. 즉, 이 등이 110 V의 전원에서 동작한다면 스위치를 넣는 순간에는 자기유도(自己誘導)의 작용으로 두 극 사이에는 1,500 V 정도의 높은 전압이 걸리고 두 극 근방의 기체가 전리(電離)된다. 이 전리에 의하여 생긴 전자와 양이온이 고속도로 움직여 주위에 있는 원자와 충돌하면서 주위 원자를 차례로 전리시켜 주므로서 계속적인 방전이 일어날 수 있다. 자유전자가 양이온과 결합하여 이것이 낮은 에너지 상태로 떨어질 때 빛이 생기고, 따라서 이 때 방출되는 빛은 기체 특유의 색깔(파장)을 갖게 된다. 현재 많이 사용되는 형광등은 수은 몇 방울과 아르곤 기체를 넣은 것인데, 이 기체가 자외선 영역에 속하는 빛을 다량으로 방사하고, 이것이 유리벽에 칠한 형광물질에 흡수된 후 가시광선으로 방출된다.

그러나 교통신호등의 색깔은 조금 다르다. 빨간 신호등인 경우 가시광선의 빨간색 부분만 빼고는 모든 가시광선이 흡수되어 버린다. 다시 말하면 빨간 플라스틱 뚜껑을 통과하는 빛의 색이 빨간색이므로 빨간색으로 보이게 된다.

6-2 스펙트럼 (Spectrum)

1. 스펙트럼의 종류

모든 물질의 원소는 빛을 방출할 때 자신의 고유한 파장을 지닌 색깔을 낸다.

1) 연속 스펙트럼 (Continuous spectrum)

백열전구처럼 원자들이 밀집되어 있는 고체 상태나 액체 상태에서는 원자들의 고유한 색상들이 다양하게 겹쳐져 나오므로 윤곽이 뚜렷하지 않은 스펙트럼이 관측된다.

고온의 고체나 액체가 내는 빛을 분광기로서 분산시키면 빨강에서 보라까지의 모든 색이 연속적으로 배열되어 있으나 스펙트럼 무늬의 경계가 뚜렷하지는 않다. 이러한 스펙트럼을 **연속 스펙트럼**이라 한다. 이 때 표면온도에 따라 색깔(파장)에 따른 에너지 분포가 달라진다.

여기서 분광기란 얇은 슬릿, 렌즈, 회절 격자 또는 프리즘을 이용하여 배열된 것인데, 고온의 기체나 광원으로부터 나오는 빛의 스펙트럼을 관측할 수 있다.

2) 휘선 스펙트럼 (Line spectrum)

고온의 기체에서 나오는 빛을 분광기로 분산시켜 보면 그 기체 특유의 색깔(파장)을 갖는 몇 개의 가는 선으로 나타낸다. 각각의 선들은 독특한 빛의 진동수에 대응하며 이러한 스펙트럼을 **휘선 스펙트럼**이라 한다. 눈으로 직접 관찰할 수 있는 선은 가시광선 영역이고 가시광선 밖의 적외선과 자외선 영역에도 가는 선이 존재함을 사진건판이나 다른 방법으로 알아낼 수 있다.

[표 6-1] 은 몇 개의 원소가 고온에서 나타내는 대표적인 선의 위치를

[표 6—1] **옹스트롬(Å) 단위로 표시 된 스펙트럼선**

s, m, w는 강(强, strong), 중(中, medium), 약(弱, weak)을 표시한다.

(파장단위 Å)

나트륨(Na)	수은(Ag)	헬리움(He)	카드미움(Cd)	수소(H_2)
5,889.95 s	4,046.56 m	4,387.93 w	4,678.16 m	6,562.82 s
5,895,92 m	4,077.81 m	4,437.55 w	4,799.92 s	4,861.33 m
	4,358.35 s	4,471.48 s	5,085.82 s	4,340.46 w
	4,916.04 w	4,713.14 m	6,438.47 s	4,101.74 w
	5,460.74 s	4,921.93 m		
	5,769.59 s	5,015.67 s		
	5,790.65 s	5,047.74 w		
		5,875.62 s		
		6,678.15 m		

나타낸 것이다. 이와 같이 고온의 기체가 휘선 스펙트럼을 나타내게 되는 이유는 원소에 따라 전자들의 배열상태가 다르므로 한 에너지 준위에서 다른 에너지 준위로 전이할 때 나오는 빛의 진동수가 다르기 때문이다. 다시 말하면, [그림 6-2] 의 (a)와 같이 고온으로 인하여 여기상태에 있는 원자내 전자가 낮은 에너지 준위로 전이할 때 빛을 방출하며, 전자의 궤도 에너지는 불연속적이기 때문이다. 고온의 원자기체가 내는 빛은 가는 선 스펙트럼으로 되나 둘 또는 그 이상의 원자로 구성된 분자기체가 내는 빛은 가는 선이 밀집한 띠(band) 모양의 스펙트럼을 나타낸다. 이것은 분자의 에너지 준위가 원자의 것 보다 대단히 많고 훨씬 더 복잡하기 때문이다.

그 준위(準位)는 전자 궤도의 에너지 차에 의한 것만이 아니라 회전에너지와 진동에너지의 차이 때문에도 생긴다. 띠는 진동전이에, 띠(band) 안의 선 하나 하나는 회전전위에 대응한다.

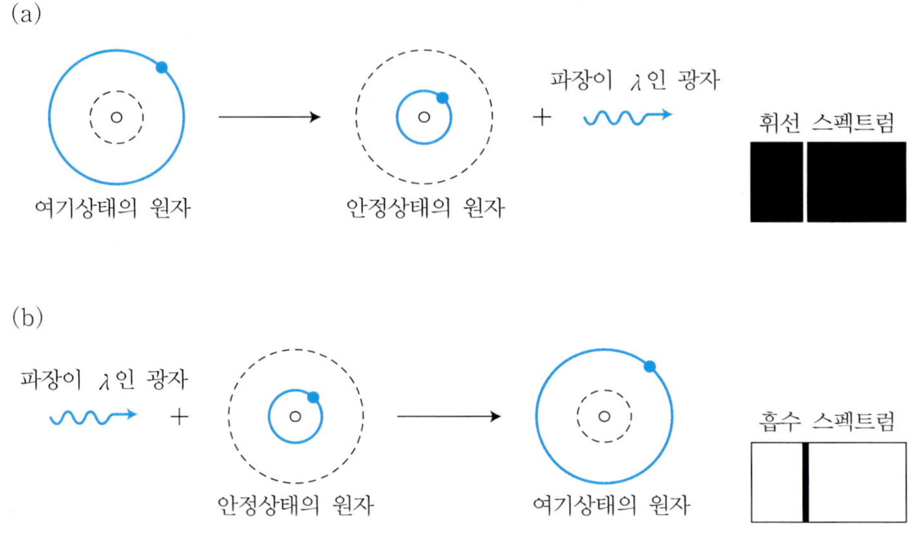

[그림 6—2] (a) **휘선 스펙트럼의 원리**, (b) **흡수 스펙트럼의 원리**

3) 흡수 스펙트럼 (Absorption spectrum)

연속 스펙트럼을 나타내는 빛이 저온의 기체 속을 지나게 하면 연속 스펙트럼 사이에 몇 개의 검은 선이 나타난다. 이 검은 선은 그 파장에 해당하는 빛이 저온의 기체원자에 흡수되어 나타나는 것이며, [그림 6-2] 의 (b) 와 같이 이러한 스펙트럼을 **흡수 스펙트럼**이라 한다. 태양광선의 스펙트럼은 흡수 스펙트럼이다. 이것은 태양이 내는 빛은 연속 스펙트럼이지만 찬 태양 대기를 통과할 때에 대기로부터 특정 파장의 빛이 흡수되어 연속 스펙트럼에 무수히 많은 암선이 나타나게 되는데, 이것은 프라운호퍼 (Fraunhofer)에 의해서 최초로 관측되었으며 **프라운호퍼선**이라 부른다.

실험실에서 흡수 스펙트럼을 관찰하는데 적당한 물질은 그렇게 많지 않다. 왜냐하면 대부분의 단일 원자 기체 흡수선은 자외선영역에 있기 때문이다. 탄소봉 아크에서 나오는 연속 스펙트럼을 저온의 나트륨 증기 속으로 지나게 하면 여러 개의 흡수선을 관찰할 수 있다. 이것은 나트륨 원자가 암선에 해당되는 특정 파장의 빛을 흡수하므로서 생기게 되며 이 때 나트륨 원자의 핵 둘레를 돌고 있는 궤도 전자는 기준상태로부터 흡수한 파장의 빛 에너지만큼 더 높은 준위로 여기하게 된다. 일반적으로 기체는 고온일 때 내는 빛과 같은 파장의 빛을 저온일 때는 흡수하게 된다.

이상과 같은 스펙트럼의 연구로 인하여 물질내의 원자 구조는 물론 태양이나 수 많은 별들에 대한 조성도 알 수 있다.

6-3 열복사 (熱輻射 : Radiation of heat)

1. 복사능 (輻射能 : Emissive power)

모든 사람들은 태양빛 아래에서의 따스함이나 타오르는 장작더미 근처에서의 강한 열을 느껴 보았을 것이다. 이러한 고온의 물체로부터의 열전달은 공기를 매개로 하는 전도나 대류가 아니고 **복사**에 의해서 우리에게 전달된다. 이러한 복사에 의한 전달은 태양빛과 같이 진공중이라도 가능하며 보통의 온도에서도 가능하다. 단지 상온에서는 가시광선보다 파장이 매우 긴 적외선에 의해 복사에너지가 전달되며, 온도가 상승할수록 보다 짧은 파장을 가진 전자기 복사 에너지가 방출된다.

고온의 물체로부터 복사 에너지가 방출될 때 열복사에 의한 복사파 속에는 고유의 파장을 가진 단색광이 혼합되어 있다. 따라서 이 경우에는 연속 스펙트럼이 형성된다. 이 스펙트럼 속에 가시광선이 포함되려면 물체의 표면 온도는 적어도 500℃ 이상이 되어야 한다. 특정 온도에서 물체의 단위 표면적에서 단위시간 동안에 방사되는 에너지를 **복사능**(emissive power) E 라고 부른다. 복사능은 온도와 표면상태에 따라 다른데, 특히 온도에 따라 많이 변한다. 복사선 속에는 파장이 다른 단색광이 연속적으로 분포되어 있으므로, 이 가운데 파장 λ 와 $\lambda + d\lambda$ 사이의 복사파 에너지를 $E'd\lambda$ 라고 할때 E' 을 **단색 복사능**(monochromatic emissive power)이라고 부른다. $E'd\lambda$ 는 [그림 6-3] 에 사선부(斜線部)의 면적에 해당되므로 따라서 복사능 E 는

$$E = \int_0^\infty E'd\lambda \qquad (6\text{-}1)$$

로 된다.

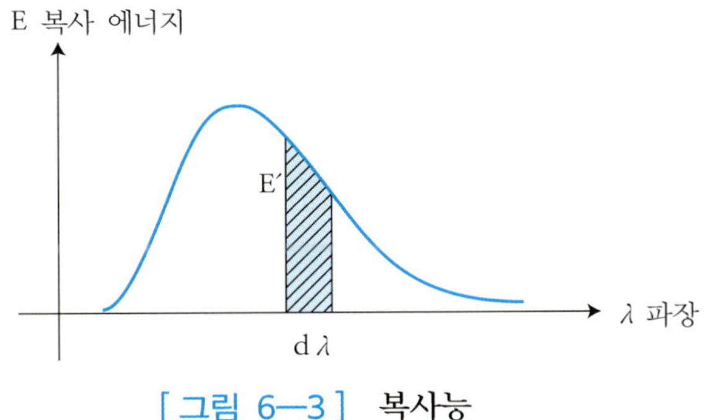

[그림 6-3] 복사능

2. 키르히호프(Kirchhoff)의 법칙

복사선을 물체에 조사하면 복사선의 일부는 흡수되고, 일부는 반사되고, 또 일부는 투과된다. 입사에너지와 이 에너지들의 비율을 각각 **흡수능**(absorptivity, A), **반사능**(reflectivity, R), **투과능**(transmissivity, T)이라고 부른다. 이들은 에너지 보존법칙에 의하여 다음과 같은 관계식이 성립된다.

$$A + R + T = 1 \tag{6-2}$$

흡수능 A의 값은 복사선의 파장에 크게 관계되고 흡수체의 온도에도 약간 관계된다. 모든 파장에 대하여 A = 1이고 모든 에너지를 흡수해 버리는 물체를 **이상흑체**(理想黑體) 또는 **흑체**(black body)라고 한다. 두 물체 표면의 복사능이 E_1, E_2, 흡수능이 A_1, A_2이고 등온(等溫)에 놓여 있으면 열복사 평형을 유지하기 위하여

$$\frac{E_2}{E_1} = \frac{A_2}{A_1} \tag{6-3}$$

가 성립된다. 특히 물체 I이 흑체($A_1 = 1$)이면, E_1의 값은 최대가 된다. 즉 흑체는 복사능도 가장 크다. 즉 흑체 복사능이 E_0라 하고 같은 온도에서의 어떤 물체의 복사능을 E, 흡수능을 A라 하면 식 (6-3)에서

$$\frac{E}{E_0} = \frac{A}{1}$$

$$E = A E_0 \tag{6-4}$$

가 된다. 식 (6−3), (6−4)의 관계를 **키르히호프(Kirchhoff)의 법칙**이라 부른다.

3. 스테판−볼쯔만(Stefan−Boltzmann)의 법칙

고온의 고체나 액체가 내는 빛을 분광기로 분산시키면 빨강에서 보라까지의 모든 색이 연속적으로 배열되는 연속 스펙트럼을 나타낸다.

[그림 6−4]는 연속 스펙트럼에 있어서 파장에 따른 에너지의 분포를 나타낸 것이다. 이 그림은 4개의 서로 다른 온도에 있는 흑체에서 나오는 복사에너지의 파장에 따른 에너지 분포곡선이다. 종축은 에너지축으로 단위는 cal/cm^2sec 이고, 횡축은 파장축으로 단위는 Å 이다. 곡선 아랫

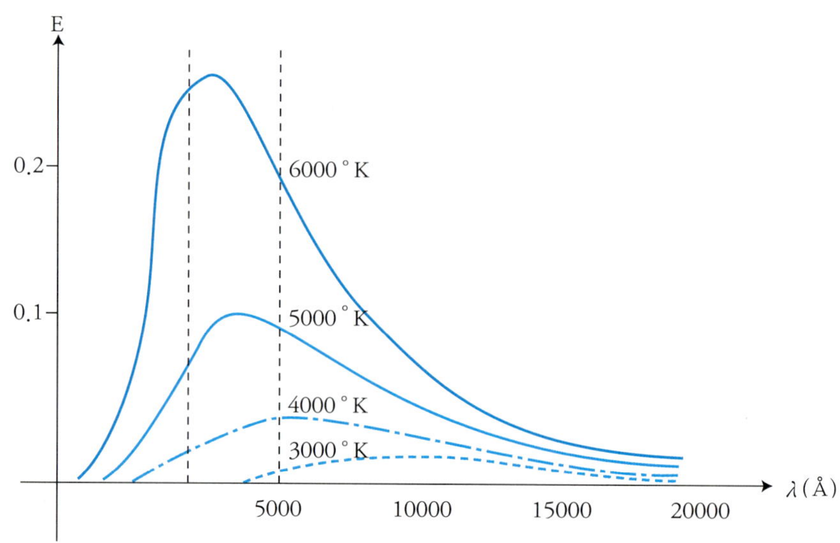

[그림 6−4] 흑체의 열 복사 에너지 분포곡선

부분의 면적은 전체 파장에서 복사된 전체 에너지를 표시한다. [그림 6-4] 에서와 같이 절대온도가 상승함에 따라 전체 복사에너지는 커지고, 에너지가 최대치를 이루는 파장은 짧아지게 된다. 흑체 표면 단위 면적당 1 초 동안에서 나오는 전체에너지 E 는 표면의 절대온도 T 의 4제곱에 비례한다.

$$E = \gamma T^4 \ (\mathrm{erg/cm^2 sec}) \tag{6-5}$$

여기서 상수 γ 는 스테판 – 볼쯔만 상수라고 불리는 기본상수이다. $\gamma = 5.669 \times 10^{-5}\ \mathrm{erg/cm^2 sec \cdot K^4}$ 이다. 식 (6-5) 를 **스테판 – 볼쯔만(Stefan-Boltzmann)의 법칙**이라 한다. 또 [그림 6-4] 에서 에너지의 세기가 최대치를 이루는 파장 λ_{max} 은 흑체의 표면온도가 높을수록 파장이 짧은 쪽으로 이동하게 되어 λ_{max} 와 절대온도 T 는 반비례 한다.

$$\lambda_{max} \cdot T = 0.2898\ \mathrm{cm\ K} \tag{6-6}$$

식 (6-6) 을 **비인(Wien)의 법칙**이라 한다. 식 (6-5) 와 (6-6) 는 이상적인 흑체에서 나오는 복사에 대해서만 정확히 성립되나 물체의 표면색이 검정색이거나 작은 슬릿이 있는 공동(空洞)에서는 근사적으로 성립된다.

6-4 태양의 온도 (Temperature of the sun)

지구상의 대기권 밖에서 태양광선에 수직한 단위면적 (1 cm^2)에 단위시간 (1분)동안 떨어지는 복사에너지를 태양상수 (solar constant)라 하며, 태양상수 I 는

$$I = 1.93\ cal/min \cdot cm^2 = 1.34 \times 10^7\ erg/sec \cdot cm^2$$

이다. 이 상수는 지구의 대기층을 통과하는 동안 대기로부터 일부는 흡수 또는 산란되므로서 실제로 지표면 상에서 받는 태양광선의 에너지는 줄어들게 된다. 태양을 완전 흑체로 가정하고 스테판 – 볼쯔만 (Stefan–Boltzmann)의 법칙을 적용하여 태양표면의 온도를 계산하여 보자.

태양의 반경을 r 이라 하면 태양이 1 초 동안에 복사하는 에너지 E 는 식 (6–5)에서

$$E = 4\pi r^2 \gamma T^4 \tag{6–7}$$

또 태양상수 I 를 이용하여 태양이 1초 동안에 복사하는 에너지 E 를 계산하면, 지구와 태양간의 거리를 R 라 할 때

$$E = 4\pi R^2 I \tag{6–8}$$

이 된다.

식 (6–7)과 (6–8)에서 $4\pi r^2 \gamma\ T^4 = 4\pi R^2 \cdot I$ 이므로 태양의 표면 온도 T 는

$$T = \left[\frac{R}{r}\right]^{1/2}\left[\frac{I}{\gamma}\right]^{1/4} \tag{6–9}$$

이 된다. r/R 는 지구에서 보는 태양의 시반경(視伴經) 16′ 를 대입하면 T = 5,760 °K 가 된다. 따라서 태양표면의 온도는 대략 6,000 °K임을 알 수 있다.

원자모형과 선 스펙트럼 (Model of atom & line spectrum) 6-5

1. 톰슨 (Thomson)의 원자모형

1906년 톰슨 (J.J. Thomson) 은 고전 전자기학을 써서 전자의 크기는 대략 10^{-15} m 임을 밝혀 내고 당시에 이론으로 알려진 원자의 크기가 약 수 Å (10^{-10} m) 라는 사실을 근거로, 원자모형을 제시하였다. 즉, 원자의 크기에 비하여 전자는 약 10만분의 1 정도의 크기에 불과하므로 전자들이 원자 속에 띄엄띄엄 박혀 있을 것이라고 생각하였다. 또, 원자는 전기적으로 중성이어야 함으로 원자의 바탕은 전자들의 전하량과 같은 양의 (+) 전하를 갖는다고 생각하였다.

즉, [그림 6-5] 와 같이 (+) 전하를 띤 바탕 속에 원자번호와 같은 수의 전자가 띄엄 띄엄 박혀서 전기적으로 중성을 이루게 된다는 최초의 원자 모형을 제안하였다. 이 제안은 원자 모형 속에 전자를 포함 시켰다는 입장에서 큰 주목을 받았으나 1911년 러더퍼드 (Rutherford) 의 실험에 의하여 잘못이 밝혀졌다.

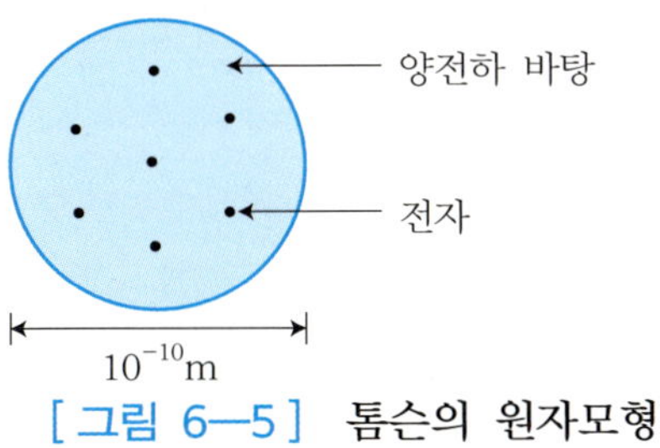

[그림 6-5] 톰슨의 원자모형

2. 러더퍼드 (Rutherford)의 원자모형

1911년 러더퍼드 (Rutherford) 는 방사성 동위원소 라듐에서 나온 α 입자(이온화된 헬륨원자)를 금속 표면에 쬐일 때 큰 각도로 산란되는 것을 발견하였다. 만약 원자가 톰슨의 모형과 같이 양전하가 전체 원자에 고르게 퍼져 있다면 그렇게 큰 각도로 편향을 일으킬 수 없다. 왜냐하면 α 입자는 전자질량의 1000 배 가량이고 양전하들의 질량은 α 입자의 50 배 정도이다. 그러므로 전자는 산란하는데 아무런 역할을 할 수 없을 것이고, 또 양전하가 뭉쳐있지 않는다면 입사된 α 입자가 큰 각으로 (90° 이상) 되돌아오는 현상 즉 산란이 일어나지 않았을 것이다. 즉, [그림 6−6] 과 같이 러더퍼드의 실험에서 α 입자는 대부분은 직진하나 소수의 α 입자는 큰 각으로 산란되어 되돌아 나오는 것도 있음을 발견하므로서 톰슨 원자모형이 모순임을 알게 되었다. 러더퍼드는 금속 표면에 쬐인 α 입자의 산란을 설명하기 위하여 원자는 중앙에 (+) 전하를 가진 원자 질량의 대부분을 차지하는 원자핵 (10^{-15} m) 이 있고 그 둘레를 (−) 전하를 가진 전자가 회전하고 있으며, 이들 사이에 작용하는 전기력은 구심력이 된다는 새로운 원자모형을 제안하였다. 즉, 러더퍼드의 알파입자 산란 연구의 결과로 핵의 존재가 알려졌다. 그러나 러더퍼드의 원자모형에서도

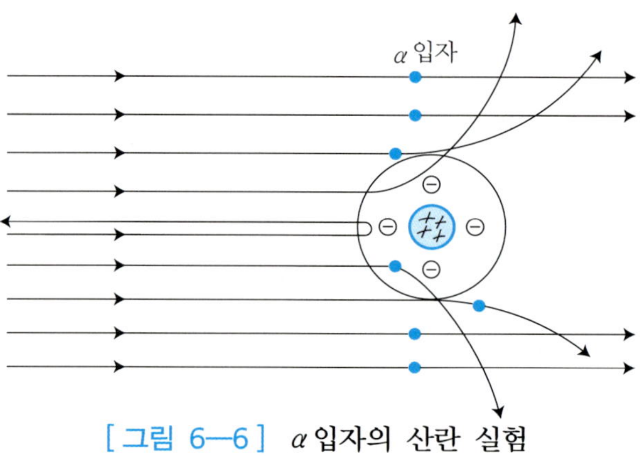

[그림 6—6] α 입자의 산란 실험

원자의 반경 : 약 10^{-10} m, 원자핵의 반경 : 약 10^{-15} m

다음 두 가지의 모순점이 있어 1913 년 보어(Bohr)는 러더퍼드 원자모형을 수정하게 되었다.

1) 원자의 안정성 문제

전자가 원자핵 주위를 돌고 있다면 원자는 오래 지탱할 수 없다. 즉, 전자기 이론에 의하면 가속되고 있는 전자는 전자기파를 방출하게 되어 에너지를 잃기 때문에 전자는 원자핵에 더 가까이 끌려가게 되며 점점 더 많은 전자기파를 방출하면서 궤도반경이 줄어드는 쪽으로 나선운동을 그리면서 결국에는 원자핵과 충돌하게 될 것이다. 그러나 원자는 계속하여 일정한 크기를 유지하고 있다.

2) 원자 스펙트럼이 선 스펙트럼이다.

기체방전에서 나오는 빛이 선 스펙트럼이 됨을 러더퍼드의 원자모형으로는 설명할 수 없다는 사실이다.

앞의 [그림 6-7] 의 (a) 에서와 같이 가장 간단한 수소원자에 대하여 생각하여 보면 전자가 원자핵 주위를 회전할 때 방출되는 빛의 진동수는 전자가 핵 주위를 회전하는 수 또는 그 정수배와 같아야 한다. 이 경우 전자가 방출하는 빛의 진동수도 점점 증가해야 한다. 따라서 러더퍼드의

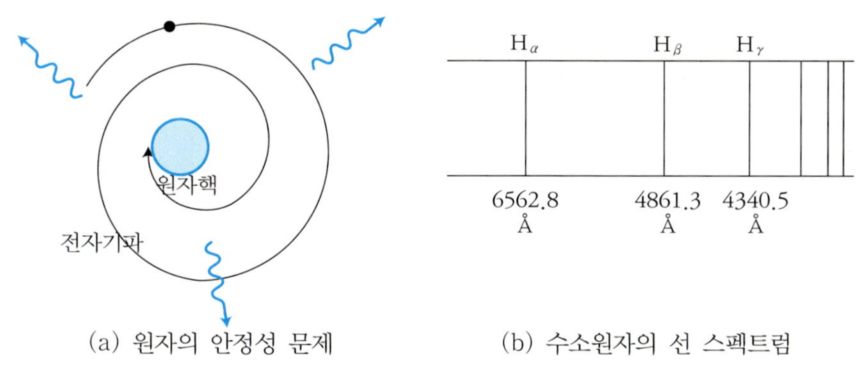

(a) 원자의 안정성 문제 (b) 수소원자의 선 스펙트럼

[그림 6-7] 러더퍼드 원자 모형의 난점

원자모형으로부터 예측되는 빛의 스펙트럼은 긴 파장으로부터 짧은 파장 영역에 걸쳐 연속적으로 분포되는 것이다. 그러나 실제로 수소기체로부터 관측되는 스펙트럼은 [그림 6-7] 의 (b) 와 같이 선 스펙트럼으로 나타난다.

이 때 방출하는 선 스펙트럼의 파장 λ 는

$$\frac{1}{\lambda} = R\left[\frac{1}{2^2} - \frac{1}{n^2}\right], \quad n = 3,\ 4,\ 5,\ \cdots \tag{6-10}$$

로 주어지며, n 에 3, 4, 5, ⋯ 를 차례로 대입하면 H_α, H_β, H_γ ⋯ 의 파장과 일치하는 규칙성 있는 선 스펙트럼이 나타난다. 여기서 $R = 1.097 \times 10^7\ m^{-1}$ 의 크기를 갖는 **리드버그(Rydberg) 상수**이며, 이 식을 **발머(Balmer) 식**이라 한다.

3. 보어 (Bohr) 의 원자모형

발머 (Balmer)가 만든 식에 의해 수소원자의 선 스펙트럼은 잘 설명할 수 있으나 이 식이 갖는 물리적 의미는 이해되지 않았다. 그러던 중 1913년 덴마크의 물리학자 보어 (Bohr)는 러더퍼드 (Rutherford)의 원자모형의 난점과 발머식을 이해할 수 있는 획기적인 다음 두 가지의 가설에 따른 새로운 원자모형을 제안하였다.

1) 제 1가설 (양자 조건)

핵 둘레를 돌고 있는 전자 중에서 양자 조건을 만족하는 선택된 궤도상에서 회전하는 전자는 전자기파를 방출하지 않는다.

$$2\pi r = \frac{nh}{mv}: \text{ 양자 조건} \tag{6-11}$$

여기서 r 은 전자 궤도반경이고, v는 전자의 속도, m 은 전자의 질량, n 은 정수로 n = 1, 2, 3, …… 인 양자수이며, h 는 **플랑크(Planck) 상수** $h = 6.62 \times 10^{-34}$ J·sec 이다. 원자핵은 전자에 비해서 대단히 무겁기 때문에 운동을 하지 않는다고 볼 수 있다. 그러므로 원자의 에너지는 오직 전자가 가지고 있는 역학적에너지와 같다. 따라서 원자의 에너지 준위는 전자가 가지고 있는 역학적에너지 준위이다. 그런데 이 전자의 운동은 일정한 에너지를 가진 궤도에서만 가능하며 이 때에는 전자기파를 방출하지 않는다. 이와 같은 에너지 상태를 정상 상태라 한다. 즉, 전자는 **정상 상태**(stationart state) 라는 특정한 원궤도 내에서만 움직인다.

2) 제 2가설 (진동수 조건)

전자가 선택된 궤도를 회전할 때에는 전자기파를 방출하지 않는다. 그러나 한 정상 상태의 궤도에서 다른 정상 상태의 궤도로 옮겨 갈 때에는 두 궤도의 에너지 차에 해당하는 에너지를 갖는 빛을 방출 또는 흡수한다.

$$E = E_n - E_m \tag{6-12}$$

전자가 높은 에너지 궤도인 바깥 궤도에서 낮은 에너지 궤도인 안쪽 궤도로 떨어질 때 빛을 방출하고, 안쪽 궤도에서 바깥쪽 궤도로 여기(勵起)할 때에는 빛을 흡수한다. 아인시타인(Einstein)의 광량자설에서 빛(광자)의 에너지 E 는 $E = hf = hc/\lambda$ 이므로, [그림 6-8] 과 같이 궤도 에너지 E_n 에서 E_m 인 궤도로 떨어질 때 방출하는 빛의 진동수 f 와 파장 λ 는 식 (6-12) 에서

$$hf = E_n - E_m \qquad \therefore\ f = (E_n - E_m)/h$$

$$hc/\lambda = E_n - E_m \qquad \therefore\ \lambda = hc/(E_n - E_m)$$

로 나타낼 수 있다.

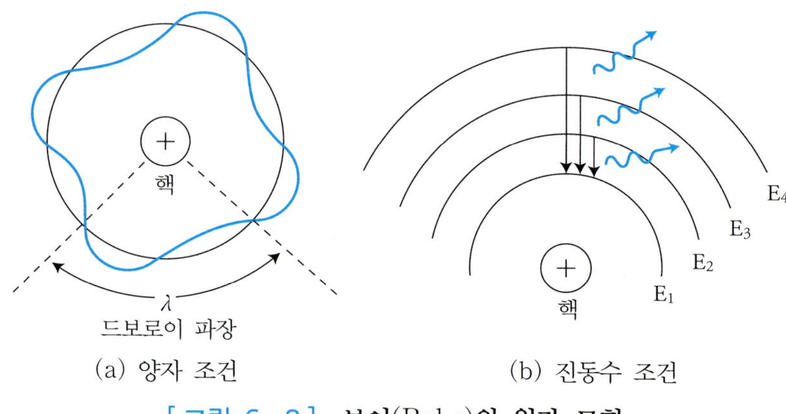

[그림 6—8] **보어(Bohr)의 원자 모형**

6-6 수소원자의 스펙트럼 계열 (Spectrum series of hydrogen atoms)

수소원자는 전하량이 $+e$ 인 핵 주위로 회전하는 전하량 $-e$ 를 가진 단일전자로 구성되어 있다.

이 때 전하 간의 전기적 인력은 구심력이 되므로

$$\frac{1}{4\pi\varepsilon_0}\frac{e^2}{r^2} = \frac{mv^2}{r} \tag{6-13}$$

이다. 여기서 ε_0 는 상수로서 $8.85\times10^{-12}\ c^2/Nm^2$, e 는 전하량, r 은 핵과 전자간의 거리 즉 궤도반경, m 은 전자의 질량, v 는 전자의 궤도 운동속도이다. 보어의 양자조건인 식 (6–11) 에서 $2\pi r = \dfrac{nh}{mv}$ 이므로 식 (6–13) 에 대입하면 전자의 운동속도 v 는

$$v^2 = \frac{e^2}{4\pi\varepsilon_0 m}\frac{1}{r} = \frac{e^2}{4\pi\varepsilon_0 m}\frac{2\pi mv}{nh} \tag{6-14}$$

$$v = \frac{e^2}{2\varepsilon_0 nh}$$

이다.

식 (6−11) 에서 $v = \dfrac{nh}{2\pi rm}$ 를 식 (6−13) 에 대입하여 궤도반경 r 에 대하여 나타내면

$$r = \frac{e^2}{4\pi\varepsilon_0 m}\frac{1}{v^2} = \frac{e^2}{4\pi\varepsilon_0 m}\cdot\frac{4\pi^2 m^2 r^2}{n^2 h^2} = \frac{e^2\pi m}{\varepsilon_0 n^2 h^2}r^2 \qquad (6-15)$$

$$r = \frac{\varepsilon_0 n^2 h^2}{\pi m e^2}$$

이 된다. 한편 기저상태 (n = 1) 의 궤도반경 r_0 는 식 (6−15) 에서

$$r_0 = \frac{\varepsilon_0 h^2}{\pi m e^2} \qquad (6-15')$$

이 되므로 궤도반경 r 과 기저상태의 궤도반경 r_0 사이에는 다음과 같은 식이 성립된다.

$$r = n^2 r_0 \qquad (6-16)$$

그러므로 허용될 수 있는 정상 상태의 궤도반경은 r_0, $4r_0$, $9r_0$, …… 임을 알 수 있다.

이제 위와 같은 식을 적용하여 수소원자에 대한 전자의 궤도반경 r 을 구하여 보자.

$$\varepsilon_0 = 8.85\times10^{-12}\ c^2/N\cdot m^2$$
$$h = 6.62\times10^{-34}\ J\cdot sec$$
$$m = 9.11\times10^{-31}\ Kg$$
$$e = 1.60\times10^{-19}\ c$$

이므로 핵으로부터 가장 가까이 있는 전자의 궤도반경 r_0 는 식 (6−15′) 에서

$$r_0 = \frac{8.85 \times 10^{-12}\ c^2/N \cdot m^2 \times (6.62 \times 10^{-34}\ J \cdot sec)^2}{3.14 \times 9.11 \times 10^{-31}\ kg \times (1.60 \times 10^{-19}\ c)^2}$$

$$= 5.3 \times 10^{-11}\ m = 0.53\ Å$$

따라서 수소원자에서 양자수가 n 일 때 궤도반경 r 는 다음과 같다.

$$r = 0.53\ n^2 \qquad (6\text{–}16')$$

이 된다.

다음은 수소원자의 궤도 에너지에 대하여 알아보도록 하자. 어떤 궤도 상에서 운동하고 있는 전자의 운동에너지 (kinetic energy : KE) 는

$$KE = \frac{1}{2} m v^2 = \frac{1}{2} m \cdot \left[\frac{e^2}{2\,\varepsilon_0 nh} \right]^2 = \frac{1}{\varepsilon_0^{\ 2}} \cdot \frac{me^4}{8n^2h^2} \qquad (6\text{–}17)$$

이고, 위치에너지 (potential energy : PE) 는

$$PE = -\frac{1}{4\pi\varepsilon_0}\ \frac{e^2}{r} = -\ \frac{e^2}{4\pi\varepsilon_0}\ \frac{\pi me^2}{\varepsilon_0 n^2 h^2}$$

$$= -\frac{1}{\varepsilon_0^{\ 2}} \cdot \frac{me^4}{4n^2h^2} \qquad (6\text{–}18)$$

이므로, 수소원자의 궤도 에너지 E 는 두 에너지를 합하여 다음과 같다.

$$E = KE + PE = -\frac{1}{\varepsilon_0^{\ 2}} \cdot \frac{me^4}{8n^2h^2} \qquad (6\text{–}19)$$

핵에서 무한한 거리에 떨어져 있는 전자에 대해서 위치에너지를 0 으로 취했기 때문에 궤도에너지는 "−" 기호를 갖는다. 원자에너지는 전자가 n = 1 인 궤도를 돌 때 가장 작으므로 그 때 E 는 "−"로서의 최대치를 가지며, n = 2, 3, …… 에 대해서 E 의 절대치는 점점 작아지므로 에너지는 외각 궤도로 갈수록 점차 커진다. 수소원자의 핵으로부터 가장 가까이 있는 전자궤도의 에너지 E_1 은 식 (6–19) 에서 n = 1 을 대입하면 되므로

다음과 같다.

$$E_1 = -\frac{1}{\varepsilon_0{}^2}\cdot\frac{me^4}{8h^2}$$
$$= -\frac{1}{(8.85\times10^{-12}\,c^2/N\cdot m^2)^2}\times\frac{9.11\times10^{-31}\,kg\times(1.60\times10^{-19}c)^4}{8\times(6.62\times10^{-34}\,J\cdot sec)^2}$$
$$= -2.18\times10^{-18}\,J$$
$$= -13.6\,eV$$

여기서 13.6 eV 는 수소에서 전자를 완전바닥상태에서 무한궤도상태로 완전히 제거하는데 필요한 에너지이며 이온화에너지라고 한다.

이제 식 (6−19) 을 E_1 으로 나타내면 다음과 같다.

$$E = -\frac{E_1}{n^2} = \frac{-13.6\,eV}{n^2}$$

양자수 n_1 인 궤도에서 n_2 인 궤도로 전이할 때 방출되는 빛(광자)의 에너지는 식 (6−18) 을 이용하면 아래와 같다.

$$E = hf = hc/\lambda = En_1 - En_2$$
$$= -\frac{1}{\varepsilon_0{}^2}\cdot\frac{me^4}{8h^2}\left(\frac{1}{n_1{}^2}-\frac{1}{n_2{}^2}\right)$$
$$= \frac{1}{\varepsilon_0{}^2}\cdot\frac{me^4}{8h^2}\left(\frac{1}{n_2{}^2}-\frac{1}{n_1{}^2}\right)$$
$$f = \frac{1}{\varepsilon_0{}^2}\cdot\frac{me^4}{8h^3}\left(\frac{1}{n_2{}^2}-\frac{1}{n_1{}^2}\right)$$
$$1/\lambda = \frac{1}{\varepsilon_0{}^2}\cdot\frac{me^4}{8h^3c}\left(\frac{1}{n_2{}^2}-\frac{1}{n_1{}^2}\right)$$
$$= R\left(\frac{1}{n_2{}^2}-\frac{1}{n_1{}^2}\right) \qquad (6-20)$$

여기서 R 는 리드버그 (Rydberg) 상수이며 $R = me^4/8\varepsilon_0{}^2h^3c = 1.079 \times 10^7\,m^{-1}$ 이다.

[그림 6-9] 에서 아래로 향한 화살표는 한 준위에서 더 낮은 준위로 전이하는 것을 나타낸다. 이러한 준위는 계열로 분류하며 각 계열마다 기준 준위를 가지고 있다. 예를 들어서 리만계열은 가장 바닥상태로만 전이하는 계열을 뜻한다,

위 식 (6-20) 을 이용하여 조금 더 구체적으로 설명하자면 다음과 같다.

- $n_2 = 1$ 인, 즉 바닥상태로만 전이되는 복사선계열을 리만(Lymann) 계열이라 하고 자외선 영역에 해당된다.

  리만 계열 : $1/\lambda = R(1/1^2 - 1/n_1^2)$, $n_1 = 2, 3, 4, \cdots\cdots$

- $n_2 = 2$ 인 복사선계열을 발머(Balmer) 계열이라 하고 가시광선 영역에 해당된다.

  발머 계열 : $1/\lambda = R(1/2^2 - 1/n_1^2)$, $n_1 = 3, 4, 5, \cdots\cdots$

$$H_\alpha: \ 1/\lambda = R(1/2^2 - 1/3^2) = \frac{5}{36}R$$

$$H_\beta: \ 1/\lambda = R(1/2^2 - 1/4^2) = \frac{3}{16}R$$

$$H_\gamma: \ 1/\lambda = R(1/2^2 - 1/5^2) = \frac{21}{100}R$$

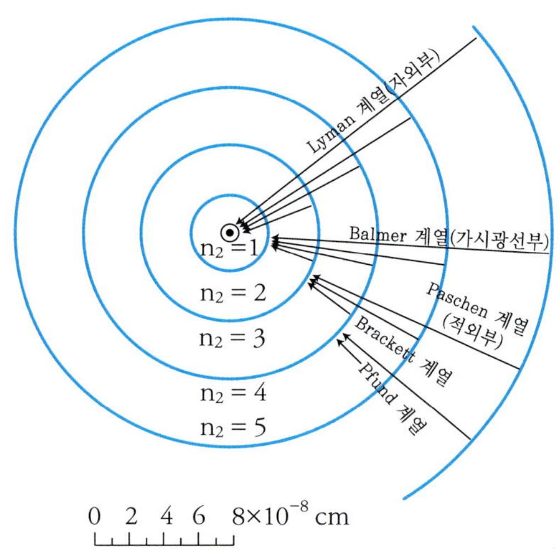

[그림 6-9] **수소원자의 보어 모형에서 전자가 취할 수 있는 궤도**

(발머 계열이 가시광선 영역)

• $n_2 = 3$ 인 복사선계열을 파센(Paschen) 계열, $n_2 = 4$ 인 복사선계열을 블래킷(Brackett) 계열이라 하고 적외선 영역에 해당된다.

파센(Paschen) 계열 : $1/\lambda = R(1/3^2 - 1/n_1^2)$, $n_1 = 4, 5, 6, \cdots\cdots$

블래킷(Brackett) 계열 : $1/\lambda = R(1/4^2 - 1/n_1^2)$, $n_1 = 5, 6, 7, \cdots\cdots$

연·습·문·제

01 무지개가 생기는 이유는 무엇인가?

① 빛의 간섭
② 빛의 분산
③ 빛의 회절
④ 빛의 중첩

02 햇빛을 분산시킬 때 생기는 스펙트럼에서 빨간색광에서 보라색광으로 갈수록 파장, 진동수, 굴절률, 회절성의 변화 중 옳은 항은?

① 굴절률이 커진다.
② 회절을 더 잘한다.
③ 진동수가 작아진다.
④ 파장이 길어진다.

03 다음은 빛에 대한 설명이다. 옳지 않은 것은?

① 무지개가 생기는 이유는 빛의 굴절에 의한 분산 때문이다.
② 보석이 반짝이는 이유는 빛의 전반사 때문이다.
③ 비누거품에서 나는 아름다운 색깔들은 빛의 간섭 때문이다.
④ 아지랑이 현상은 빛의 회절 때문이다.

04 다음에서 적외선의 성질로 적합하지 않은 것은?

① 가시광선 보다 파장이 길다.
② 가시광선 보다 굴절률이 작다.
③ 산란성이 크다.
④ 원거리 사진을 찍는데 사용된다.

05 빛에 대한 설명 중 옳은 것은?

① 가시광선 중 빨강 빛의 굴절률이 가장 크다.
② 화학작용이 강한 것은 적외선이다.
③ 가시광선 중 보랏빛의 파장이 가장 짧다.
④ 열작용이 강한 빛은 자외선이다.

06 백열전등과 형광등의 차이점은 무엇인가?

07 다원자 분자로 된 기체를 고온으로 가열하였을 때 생기는 스펙트럼은 다음 중 어느 것인가?

① 휘선 스펙트럼
② 띠 스펙트럼
③ 연속 스펙트럼
④ 흡수 스펙트럼

08 고온의 고체나 액체에서 발생되는 빛들은 다양하게 겹쳐서 나오므로 스펙트럼 무늬의 경계가 뚜렷하지 않다. 이 스펙트럼을 무엇이라 하는가?

① 휘선 스펙트럼
② 연속 스펙트럼
③ 띠 스펙트럼
④ 흡수 스펙트럼

09 태양광선의 스펙트럼은 다음 중 무엇인가?

① 흡수 스펙트럼
② 연속 스펙트럼
③ 휘선 스펙트럼
④ 띠 스펙트럼

10 빛이 저온의 기체 속을 지날 때 나타나는 스펙트럼은 다음 중 무엇인가?

① 띠 스펙트럼
② 흡수 스펙트럼
③ 연속 스펙트럼
④ 휘선 스펙트럼

11 복사의 성질을 바르게 표현한 항을 모두 고르시오.

① 진공 중에서는 복사에너지가 전달되지 않는다.
② 고온에서는 짧은 파장을 가진 전자기 복사에너지가 나온다.
③ 상온에서는 긴 파장을 가진 전자가 복사에너지가 나온다.
④ 고온의 물체로부터 방출되는 복사파는 연속 스펙트럼을 형성한다.

12 복사선을 물체에 쪼여 주면 일부는 흡수하게 되는데, 이때 입사 에너지와 흡수된 에너지의 비율을 흡수능이라 한다. 이 흡수능에 대한 설명으로 옳은 항을 모두 고르시오.

① 흡수능은 복사선의 파장 따라 다르다.
② 흡수능은 복사선의 온도에 따라 다르다.
③ 복사선 에너지를 모두 흡수해 버리는 물체 즉, 복사능이 1인 물체를 흑체라 한다.
④ 흡수능은 복사선의 진동수와는 관계없다.

13 다음 설명 중 옳은 것을 모두 고르시오.

① 흑체의 표면적당 1초당 나오는 전체 에너지는 절대온도 T의 4제곱에 비례한다.
② 태양(흑체)으로부터 나오는 복사에너지를 태양 상수라 하며 값은 $I = 1.34 \times 10^{7}$ erg/s · cm^{2}이다.
③ 태양 표면의 온도는 약 6000 °K이다.
④ 복사에너지는 온도가 높을수록 파장이 커질수록 커진다.

14 '양전하가 연속적으로 분포된 원자 내부에 − 전하를 가진 전하가 흩어져 있어 원자는 전기적으로 중성이다.'라는 원자모형을 최초로 제안한 사람은 누구인가?

15 전자 질량의 $1,000$ 배나 큰 α입자(이온화된 헬륨원자)를 금속표면에 입사시킬때 큰 각도로 산란하는 것을 발견함으로써 원자핵의 존재를 알린 사람은 누구인가?

16 다음은 원자의 특성에 관한 설명이다. 옳은 항을 모두 고르시오.

① 원자핵은 전자에 비해 대단히 무겁기 때문에 운동하지 않는다.
② 원자의 에너지는 전자의 역학적 에너지와 무관하다.
③ 전자가 일정한(선택된) 궤도에서 회전할 때 전자기파는 발생되지 않는다.
④ 전자가 높은 에너지 궤도에서 낮은 에너지 궤도로 떨어질 때 빛을 방출한다.

17 수소원자에서 바닥 상태의 전자궤도 반경은 $5.3 \times 10^{-11}\,\mathrm{m}$ 이고, 전자의 질량은 $9.1 \times 10^{-31}\,\mathrm{kg}$ 이다. 전자의 속력은 얼마인가?
(단, $\mathrm{h} = 6.62 \times 10^{-34}\,\mathrm{J \cdot sec}$ 이다)

18 전자가 에너지 손실없이 원자핵 주위를 돌 수 있는 궤도를 정하는 양자조건은 무엇인가?

① $mv = nh$　　② $mv = \dfrac{h}{2\pi n}$

③ $mv = \dfrac{h}{2\pi n}$　　④ $mv = \dfrac{nh}{2\pi r}$

19 수소원자에서 궤도전자의 에너지를 나타내는 일반식은 $En = -13.6 / n^2$ ev이다. 전자가 $n_1 = 2$인 상태에서 바닥상태 $n_2 = 1$로 떨어질 때, 방출하는 빛의 에너지와 파장은 얼마인가?
(단, $1\,ev = 1.6 \times 10^{-19}\,J$, $R = 1.79 \times 10^7\,m^{-1}$)

1. 국제단위계(SI)

1-1 기본단위

양	단위의 명칭	단위 기호	정의
길이	미터	m	빛이 진공 중에서 1/299,797,458 초 동안에 진행하는 거리
질량	킬로그램	kg	질량의 단위이며, 국제킬로그램 원기(프랑스에 보관 중인 백금과 이리륨의 합금으로 된 원기둥)의 질량과 같다.
시간	초	S	세슘 133 원자 기저상태인 두개의 준위 사이의 전이에 대응하는 복사선 주기의 9,192,631,770 배에 해당하는 시간
전류	암페어	A	진공 중에 1미터 간격으로 떨어져 있는 평행하고 무한히 긴 도선 사이에 2×10^{-7} N/m 의 힘이 작용하도록 하는 일정한 전류.
열역학온도	켈빈	K	열역학적 온도 단위이며, 물의 삼중점의 열역학적 온도의 1/273.16
물질량	몰	mol	0.012 kg 탄소 12속에 존재하는 원자의 수와 같은 수의 구성요소를 함유하고 있는 계의 물질량.
광도	칸델라	Cd	101,325 파스칼의 압력 하에서 백금의 응고점 온도에 있는 흑체 1/1,600,000 m^2 표면의 수직방향 광도

1-2 접두어

단위에 승하여지는 배수	접두어의 명칭	접두어의 기호	단위에 승하여지는 배수	접두어의 명칭	접두어의 기호
10^{12}	테라	T	10^{-2}	센티	c
10^{9}	기가	G	10^{-3}	밀리	m
10^{6}	메가	M	10^{-6}	마이크로	μ
10^{3}	킬로	k	10^{-9}	나노	n
10^{2}	헥토	h	10^{-12}	피코	p
10	데카	da	10^{-15}	펨토	f
10^{-1}	데시	d	10^{-18}	아토	a

1-3 단위

	양	단위의 명칭	단위기호	비고
(1) 공간 및 시간	평면각	라디안	rad	1(도) $= \frac{\pi}{180}$rad, 1′(분) $= \frac{1^\circ}{60}$, 1″(초) $= \frac{1'}{60}$
	입체각	스테라디안	sr	
	길이	미터	m	
	면적	제곱미터	m^2	
	체적	세제곱미터	m^3	1 ℓ(리터) = $10^{-3}m^3$
	시간	초	s	1 min(분) = 60 s, 1 h(시) = 60 min, 1 d(일) = 24 h
	각속도	초당라디안	rad/s	
	속도, 속력	초당미터	m/s	
	가속도	제곱초당미터	m/s^2	
(2) 주기현상 및 관련현상	주파수	헤르쯔	Hz	1 Hz = 1 s^{-1}
	회전수	초당회전수	s^{-1}	min^{-1}(회매분)
(3) 역학	질량	킬로그램	kg	1 t(톤) = 10^3 kg
	선밀도	미터당 킬로그램	kg/m	
	밀도, 농도	세제곱미터당킬로그램	kg/m^3	
	운동량	매초당킬로그램미터	kg·m/s	
	운동량의 모멘트 각운동량	매초당킬로그램제곱미터	$kg \cdot m^2/s$	
	관성 모멘트	킬로그램평방미터	$kg \cdot m^2$	
	힘	뉴우튼	N	1 N = 1 $kg \cdot m/s^2$
	힘의 모멘트	뉴유튼미터	N·m	1 Pa = $1N/m^2$
	압력	파스칼	Pa	1 bar = 10^5 Pa
	응력	제곱미터당 파스칼	Pa/m^2	
	점도	파스칼초	Pa·s	
	동점도	초당제곱미터	m^2/s	
	표면장력	미터당뉴우튼	N/m	
	에너지-, 사사, 열량 전력량	주울	J	1J = 1N·m 1eV(전자볼트) = 1.602 189 2 $\times 10^{-19}$ J
	사사율, 공율, 전력	와트	W	1W = 1J/s
(4) 열	열역학온도	켈빈	K	
	섭씨온도	섭씨도	℃	섭씨도 SI단위이다. 그리고 t(℃) = T(K) −273.15 섭씨온도의 온도간격은 ℃라도 가함.
	온도간격	켈빈	K	
	선팽창계수	켈빈	K^{-1}	
	열량	주울	J	
	열류	와트	W	
	열전도율	미터켈빈당와트	W/(m·K)	
	열전도계수	제곱미터켈빈당와트	$W/(m^2 \cdot K)$	
	열용량	켈빈당 주울	J/K	
	비열	킬로그램켈빈당주울	J/(kg·K)	
	엔트로피	켈빈당주울	J/K	
	질량엔트로피	킬로그램켈빈당주울	J/(kg·K)	비엔트로피라고도 한다.
	질량에너지	킬로그램당 주울	J/kg	비에너지라고도 한다.
	질량잠열	킬로그램당 주울	J/kg	비잠열이라고도 한다.

	양	단위의 명칭	단위기호	비고
(5) 전기 자기	전류	암페어	A	
	전하전기량	쿠울롬	C	1C = 1A·s
	체적전하밀도, 전하밀도	세제곱미터당쿠울롬	C/m^3	
	표면전하밀도	제곱미터당쿠울롬	C/m^2	
	전계의 강도	미터당볼트	V/m	
	전압, 전위차(전압), 기전력	볼트	V	1V = 1W/A
	전기변위	제곱미터당쿠울롬	C/m^2	
	전속, 전기변위속	쿠울롬	C	
	정전용량	패럿	F	1F = 1C/V
	유전율	미터당파라드	F/m	
	전기분극	제곱미터당쿠울롬	C/m^2	
	전기쌍극자모멘트	쿠울룸미터	C·m	
	전류밀도	제곱미터당암페어	A/m^2	
	전류의 선밀도	미터당암페어	A/m	
	자계의 강도	미터당암페어	A/m	
	자위차	암페어	A	
	자속밀도, 자기유도	테슬라	T	$1T = 1V \cdot s/m^2$
	자속	웨버	Wb	1Wb = 1V·s
	자기펙틀퍼텐션	미터당웨버	Wb/m	
	자기인덕턴스 상호인덕턴스	헨리	H	1H = 1V·s/A
	투자율	미터당헨리	H/m	
	단면 자기 모멘트	제곱미터당암페어	$A \cdot m^2$	
	자화	미터당암페어	A/m	
	자기분극	테슬라	T	
	자기분극자모멘트	암페어당뉴우튼제곱미터 또는 웨이버미터	$N \cdot m^2/A$ 또는 Wb·m	
	(전기)저항	오옴	Ω	1Ω = 1V/A
	콘덕턴스	지이멘스	S	$1S = 1A/V = 1\Omega^{-1}$
	저항율	오옴미터	Ω·m	
	도전율	미터당지이멘스	S/m	
	자기저항	헨리분의 1	H^{1}	
	인덕턴스	헨리	H	
	임피던스, 임피던스계수 리액턴스, 전기저항	오옴	Ω	
	어드미턴스, 어드미턴스 계수세셉턴스, 콘덕턴스	지이멘스	S	
	유효전력	와트	W	

	양	단위의 명칭	단위기호	비고
(6) 광 및 관련된 전자방사	파장	미터	m	
	방사에너지	주울	J	
	방사속	와트	W	
	방사강도	스테라이안당와트	W/sr	
	방사휘도	스테라이안제곱미터당 와트	W/(sr·m^2)	
	방사발산도	제곱미터당와트	W/m^2	
	방사조도	제곱미터당와트	W/m^2	
	광도	칸델라	cd	
	광속	루우멘	lm	1 lm = 1 cd·sr
	광량	루우멘초	lm·s	
	휘도	제곱미터당 칸텔라	cd/m^2	
	광속발산도	제곱미터당 루우멘	lm/m^2	
	조도	럭스	lx	1 lx = 1 lm/m^2
	노광량	럭스초	lx·s	
	발광효율	와트당루우멘	lm/W	
(7) 음	주기	초	s	
	주파수, 진동수	헤르쯔	Hz	
	파장	미터	m	
	밀도	세제곱미터당킬로그램	kg/m^2	
	정압, 음압	파스칼	Pa	
	입자 속도	초당미터	m/s	
	체적 속도	초당세제곱미터	m^3/s	
	음의 속도	초당미터	m/s	
	음향에너지속음향파워	와트	W	
	음의 강도	제곱미터당와트	W/m^2	
	단위면적임피던스	미터당파스칼초	Pa·s/m	
	음향임피던스	세제곱미터당파스칼초	Pa·s/m^3	
	기계임피던스	미터당뉴우튼초	N·s/m	
	호음력	제곱미터	m^2	
	잔향시간	초	s	
(8) 물리화학 및 분자물리학	물질량	몰	mol	
	몰질량	몰당킬로그램	kg/mol	
	몰체적	몰당세제곱미터	m^3/mol	
	몰내부에너지	몰당주울	J/mol	
	몰비열	몰켄빈당주울	J/(mol·K)	
	몰엔트로피	몰켈빈당주울	J/(mol·K)	
	몰농도	세제곱미터당몰	mol/m^3	
	질량몰농도	킬로그램당몰	mol/kg	
	확산계수	초당제곱미터	m^2/s	
	열확산계수	초당제곱미터	m^2/s	

종래는, "° K"가 사용되었었으나 "° "는 붙이지 않게 되었다.

2. 고체(금속)의 물리적 성질

원자 번호Z와 원소기호	원소명 (물질명)	밀도 ρ(20℃) [g/cm^3]	탄성률 Young률 Y [$10^{10}N/m^2 = 10^{11}dyn/cm^2$]	음속 v [m/sec]
Z				
30 Zn	아 연	7.14	9.3	3 700
13 Al	알 루 미 늄	2.70	7.0	5 100
51 Sb	안 티 몬	6.67	7.8	3 400
92 U	우 라 늄	18.7	13	–
48 Cd	카 드 뮴	8.64	7.1	2 310
20 Ca	칼 슘	1.55	2.0	–
79 Au	금	19.3	8.0	1 740
47 Ag	은	10.50	7.9	2 610
24 Cr	크 롬	7.1	2.5	–
27 Co	코 발 트	8.8	21	4 720
80 Hg	수 은	13.55	–	–
50 Sn	주 석	7.31	5.5	2 600
74 W	텅 스 텐	19.3	36	–
73 Ta	탄 탈	16.6	19	3 400
26 Fe	철	7.86	22	5 130
29 Cu	구 리	8.93	12	3 560
11 Na	나 트 륨	0.97	–	–
82 Pb	납	11.34	1.5	1 320
28 Ni	니 켈	8.9	20	4 970
78 Pt	백 금	21.37	16.5	2 690
83 Bi	비 스 무 트	9.8	3.2	1 800
4 Be	베 릴 륨	1.84	30	–
12 Mg	마 그 네 슘	1.74	4.4	4 600
42 Mo	몰 리 브 덴	10.2	–	–

3. 액체의 물리적 성질

물질명	화학식	밀도 ρ(20℃)[g/cm^3]	굴절률(D선589 nm)
아세틴	$(CH_3)_2 \cdot CO$	0.791	1.359
아닐린	$C_6H_5 \cdot NH_2$	1.030	1.586
에틸알코올	C_2H_5OH	0.791	1.360
에틸에텔	$(C_2H_6)_2O$	0.716	1.353
올리브유	—	0.915	—
크실렌	$C_6H_4(CH_3)_2$	0.870	1.500
글리콜	$(CH_2OH)_2$	1.116	1.427
글리세린	$C_3H_5(OH)_4$	1.270	1.473
클로로포롬	$CHCl_3$	1.498	1.446
초산에틸	$CH_3 \cdot COO \cdot C_2H_5$	0.900	1.372
사염화탄소	CCl_4	1.596	1.463
취소	Br_2	3.14	1.661
수은	Hg	13.55	—
트리클로로에틸렌	C_2HCl_3	1.480	1.481
톨루엔	$C_6H_5 \cdot CH_3$	0.800	1.496
니트로벤젠	$C_6H_5NO_2$	1.210	1.553
이황화탄소	CS_2	1.261	1.628
피마자유	—	0.961	1.48
벤젠	C_5H_6	0.881	1.501
물	H_2O	0.999	1.333
메틸알코올	CH_3OH	0.793	1.331
황산	H_2SO_4	1.85	—

4. 물의 밀도(d)

t, ℃	d, g/ml	t, ℃	d, g/ml
0	0.99987	45	0.99025
3.98	1.00000	50	0.98807
5	0.99999	55	0.98573
10	0.99973	60	0.98324
15	0.99913	65	0.98052
18	0.99862	70	0.97781
20	0.99823	75	0.97489
25	0.99707	80	0.97183
30	0.99567	85	0.96865
35	0.99406	90	0.96534
38	0.99299	95	0.96192
40	0.99224	100	0.95838

5. 소리의 전파 속도(m/sec)

물질	온도(℃)	속도	물질	온도(℃)	속도
<기체>			에틸알코올	20	1190
			메틸알코올	20	1006
공기(건조)	−45.6	305.6	올리브유	20	1450
〃(〃)	0	331.45	<고체><– 실온> 가늘고 긴 막대 중에서의 종파 속도		
〃(〃)	15.7	340.8			
〃(〃)	100	387.2	고무	–	40 ~ 70
〃(〃)	1000	708.4	구리	20	3710
메탄	0	432	금	20	2030
산소	0	316.2	납	20	1200
〃	16.5	323.8	놋쇠(황동)	20	3490
산화질소	0	325	니켈	20	4790
석탄가스	13.6	453	대리석	–	3810
수소	0	1300	백금	20	2880
수증기	100	471.5	주석	20	2730
아산화질소	0	260.5	석영유리	20	5370
아황산가스	0	209.2	아연	20	3810
암모니아	0	414.8	알루미늄	20	5080
일산화탄소	0	337.3	얼음	4	3280
질소	0	337.7	에보나이트	18	1560
탄산가스	0	259.3	유리(소오다)	20	5300
헬륨	0	981	유리(후린트)	20	4000
<액체>			은	20	2640
			철(주)	–	약4300
글리세린	20	1923	〃(단)	–	4900 ~ 5100
물(먼지없음)	19	1505	〃(강)	–	약4900
〃(증류)	20	1470	카드뮴	16	2665
〃(심해)	–	약1530	코발트	–	4724
벤젠	20	1330	코르크	–	430 ~ 530
석유	23	1275	파라핀	18	1390
수은	20	1450	소나무	–	3320

6. 여러 가지 물질의 굴절률

1) 액체와 광학재료의 굴절률

종류 \ 파장(mm)		404.66	435.83	486.13	587.56	656.27	706.52
에틸알코올		1.3729	1.3698	1.3662	1.3618	1.3591	1.3585
칼륨암염(시루빈)		1.50994	1.50457	1.49820	1.49033	1.48709	1.48551
암염		1.56664	1.56055	1.55333	1.54437	1.54062	1.53882
광학유리	FK5	1.49894	1.49593	1.49227	1.48749	1.48535	1.48410
	BK7	1.53024	1.52669	1.52238	1.51680	1.51432	1.51289
	K5	1.53738	1.53338	1.52860	1.52249	1.51982	1.51829
	F2	1.65063	1.64202	1.63208	1.62004	1.61503	1.61227
	SE10	1.77578	1.76197	1.74648	1.72825	1.72085	1.71682
수정	상광선	1.557061	1.553772	1.549662	1.544289	1.541873	1.540598
	이상광선	1.56667	1.56318	1.55896	1.55339	1.55089	1.54957
이황화탄소		1.6934	1.6742	1.65225	1.62804	1.61820	1.6136
피리진		1.5399	1.5313	1.5219	1.5095	1.5050	1.5028
벤젠		1.5318	1.52319	1.51320	1.50155	1.49680	1.4943
방해석	상광선	1.68137	1.67522	1.66786	1.65850	1.65441	1.65228
	이상광선	1.49693	1.49417	1.49080	1.48648	1.48462	1.48371
형석	CaF_2	1.441512	1.439494	1.437297	1.433872	1.432483	1.431778
물		1.342742	1.340201	1.337123	1.333041	1.331151	1.33014

2) 공기(15℃)의 절대 굴절률

λ [nm]	n	λ [nm]	n
200	1.0003256	650	1.0002758
250	3014	700	2753
300	2907	750	2749
350	2850	800	2746
400	2817	850	2744
450	2796	900	2742
500	2781	950	2740
550	2771	1000	1.0002739
600	1.0002763		

7. 지구 및 지상에 관한 여러 data

표준대기압	1.013×10^5 nt/meter^2 14.70 lb/in^2 2117 lb/ft^2
STP[1]에서의 건조한 공기	1.293 kg/meter^3 2.458×10^{-3} slug/ft^2
STP에서의 건조한 공기 중에서의 음속	331.4 meters/sec^2 1089 ft/sec 742.5 miles/hr
중력가속도, g(표준치)[2]	9.80665 meters/sec^2 32.1740 ft/sec^2
태양상수[3]	495 watts/m^2 2.00 cal/cm^2−min
평균총태양복사량	3.92×10^{26} watts
지구의 적도반경	6.378×10^6 meters 3963 miles
지구의 극반경	6.357×10^6 meters 3950 miles
지구의 체적	1.087×10^{21} meter^3 3.838×10^{22} ft^3
지구의 체적과 동일체적을 갖는 구의 반경	6.371×10^5 meters 3959 miles 2.090×10^7 ft
지구의 평균밀도	5522 kg/meter^3
지구의 질량	5.983×10^{24} kg
지구의 평균공전속도	29,770 meters/sec 18.50 miles/sec
지구자전의 평균각속도	7.29×10^{-5} radians/sec
지구의 자장, B(Washington, D.C.에서)	5.7×10^{-5} weber/meter^2
지구의 자기능률	6.4×10^{21} amp−m^2

1) STP = 표준상태 = 1기압에서 0℃
2) 기압계의 보정, 법정중량 등에 사용되는 이 g의 값은 1901년에 국제도량위원회에서 채택되었다. 이 값은 대략 위도 45° 해면 상에서의 값과 같다.
3) 태양상수란 지표 상에서의 태양광선의 평균강도를 말한다.

8. 태양계

천체	질량 (지구=1)	태양으로부터의 거리		항성 주기일	평균 비중력	직경		표면에서의 중력가속도	
		km	miles			km	miles	cm/sec^2	ft/sec^2
태양	329,390	—	—	—	1.42	1,390,600	864,100	27,400	900.3
수성	0.0549	58×10^6	36.0×10^6	87.97	5.61	5,140	3,194	392	12.9
금성	0.8073	108×10^6	67.1×10^6	244.79	5.16	12,620	7,842	882	28.9
지구	1.0000	149×10^6	92.9×10^6	365.26	5.52	12,756	7,926	980	32.2
화성	0.1065	228×10^6	141.7×10^6	686.98	3.95	6,860	4,263	392	12.9
목성	314.5	778×10^6	483.4×10^6	4,332.59	1.34	143,600	89,229	2,646	86.8
토성	94.07	1426×10^6	886.1×10^6	10,759.20	0.69	120,600	74,937	1,176	38.6
천왕성	14.40	2869×10^6	1782.7×10^6	30,685.93	1.36	53,400	33,181	980	32.2
해왕성	16.72	4495×10^6	2793.1×10^6	60,187.64	1.30	49,700	30,882	980	32.2
명왕성	—	5900×10^6	3666.1×10^6	90,885	—				
달	0.01228	[1]38×10^4	[2]23.9×10^4	27.32	3.36	3,476	2,159.9	167	5.47

1) Handbook of Chemistry Phisics (Chemical Rubber Publishing Company 출판)에 의거

2) 지구에 대한 거리

9. 환산인자

9-1 평면각

	°	′	″	RADIAN	회전
1 도 =	1	60	3600	1.745×10^{-7}	2.771×10^{-3}
1 분 =	1.667×10^{-2}	1	60	2.909×10^{-4}	4.630×10^{-5}
1 초 =	2.778×10^{-4}	1.667×10^{-2}	1	4.848×10^{-6}	7.716×10^{-7}
1 RADIAN =	57.30	3438	2.063×10^5	1	0.1592
1 회전 = ′360	360	2.16×10^4	1.296×10^5	6.283	1

1 회전 = 2 π radians = 360　　　1 = 60′ = 3600″

9-2 입체각

1 sphere = 4 π radians = 12.57 steradians

9-3 길이

	cm	METER	km	in	ft	mile
1 centimeter =	1	10^{-2}	10^{-5}	0.3937	3.281×10^{-2}	6.214×10^{-6}
1 METER =	100	1	10^{-3}	39.37	3.281	6.214×10^{-4}
1 kilometer =	10^{5}	1000	1	3.93	3281	0.6214
1 inch =	2.540	2.540×10^{-2}	2.450×10^{-5}	1	8.333×10^{-2}	1.578×10^{-5}
1 foot =	30.48	0.3048	3.048×10^{-4}	12	1	1.894×10^{-4}
1 statute mile =	1609×10^{5}	1609	1.609	6.336×10^{5}	5280	1

1 foot = 1200/3937 meter
1 meter = 3937/1200 ft
1 angstrom(A) = 10^{-10} meter
1 χ-unit = 10^{-13} meter
1 nautical mile = 1852 meters = 1.1508 statute miles = 6076.10 ft

1 micron = 10^{-6} meter
1 millimicron(mμ) = 10^{-9} meter
1 light-year = 9.4600×10^{12} km
1 parsec = 3.084×10^{13} km

1 fathom = 6 ft
1 yard = 3 ft
1 rod = 16.5 ft
1 mil = 10^{-3} in

9-4 면적

	METER	cm²	ft²	in²	circ mil
1제곱 meter =	1	10^{4}	10.76	1550	1.974×10^{9}
1제곱 centimeter =	10^{-4}	1	1.076×10^{-3}	0.1550	1.974×10^{5}
1제곱 foot =	9.290×10^{-2}	929.0	1	144	1.833×10^{8}
1제곱 inch =	6.452×10^{-4}	6.452	6.944×10^{-3}	1	1.273×10^{6}
1제곱 circular mil =	5.067×10^{-10}	5.067×10^{-6}	5.454×10^{-9}	7.854×10^{-7}	1

9-5 체적

	METER	cm³	1	ft³	in³
1세제곱 meter =	1	10^{6}	1000	35.31	6.102×10^{4}
1세제곱 centimeter =	10^{-6}	1	1.000×10^{-3}	3.531×10^{-5}	6.102×10^{-2}
1 liter =	1.000×10^{-3}	1000	1	3.531×10^{-2}	61.02
1세제곱 foot =	2.832×10^{-2}	2.832×10^{4}	28.32	1	1728
1세제곱 inch =	1.639×10^{-5}	16.39	1.639×10^{-2}	5.787×10^{-4}	1

9-6 질량

	g	kg	slug	amu	oz	lb	ton
1 gram =	1	0.001	6.852×10^{-5}	6.024×10^{23}	3.527×10^{-2}	2.205×10^{-3}	1.102×10^{-6}
1 KILOGRAM =	1000	1	6.852×10^{-2}	6.024×10^{26}	35.27	2.205	1.102×10^{-3}
1 slug =	1.459×10^{4}	14.59	1	8.789×10^{27}	514.8	32.17	1.609×10^{-2}
1 amu =	1.660×10^{-24}	1.660×10^{-27}	1.137×10^{-28}	1	5.855×10^{-26}	3.660×10^{-27}	1.829×10^{-30}
1 ounce(advoirdupois) =	28.35	2.835×10^{-2}	1.943×10^{-3}	1.708×10^{25}	1	6.250×10^{-2}	3.125×10^{-5}
1 pound(advoirdupois) =	453.6	0.4536	3.108×10^{-2}	2.732×10^{26}	16	1	0.0005
1 ton =	9.072×10^{5}	907.2	62.16	5.465×10^{29}	3.2×10^{4}	2000	1

9-7 밀도

	$slug/ft^3$	$kg/METER^3$	g/cm^3	lb/ft^3	lb/in^3
1 slug per ft^3 =	1	515.4	0.5154	32.17	1.862×10^{-2}
1 KILOGRAM per $METER^3$	1.940×10^{-3}	1	0.001	6.243×10^{-2}	3.613×10^{-5}
1 gram per cm^3	1.940	1000	1	62.43	3.613×10^{-2}
1 pound per ft^3 =	3.108×10^{-2}	16.02	1.602×10^{-2}	1	5.787×10^{-4}
1 pound per in^3 =	53.71	2.768×10^{4}	27.68	1728	1

9-8 시간

	yr	day	hr	min	SEC
1 year =	1	365.2	8.766×10^{3}	5.259×10^{5}	3.156×10^{7}
1 day =	2.738×10^{-3}	1	24	1440	8.640×10^{4}
1 hour =	1.141×10^{-4}	4.167×10^{-2}	1	60	3600
1 minute =	1.901×10^{-6}	6.944×10^{-4}	1.667×10^{-2}	1	60
1 SECOND =	3.169×10^{-8}	1.157×10^{-5}	2.778×10^{-4}	1.667×10^{-2}	1

1 year = 365.24219879 day

9-9 속력

	ft/sec	km/hr	METER/SEC	mile/hr	cm/sec	knot
1 foot per second =	1	1.097	0.3048	0.6818	30.48	0.5925
1 kilometer per hour =	0.9113	1	0.2778	0.6214	27.78	0.5400
1 METER per SECOND =	3.281	3.6	1	2.237	100	1.944
1 mile per hour =	1.467	1.609	0.4470	1	44.70	0.8689
1 centimeter per second =	3.281×10^{-2}	3.6×10^{-2}	0.01	2.237×10^{-2}	1	1.944×10^{-2}

9-10 힘

	dyne	NT	lb
1 dyne =	1	10^{-5}	2.248×10^{-6}
1 NEWTON =	10^{5}	1	0.2248
1 pound =	4.448×10^{5}	4.448	1

9-11 압력

	atm	dyne/cm^2	물기둥 (inch)	cm Hg	NT/METER^2	lb/in^2	lb/ft^2
1기압 =	1	1.013×10^{6}	406.8	76	1.013×10^{5}	14.70	2116
1dyne per cm^2 =	9.869×10^{-7}	1	4.015×10^{-4}	7.501×10^{-5}	0.1	1.450×10^{-5}	2.089×10^{-3}
4℃때 1 inch의 물기둥 =	2.458×10^{-3}	2491	1	0.1868	249.1	3.613×10^{-2}	5.202
0℃때 1 cm의 수은기둥 =	1.316×10^{-2}	1.333×10^{4}	5.353	1	1333	0.1934	27.85
1NEWTON per METER^2 =	9.869×10^{-6}	10	4.015×10^{-3}	7.501×10^{-4}	1	1.450×10^{-4}	2.089×10^{-2}
1 pound per in^2 =	6.805×10^{-2}	6.895×10^{4}	27.68	5.171	6.895×10^{3}	1	144
1 pound per ft^2 =	4.725×10^{-4}	478.8	0.1922	3.591×10^{-2}	47.88	6.944×10^{-3}	1

10. 수학공식

10-1 삼각법 공식

$\sin^2 \alpha + \cos^2 \alpha = 1$

$\sin(\alpha + \beta) = \sin \alpha \cos \beta + \cos \alpha \sin \beta$

$\sin(\alpha - \beta) = \sin \alpha \cos \beta - \cos \alpha \sin \beta$

$\cos(\alpha + \beta) = \cos \alpha \cos \beta - \sin \alpha \sin \beta$

$\cos(\alpha - \beta) = \cos \alpha \cos \beta + \sin \alpha \sin \beta$

$\tan(\alpha + \beta) = \dfrac{\tan \alpha + \tan \beta}{1 - \tan \alpha \tan \beta}$

$\tan(\alpha - \beta) = \dfrac{\tan \alpha - \tan \beta}{1 + \tan \alpha \tan \beta}$

$\sin A \cos B = \sin(A + B) + \sin(A - B)$

$2\cos A \cos B = \cos(A + B) + \cos(A - B)$

$-2\sin A \sin B = \cos(A + B) - \cos(A - B)$

$\tan 2\alpha = \dfrac{2\tan \alpha}{1 - \tan^2 \alpha}$

$\sin^2 \dfrac{\alpha}{2} = \dfrac{1 - \cos \alpha}{2}$

$\cos^2 \dfrac{\alpha}{2} = \dfrac{1 + \cos \alpha}{2}$

$\sin \alpha + \sin \beta = 2 \sin\dfrac{\alpha + \beta}{2} \cos \dfrac{\alpha - \beta}{2}$

$\sin \alpha - \sin \beta = 2 \cos\dfrac{\alpha + \beta}{2} \sin \dfrac{\alpha - \beta}{2}$

$\cos \alpha + \cos \beta = 2 \cos\dfrac{\alpha + \beta}{2} \cos \dfrac{\alpha - \beta}{2}$

$\cos \alpha - \cos \beta = 2 \sin\dfrac{\alpha + \beta}{2} \sin \dfrac{\alpha - \beta}{2}$

10-2 미분공식

$y = x^n$	$dy/dx = nx^{n-1}$	$y = \ln x$	$dy/dx = \dfrac{1}{x}$
$y = e^x$	$dy/dx = e^x$	$y = \log_\alpha x = \dfrac{\ln x}{\ln \alpha}$	$dy/dx = \dfrac{1}{x \ln \alpha}$
$y = \alpha^x = e^{x \ln \alpha}$	$dy/dx = e^{x \ln \alpha} \cdot \ln \alpha = \alpha^x \ln \alpha$		
$y = \sin x$	$dy/dx = \cos x = \sin(x + \pi/2)$	$y = \tan x$	$dy/dx = \dfrac{1}{\cos^2 x}$
$y = \cos x$	$dy/dx = -\sin x = \cos(x + \pi/2)$	$y = \cot x$	$dy/dx = -\dfrac{1}{\sin^2 x}$
$y = \text{arc} \sin x$	$dy/dx = \dfrac{1}{\sqrt{1-x^2}}$	$d = \text{arc} \tan x$	$dy/dx = \dfrac{1}{1 + x^2}$
$y = \text{arc} \cos x$ $= \dfrac{\pi}{2} - \text{arc} \sin x$	$dy/dx = -\dfrac{1}{\sqrt{1-x^2}}$	$y = \text{arc} \cot x$ $= \dfrac{\pi}{2} - \text{arc} \tan x$	$dy/dx = -\dfrac{1}{1 + x^2}$

11. 그리이스 알파벳

Alpha(a) .... A α
Beta(b) .... B β
Gamma(g) .... Γ γ
Delta(d) .... Δ δ or ∂
Epsilon(e) .... E ε
Zeta(z) .... Z ζ
Eta(h) .... H η
Theta(th) .... θ
Iota(i) .... I ι
Kappa(k) .... K κ
Lamdba(l) .... Λ λ
Mu(m) .... M μ

Nu(n) .... N ν
Xi(x) .... Ξ ξ
Omicron(o) .... O o
Pi(p) .... Π π
Rho(r) .... P ρ
Sigma(s) .... Σ σ
Tau(t) .... T τ
Upsilon(u) .... Υ υ
Phi(ph) .... Φ φ
Chi(ch) .... X χ
Psi(ps) .... Ψ ψ
Omega(o) .... Ω ω

12. 10의 정수 승배

배수 및 분수	접두어	기호
1000 000 000 000 000 000 = 10^{18}	exa(엑사)	E
1000 000 000 000 000 = 10^{15}	peta(페타)	P
1000 000 000 000 = 10^{12}	tera(테라)	T
1000 000 000 = 10^{9}	giga(기가)	G
1000 000 = 10^{6}	mega(메가)	M
1000 = 10^{3}	kilo(킬로)	k
100 = 10^{2}	hecto(헥토)	h
10 = 10^{1}	deca(데카)	da
1 = 10^{0}		
0.1 = 10^{-1}	deci(데시)	d
0.01 = 10^{-2}	centi(센티)	c
0.001 = 10^{-3}	mili(밀리)	m
0.000 001 = 10^{-6}	micro(마이크로)	μ
0.000 000 001 = 10^{-9}	nano(나노)	n
0.000 000 000 001 = 10^{-12}	pico(피코)	p
0.000 000 000 000 001 = 10^{-15}	femto(펨토)	f
0.000 000 000 000 000 001 = 10^{-18}	atto(아토)	a

찾·아·보·기

ㅅ

ㅇ

ㅈ

ㅊ

ㅋ

ㅌ

ㅍ

해답

1장

문 1. 2. 3. 교재 참조

문 4. f = 200 Hz = 200진동/sec = 200 s^{-1} 이므로 초당 200 회 진동한다.

문 5. f = 0.2 Hz = 0.2 s^{-1}

식 (1-1) 에 의하면 진동수 f와 주기 T는 역수의 관계이므로

즉, $f = \frac{1}{T}$

따라서 $T = \frac{1}{f} = \frac{1}{0.2} s^{-1} = 5 \text{ sec}$

문 6. 식 (1-5) $v = \lambda f$ 에서

$$\lambda = \frac{v}{f} = \frac{344 \text{ m/s}}{282 \text{ s}^{-1}} = 1.22 \text{ m}$$

문 7. a) 식 (1-10′) $v = (331 + 0.6\,t)$ m/s 에서

$v = 331 + 0.6 \times 15 = 340$(m/s)

b) $v = \frac{s}{t} = 1.22$ m

$s = vt = 340 \text{ m/s} \times 5 \text{ sec} = 1{,}700 \text{ m} = 1.7 \text{ km}$

문 8. (a) 진동수는 1초당 진동하는 횟수이므로

$$f = \frac{80회}{10 \text{ sec}} = 8 \text{ s}^{-1} = 8 \text{ Hz}$$

(b) 식 (1-1) 에 의하면 주기 T는 진동수 f의 역수이므로

$$T = \frac{1}{f} = \frac{1}{8 \text{ Hz}} = 0.125 \text{ sec}$$

(c) 식 (1-2) 에 의하면

$$w = 2\pi f = 2\pi \text{ rad} \times 8 \text{ Hz} = 16\,\pi \text{ rad/sec}$$

문 9. 식 (1-6) 에서

$$v = \frac{\lambda}{T} = \frac{30 \text{ m}}{5 \text{ sec}} = 6 \text{ m/sec}$$

문10. 관측자가 정지해 있고 음원이 움직이는 경우이므로

식 (1-87) $f' = f\dfrac{v}{v - v_s}$ 에서

기차의 속력 $v_s = v - \dfrac{f}{f'}v = 340 - \dfrac{500}{525}340$

$= 17(m/s)$

문11. a) 경적소리의 파장은 $v = \lambda f$에서

$\lambda = \dfrac{v}{f} = \dfrac{340\ m/s}{200\ Hz} = 1.7\ m$

b) 관측자(벽)가 정지해 있고 음원이 움직이는 경우와 같으므로
식 (1-87) 에서

$f' = f\dfrac{v}{v - v_s} = 200\dfrac{340}{340 - 17} = 210\ (Hz)$

c) 음원(벽)이 정지해 있고 관측자(운전자)가 움직이는 경우와 같으므로
식 (1-89) 에서

$f' = f\dfrac{v + v_D}{v} = 210\dfrac{340 + 17}{340} = 220\ (Hz)$

문12. 관측자가 듣게 되는 음파의 속력은 변하지 않는다. 진동수가 작아지거나 커지게 된다.

문13. 식 (1-5) $v = f\lambda$에서 빛의 속도는 언제나 일정하므로 $(3 \times 10^8\ m/s)$ 파장이 길어지면 진동수는 작아지며, 파장이 짧아지면 진동수가 커진다. 그러므로 파란색 빛의 진동수가 빨간색보다 크다.

문14. ① 문15. ④ 문16. ④ 문17. ④(식 1-36 참조)

문18. a) 파도의 상하 높이가 50 cm 이므로 $2A_o = 0.5\ m$
따라서 파도의 진폭은 $A_o = 0.25\ m$

b) 파도의 마루와 마루 10 m 사이를 가는데 걸리는 시간이 5초이므로 파도의 속도는

$v = \dfrac{s}{t} = \dfrac{10\ m}{5\ sec} = 2\ m/sec$

문19. a) 진동수 $f = \dfrac{v}{\lambda} = \dfrac{20\ m/s}{0.2\ m} = 100\ Hz$

b) 각진동수 $w = 2\pi f = 200\pi$

c) 주기 $T = \dfrac{1}{f} = \dfrac{1}{100\ Hz} = 0.01\ sec$

d) 파수 $k = \dfrac{2\pi}{\lambda} = \dfrac{2\pi\,rad}{0.2\ m} = 10\pi\,rad/m$

e) 파동함수 $y = A_0 \sin(kx - wt)$

$$= 0.1 \sin(10\pi x - 200\pi t)$$

$$= 0.1 \sin(31.4x - 628t)$$

문20. a) 식 (1–67) 에서

마디의 위치 $x = n\frac{\lambda}{2}$, n = 0, 1, 2 ⋯ 이므로

$$x = 0, \frac{\lambda}{2}, \frac{2\lambda}{2}, \frac{3\lambda}{2} \cdots$$ 이므로

$$\therefore x = 0, 0.1, 0.2, 0.3\,m \cdots$$

b) 식 (1–69) 에서

배의 위치 $x = (n + \frac{1}{2})\frac{\lambda}{2}$, n = 0, 1, 2 ⋯

$$x = \frac{\lambda}{4}, \frac{3\lambda}{4}, \frac{5\lambda}{4} \cdots$$

$$= 0.05, 0.15, 0.25\,m \cdots$$

문21. a) 양쪽이 열려 있을 때 기본진동음은 식 (1–79) 에서

$$f_1 = \frac{v}{\lambda_1} = \frac{v}{2\ell} = \frac{340}{2 \times 0.8} = 212.5\,Hz$$

b) 한쪽 끝만 열려 있을 때 기본진동음은 식 (1–76) 에서

$$f_1 = \frac{v}{\lambda_1} = \frac{v}{4\ell} = \frac{340}{4 \times 0.8} = 106.3\,Hz$$

문22. 식 (1–84) 에서

맥놀이 진동수 $f = f_1 - f_2$ Hz

$$= 304 - 300 = 4\,Hz$$

문23. 맥놀이 진동수 $f = f_1 - f_2 = 5$ Hz

B연주자의 진동수가 f_1 이면 $400 - f_2 = 5$ Hz 이므로

A연주자의 진동수 $f_2 = 395$ Hz

B연주자의 진동수가 f_2 이면 $f_1 - 400 = 5$ Hz 이므로

B연주자의 진동수 $f_1 = 405$ Hz

따라서 A연주자가 갖고 있는 악기의 가능한 진동수는

395 Hz 이거나 405 Hz 가 된다.

해 답

1장 II

문 1. ① 문 2. ③ 문 3. ③ 문 4. ④ 문 5. ⑤
문 6. ⑤

문 7. ③ 문 8. ① 진폭은 0.5 m 이다. 문 9. ④ $\frac{v}{\lambda} = \frac{20/2}{20/4} = 2\,\text{Hz}$

문10. ⑤ 파장은 $\lambda = 8$ cm, 전파속도는 $v = \frac{\lambda}{T} = \frac{8}{1.6} = 5\,\text{cm/s}$, 진폭은 1 cm,

파수는 $k = \frac{2\pi}{\lambda} = \frac{\pi}{4}$, 주기는 $T = \frac{1}{f} = \frac{\lambda}{v} = \frac{8\,\text{cm}}{5\,\text{cm/s}} = 1.6\,\text{s}$

문11. ③

문12. ③ 그림에서 파동은 4초 동안 2 m 진행했으므로 속력이 0.5 m/s 이며, 12초 동안에는 6 m 진행하므로 변위 y 값은 0 m 이다.

문13. ⑤ 변위와 시간 사이의 그림이므로 진폭, 주기, 진동수를 알 수 있다.

문14. ⑤

문15. ⑤ 식 (1–16) 에서 조화파 파동함수 $y = A_0 \sin(kx - wt)$ 이므로 $k = 0.5\pi$, $w = 7\pi$

식 (1–21) 에서 전파속도 $v = \frac{w}{k} = \frac{0.7\pi}{0.5\pi} = 14(\text{m})$

문16. ⑤ 식 (1–22) 에서 위상차 $\phi = \frac{2\pi}{\lambda}(x_2 - x_1)$

여기서 경로차 $\triangle = (x_2 - x_1) = 10\text{m}$

전파상수 $k = \frac{2\pi}{\lambda}$ 에서 $\lambda = \frac{2\pi}{k} = \frac{2\pi}{0.5\pi} = 4(\text{m})$

따라서 위상차 $\phi = \frac{2\pi}{4} \times 10 = 5\pi$

문17. ③ 두 수면파의 경로차는 $\Delta = 80 - 64 = 16\,\text{cm}$. 이 경로차는 파장의 2배이므로 보강간섭을 한다. 따라서 진폭은 10 cm 가 된다.

문18. ④ 맥놀이 진동수는 두 진동수의 차와 같으므로 가능한 진동수는 400 ± 3 Hz 이므로 437 Hz 와 443 Hz 이다.

문19. ①

문20. ③ 시간에 대한 정보가 없으므로 진동수, 속력은 비교할 수 없다. 진폭은 같다.

문21. ⑤ 2초 후 한 파장이 정확히 중첩되므로 주기는 2초, 진동수는 주기의 역수이므로 0.5 Hz 이다.

$t = 1$ 일 때, 8 m 지점에서의 변위는 0이고, 속력은 $v = \frac{\lambda}{T} = \frac{4}{2} = 2\,\text{m/s}$ 이다. $t = 4$ 일 때, 파동 B 가 A 와 동일한 모습으로 중첩되므로 변위는 10 cm 된다.

문22. ③ 진폭 10 cm, 파장 60 cm, 주기 T = 3 × 4 = 12초

속력 $v = \dfrac{\lambda}{T} = \dfrac{60}{12} = 5$ cm/sec

문23. ③ 주기는 2초, 식 (1-6) 에서 $v = \dfrac{\lambda}{T}$ 이므로 $\lambda = vT = 5 \times 2 = 10(\mathrm{m})$

문24. ① 식 (1-87)에서 $f = f\dfrac{v}{v - v_s} = (500)\dfrac{345}{345 - 40.0} = 566$ Hz

문25. ⑤ 식 (1-91) 에서 서로 접근하고 있으므로 $f = f\dfrac{v + v_o}{v - v_s} = (400)\dfrac{345 + 25}{345 - 40.0} = 485$ Hz

문26. ② 식 (1-73) 에서 $f_1 = \dfrac{1}{2l}\sqrt{\dfrac{F}{\mu}} = \dfrac{1}{(2)(8)}\sqrt{\dfrac{49}{(0.04/8)}} = 6.2$ Hz

문27. ④ 문28. ③ 문29. ④ 투과파는 위상이 변하지 않는다.

문30. ① 파수 $k = \dfrac{2\pi}{\lambda} = \dfrac{2\pi}{2} = \pi$ 이다.

문31. ④ 고정단에 의한 반사는 위상이 정반대로 바뀐다. 문32. ④

문33. ④ $\lambda = \dfrac{v}{f} = \dfrac{20}{4} = 5$ cm

문34. ③ 문제에 그려진 그림을 중첩하면, 어느 곳이나 변위가 0이 되는 소멸파가 되어 배와 마디를 찾을 수 없다. 따라서 시간이 흐른 후, 예를 들면 한 눈금씩 진행시킨 후 모양을 조사하면 그림 [1-43] 과 같이 마디가 되는 점은 c, g 이다.

문35. ③

문36. ⑤ 정상파가 일어나는 그림이다. 그림 [1-43] 참조

문37. ⑤ A, B, 그리고 A 와 B 의 중간 지점은 정상파의 마디로서 변위는 언제나 0 이다.

문38. ①

문39. ① 경로차는 24.5 - 14 = 10.5 cm 이며, 이는 파장의 3.5배, 즉 반정수배에 해당하므로 이 지점에서는 진폭의 크기는 서로 같으나 부호가 반대가 되어 합성파는 소멸된다.

문40. ④ 파장은 열린관 길이의 2배로 34 cm, 진동수는 속력/파장 = 340 / 0.34 = 1,000 Hz

문41. ③ 식 (1-76) 에서 $f_1 = \dfrac{v}{\lambda_1} = \dfrac{v}{4\ell} = \dfrac{340\ \mathrm{m/s}}{1\ \mathrm{m}} = 340$ Hz

문42. ① 문43. ③ 문44. ⑤ 문45. ④

문46. ④ 문47. ②

해 답

2장 Ⅰ

문 1. ①, ②, ③ 문 2. ①, ②, ④ 빛의 진동수는 굴절 전후 일정하다. 문 3. ④

문 4. ① 파장이 길수록 매질 내에서의 속도가 빨라진다.

문 5. ①, ② 음파는 물질의 역학적 진동에 의해 발생하므로 전자기파가 아니다.

문 6. ① ⓐ ② ⓓ ③ ⓓ ④ 진공 내에서는 모든 빛의 속도가 일정하다. 문 7. ①, ②, ④

문 8. ① $v = \frac{C}{n} = \frac{3 \times 10^8 \text{ m/s}}{1.50} = 2 \times 10^8 \text{ m/s} \quad \therefore v = 2 \times 10^8 \text{ m/s}$

② $\frac{\lambda'}{\lambda} = \frac{n}{n'} \quad \frac{\lambda'}{450 \text{ nm}} = \frac{1.00}{1.50} \qquad \therefore \lambda' = 300 \text{ nm}$

문 9. $n = \frac{C}{v} = \frac{3 \times 10^8 \text{ m/s}}{1.80 \times 10^8 \text{ m/s}} = 1.67 \qquad \therefore n = 1.67$

문10. $C = 4NfL \quad f = \frac{C}{4NL} = \frac{3 \times 10^8 \text{ m/s}}{4 \times 180\ 22.9 \text{ km}} = 18.19 \text{ s}^{-1}$

$w = 2\pi f = 2 \times 3.14 \times 18.19 = 114.23 \text{ (rad/s)} \qquad \therefore w = 114 \text{ rad/s}$

문11. $n = \frac{C}{v} = \frac{3 \times 10^8}{2 \times 10^8} = 1.5$

문12. $n = \frac{C}{v}$ 에서

$v = \frac{c}{n} = \frac{3 \times 10^8}{1.5} = 2 \times 10^8 \text{(m/s)}$

문13. a) 굴절률 $n = \frac{c}{v}$

$= \frac{3 \times 10^8 \text{ m/s}}{2 \times 10^8 \text{ m/s}}$

$= 1.5$

b) 굴절법칙 식 (2-6) 에서

$\frac{n_2}{n_1} = \frac{\lambda_1}{\lambda_2}$ 이고

공기 중에서 빛의 굴절률 $n_1 = 1$

유리 중에서 빛의 굴절률 $n_2 = 1.5$

유리 중에서 이 빛의 파장 $\lambda_2 = 650 \text{ nm}$

따라서 공기 중에서의 이 빛의 파장 $\lambda_1 = ?$

$\lambda_1 = n_2 \lambda_2$

$= 1.5 \times 650 \text{ nm}$

$= 975 \text{ nm}$

2장 II

문 1. ③ 문 2. ③ 문 3. ① 문 4. ② 문 5. ②

문 6. ③ 문 7. ⑤ 문 8. ③

문 9. ② $\frac{v_{물질}}{v_{진공}} = \frac{\lambda_{물질} f}{\lambda_{진공} f} = \frac{\lambda_{물질}}{\lambda_{진공}} = \frac{400}{500} = 0.8$

문10. ③ 유리판 내부에서의 파장은 $\lambda' = \frac{\lambda}{n} = \frac{300}{1.5} = 200\text{ nm}$ 이므로,

유리판 속의 광파수 $x = \frac{두께}{\lambda'} = \frac{0.1 \times 10^{-3}}{200 \times 10^{-9}} = 500$(개)

문11. ① 물질 속에서 파수 $\frac{d}{\lambda/n}$, 진공 중에서의 파수 $\frac{d}{\lambda}$ ∴ 파수의 차 $(n-1)\frac{d}{\lambda}$

문12. ① 공기 중에서 파장은 $\lambda = \frac{v}{f} = \frac{100}{50} = 2\text{ cm}$, 매질 속에서 파장은 $\lambda' = \frac{\lambda}{n} = \frac{2}{1.6}$

$= 1.25\text{ cm}$, 매질 속에서 속력은 $v' = \frac{v}{n} = \frac{100}{1.6} = 62.5\text{ cm/s}$, 매질 속에서 진동수는 50 Hz

해 답

3장 I

문 1. ①, ②, ③ 문 2. ①, ②, ③

문 3. 두 광선이 간섭하여 간섭무늬를 형성하는 현상은 같으나 Young의 실험에 의해 두 슬릿에서 출발하는 광선들은 같은 위상을 갖고 출발하나, 로이드거울 실험에서는 출발점에서부터 두 광선의 위상은 180° 다르기 때문에 스크린에 형성되는 간섭무늬 조건식은 Young의 실험에서 얻은 조건식과 반대가 된다.

문 4. ①, ②, ③ 슬릿의 수가 N개이면 주극대점의 세기 I는 한 개의 슬릿에서 나온 광선의 세기 I_0의 N_0^2배가 된다.

즉, $I = N_0^2 I$

문 5. ④ 식 (3-11) $y_m = \dfrac{m\lambda L}{d}$ 에서

파장 λ가 짧을수록 간섭무늬 간격 y_m이 좁아진다.

문 6. $\lambda = \dfrac{d \cdot y}{mL}$ 에서

$m = 2,\ d = 0.0003\ m,\ y = 0.008\ m,\ L = 2\ m$ 이므로

$$\lambda = \frac{0.0003 \times 0.008}{2 \times 2} = 600(nm)$$

문 7. $\lambda = \dfrac{d \cdot y}{mL}$ 에서

$m = 3,\ d = 0.002\ m,\ y = 500\ nm,\ L = 2.5\ m$ 이므로

$$y = \frac{\lambda mL}{d} = \frac{5 \times 10^{-7} \times 3 \times 2.5}{0.002} = 1.87 \times 10^{-3}\ (m)$$

$$= 1.87\ (mm)$$

문 8. $y = \dfrac{\lambda mL}{d}$ 에서

$m = 1,\ d = 0.05\ mm,\ L = 1\ m = 10^3\ mm,\ \lambda = 600\ nm = 600 \times 10^{-6}\ mm$

$$y = \frac{1 \times 1 \times 10^3\ mm \times 600 \times 10^{-6}\ mm}{0.05\ mm} = 12{,}000 \times 10^{-3}\ mm = 12\ mm$$

∴ 간섭무늬의 간격(y) = 12 mm

문 9. (1) 식 (3-13) 에서 $\Delta = d\sin\theta = d \cdot \frac{y}{L} = \lambda(m+\frac{1}{2})$ (∵ 소멸간섭)

$$y = \frac{L\lambda(2m+1)}{2d},$$

① $m = 0, \quad y_0 = \frac{L\lambda}{2d} = \frac{4\,m \times 600\,nm}{2 \times 0.3\,mm} = 4\,mm$

② $m = 1, \quad y_1 = \frac{3L\lambda}{2d} = 12\,mm$

$y_1 - y_0 = 12 - 4 = 8\,mm$

∴ 인접한 어두운 선 사이 거리 : 8 mm

(2) 물속에서는 $\lambda' = \frac{\lambda}{n'}$ 으로 짧아진다. ($n' = \frac{4}{3}$)

그러므로 풀이는 위 (1)번과 같고 λ 대신 λ'을 대입한다.

$$\lambda' = \frac{\lambda}{n'} = \frac{3}{4} \times 8\,mm = 6\,mm$$

문10. 식 (3-27) 에서

$\lambda = 750\,nm, \quad n = 1.5,$

$m = 1 \rightarrow d = \frac{m\lambda}{2n'} = \frac{1 \times 750\,nm}{2 \times 1.5} = 250\,mm$

$m = 2 \rightarrow d = \frac{2 \times 750\,nm}{2 \times 1.5} = 500\,mm$

$m = 3 \rightarrow d = \frac{3 \times 750\,nm}{2 \times 1.5} = 750\,mm$

∴ 최소 막의 두께 250 nm

문11. $\Delta = 2n'd = \lambda \cdot m$ (∵ 반사광 최대)

$$\lambda = \frac{2n'd}{m} = \frac{2 \times 1.4 \times 2 \times 10^{-7}\,m}{m} = \frac{560\,nm}{m}$$

① $m = 1 \rightarrow \lambda = 560\,nm$

② $m = 2 \rightarrow \lambda = 280\,nm$

③ $m = 3 \rightarrow \lambda = 186.67\,nm$

∴ 560 nm, 280 nm, 186.67 nm

여기서 280 nm와 186.67 nm는 눈에 보이지 않으므로 정답은 560 nm이다.

문12. 식 (3-33) $2nd = \lambda(m + \frac{1}{2})$에서, $m = 0$.

$$d = \frac{\lambda}{4n} = \frac{580 \text{ nm}}{4 \times 1.62} = 89.5 \text{ nm} \qquad \therefore d = 89.5 \text{ nm}$$

문13. 얇은 막은 제 1면에서의 고정단 반사로 인한 180° 위상변화가 있고 쐐기형에서는 제 2면에서의 고정단 반사로 인한 180° 위상변화가 있으므로 두 조건식이 같다.

문14. 소멸간섭이 일어날 조건식은 식 (3-28) 에서

$$2d = \lambda m$$

$d = m\frac{\lambda}{2}$, $m = 1$일 때 최소두께이므로 다음과 같다.

$$= 1 \times \frac{600}{2} \text{ nm} = 300 \text{ nm}$$

문15. 초록색의 보색인 빨간색

3장 II

문 1. ② B에서도 보강간섭이 일어난다.

문 2. ③ 509 nm 빔의 중심의 밝은 무늬로부터 3번째 극대값($m=3$, 식 (3-12) $d\sin\theta = m\lambda$ 에서 $d\sin\theta = 3\times 509$) 위치와 나머지 빔의 4번째 극소값($m=3$, 식 (3-13) $d\sin\theta = (m+\frac{1}{2})\lambda$ 에서 $d\sin\theta = (3+\frac{1}{2})\lambda$) 위치가 동일하므로 $3\times 509 = (3+\frac{1}{2})\lambda \quad \therefore\ \lambda = 436\text{ nm}$

문 3. ⑤ 5번째 어두운 무늬일 때, 식 (3-13)과 $\sin\theta = \frac{y}{L}$ 에서 $d\frac{y}{L} = \left(m+\frac{1}{2}\right)\lambda$, 한편 5번째 무늬이므로 $m=4$, $0.15\times 10^{-3}\,\frac{30\times 10^{-3}}{1.5} = \left(4+\frac{1}{2}\right)\lambda \quad \therefore\ \lambda = 667\text{ nm}$

문 4. ① 식 (3-12)와 $\sin\theta = \frac{y}{L}$ 에서 $d\frac{y}{L} = m\lambda$ 이므로 파장과 밝은 무늬 사이의 간격은 비례. 따라서 $\lambda : \lambda' = y : y' \quad 630 : \lambda' = 8.3 : 7.6 \quad \therefore\ \lambda = 577\text{ nm}$

문 5. ② 상쇄간섭조건식

$\Delta = d\sin\theta = d\frac{y}{L} = \lambda\,(m+\frac{1}{2})$ 에서 $m=0$일 때 $y_0 = \frac{L\lambda}{2d}$, $m=1$일 때 $y_1 = \frac{L\lambda}{2d}$이므로

어두운 무늬 간격은 $y_1 - y_0 = \frac{L\lambda}{d}$, 따라서 $\lambda = \frac{d}{L}(y_1 - y_0)$이므로

$$\lambda = \frac{1\times 10^{-3}m\times 2.8\times 10^{-3}m}{5m} = 560\text{nm}$$

문 6. ① 식 (3-12) 이용, $y_m = m\lambda\frac{L}{d}$, $y_{m'} = m'\lambda'\frac{L}{d}$로부터 무늬가 겹쳐지므로 $y_m = y_{m'}$, $\frac{m}{m'} = \frac{\lambda'}{\lambda} = \frac{900}{750} = \frac{6}{5} =$ 에서 $m=6$, $m'=5$가 된다. 따라서 $y_6 = y_5{}' = \frac{(2)(6)(750\times 10^{-9})}{2\times 10^{-3}} = 4.5\text{mm}$

문 7. ④ 식 (3-12), $m=1$ 에서 $d\frac{y}{L} = \lambda$ 이므로 $0.5\times 10^{-3}\frac{1.0\times 10^{-3}}{L} = 650\times 10^{-9} \quad \therefore\ L = 77\text{ cm}$

문 8. ③ 슬릿의 간격 d 를 좁히거나, 슬릿으로부터 스크린 간격(L)을 멀리하거나 긴 파장 λ 를 사용한다.

문 9. ② 문10. ③

문11. ③ 액체 속에서 빛의 파장은 $\frac{2}{3}\lambda$ 이다. $d\frac{y}{L} = m\lambda$ 일 때, 밝은 무늬를 나타내므로 파장이 $\frac{2}{3}\lambda$ 가 되면 밝은 무늬가 생기는 위치는 감소하므로 O쪽을 향하여 이동한다. 보강 간섭이 일어나지 않으므로 밝은 무늬가 관측되지 않는다.

문12. ⑤ 문13. ② $d\frac{y}{L} = \lambda$ 에서 $y \propto \lambda$

문14. ④ 문15. ③ 문16. ① 문17. ④

문18. ② 첫 번째 밝은 무늬는 $m=1$ 이며, 밝은 무늬 조건식은 $\frac{dy}{L}=m\lambda$, 첫 번째 어두운 무늬는 $m=0$ 이며, 어두운 무늬 조건식은 $\frac{dy}{L}=\frac{\lambda}{2}(2m+1)$, 여기서 d, L, λ 는 같으므로 두 관계식을 나누면 $\frac{y}{y'}=2 \quad \therefore y'=\frac{10}{2}=5\,\text{mm}$

문19. ④ 어두운 무늬 조건식 식에서 $\Delta=d\sin\theta=\lambda\left(m+\frac{1}{2}\right)$ 에서 두 번째 어두운 무늬이므로 $m=1$을 대입하면 $\Delta=(1+\frac{1}{2})\,550\,\text{nm}=825\,\text{nm}$

문20. ①, ④

문21. ③ 원무늬의 반지름 r, 렌즈의 곡률반지름 R, 파장 λ 라면 어두운 무늬에 대하여 $r^2=m\lambda R$ 이 성립. 볼록렌즈와 유리판 사이에 물을 채우면 파장 λ 에서 $\lambda/1.33$ 로 짧아지므로 원무늬의 반지름 r 은 줄어들어 간격은 좁아진다.

문22. ① 평볼록렌즈와 유리판 사이의 간격을 d 라 하면 밝은 무늬에 대하여 식 (3–35) 에서 $2d=\lambda\left(m+\frac{1}{2}\right)$ 이 성립. 원무늬의 반지름을 r, 렌즈의 곡률반지름 R, $m=0$ 일 때 첫 번째 밝은 무늬이므로 21번째 밝은 무늬는 $m=20$ 이다. 따라서 $R=\frac{r^2}{2d}=\frac{(11\times10^{-3})^2}{(2)\left[\frac{1}{2}\left(20+\frac{1}{2}\right)(670\times10^{-9})\right]}=8.8\text{m}$

문23. ④ 식 (3–34)와 (3–15) 이용. $2d_3=(m+\frac{1}{2})\lambda$ 에서 세 번째 밝은 무늬이므로 $m=2$, $2d_6=(m+\frac{1}{2})\lambda$ 에서 여섯번째 밝은 무늬이므로 $m=5$ 를 각각 대입하면 $2d_3=\left(2+\frac{1}{2}\right)\lambda$, $2d_6=\left(5+\frac{1}{2}\right)\lambda$, 이므로 유리판과 렌즈 간격 차이는 $d_6-d_3=\frac{3}{2}=600\text{nm}$

문24. ①

문25. ② 박막의 굴절률이 $n_1=\sqrt{n_0 n_2}=\sqrt{1\times1.78}=1.33$ 인 것으로 택한 후, 식 (3–33′) $2n_1 d=\lambda(m+\frac{1}{2})$, 최소막 두께이므로 $m=0$, 따라서 $d=\frac{1}{4}\frac{\lambda}{n_1}=\frac{555}{4(1.33)}=104(\text{nm})$

문26. ② 식 (3–26) 에서 $d=\frac{m\lambda}{2n}$, 여기서 첫 번째 어두운 무늬이므로 $m=0$일 때이며 그림에서 두께 d 위치에서의 어두운 무늬는 $m=2$ 이다. 따라서 $d=\frac{\lambda}{n}$ 가 된다.

문27. ①

4장 |

문 1. ①, ②　　문 2. ②　　문 3. ④　　문 4. ④　　문 5. ①　　문 6. ①

문 7. 식 (4–5) 경로차 $\triangle = m\lambda$에서

첫 번째 어두운 무늬는 m = 1일 때 생긴다.

경로차 $\triangle = 1 \times 600\,\text{nm}$

$= 600\,\text{nm}$

문 8. 식 (4–14) $d\sin\theta = m\lambda$에서

격자간의 간격 $d = \dfrac{0.01\,\text{m}}{6{,}240} = 1.6 \times 10^{-6}\,\text{m}$

$\sin\theta = \sin 21.6° = 0.368$

이다. 따라서 단색광의 파장은 다음과 같다.

$$\lambda = \frac{d\sin\theta}{m}$$

$$= \frac{1.6\times 10^{-6}\,\text{m}\times 0.368}{1}$$

$$= 589\,\text{nm}$$

문 9. a) 밝은 무늬 조건식 식 (4–13)

$\phi = 2\pi(m+\dfrac{1}{2})$에서 제 1극대점은 m = 1 이므로 다음과 같다.

$= 3\pi$

b) 중앙주극대점과 제 1극대점 사이의 거리 y

$$y = \frac{D\lambda\phi}{2\pi a} \quad (\text{여기서 } D = 1\,\text{m},\ a = 0.02\,\text{mm},\ \lambda = 600\,\text{nm})$$

$$= \frac{100\,\text{cm}\times 600\times 10^{-7}\,\text{cm}\times 3\pi}{2\pi\times 0.002\,\text{cm}}$$

$$= 4.5\,\text{cm}$$

c) 회절광의 세기 I_θ

$$I_\theta = I_0\left[\frac{\sin\beta}{\beta}\right]^2 \quad (\text{여기서 } \beta = \frac{\phi}{2} = \frac{3}{2}\pi,\ \sin\frac{3}{2}\pi = -1)$$

$$= I_0\left[\frac{\sin\left(\frac{3\pi}{2}\right)}{\left(\frac{3\pi}{2}\right)}\right]^2$$

$$= \frac{4}{9\pi^2}I_0$$

문10. $d \sin\theta = m\lambda$에서 $d = \dfrac{0.01\,m}{10{,}000} = 1 \times 10^{-6}\,m$, $m = 1$이다.

$$\sin\theta = \frac{m\lambda}{d} = \frac{600\,nm}{1 \times 10^{-6}\,m} = 0.6$$

$$\therefore\ \theta = \sin^{-1}(0.6) = 36.9°$$

문11. $\lambda = 700\,nm$, $D = 5\,m$, $y = 20\,cm$

$m = 1$(1차 밝은선이란 첫 번째 밝은 무늬이므로)

밝은 무늬 조건식 $\Delta = d\sin\theta = \dfrac{dy}{D} = \lambda m$ 에서

$$\frac{dy}{D} = \lambda m$$

$$d = \frac{D\lambda m}{y}$$

$$= \frac{5\,m \times 700\,nm \times 10^{-9}\,m \times 1}{20 \times 10^{-2}\,m}$$

$$= 1.75 \times 10^{-5}\,m$$

$$= 1.75 \times 10^{-2}\,mm$$

문12. 밝은 무늬 조건식 (4-14) 이용

$d \sin\theta = m\lambda$에서 $m = 1$

$$d = \frac{0.5\,mm}{400} = 1.25 \times 10^{-6}\,m$$

빛의 파장 $\lambda = \dfrac{d\sin\theta}{m}$

$$= \frac{1.25 \times 10^{-6}\,m \times \sin 30°}{1}$$

$$= 625\,nm$$

문13. 최소분리각 θ는 식 (4-18) 이용

$$\theta = 1.22\,\frac{\lambda}{D} \quad (\text{여기서 } D = 5\,m,\ \lambda = 600\,nm)$$

$$= 1.22\,\frac{600\,nm}{5\,m}$$

$$= 1.46 \times 10^{-7}\,rad$$

4장 II

문 1. ③ 문 2. ① 슬릿의 폭이 좁을수록 회절무늬의 폭은 넓어진다.

문 3. ② 우주의 팽창은 도플러 효과로 설명할 수 있다.

문 4. ④ 좁은 틈새를 통과한 빛은 회절하므로 기하광학에서 예측한 빛의 경로를 따르지 않는다.

문 5. ④ 단색광을 사용하면 관측하기 쉽고, 다색광(백열전등 등)을 이용하면 관측하기 어렵다.

문 6. ⑤ $a\sin\theta = m\lambda$ 에서 θ 가 작으려면 λ 가 작아야 한다. 즉, 파장이 짧아져야 한다.

문 7. ② 문 8. ① 문 9. ③

문10. ② 식 (4-3) $a\sin\theta = m\lambda$ 에서 첫번째 극소점이므로 $m=1$, $\theta \approx 0$ 일 때 $\sin\theta = \dfrac{y}{L}$ 이므로

$a\sin\theta = \lambda$ 에서 $a = \dfrac{\lambda L}{y} = \dfrac{(633\times10^{-9})(5)}{(40\times10^{-3})/2} = 0.16\text{mm}$

문11. ② $\Delta = \begin{cases} m\lambda & \text{어두운} \\ \left(m+\frac{1}{2}\right)\lambda & \text{밝은 무늬} \quad m=1,2,3,\ldots \end{cases}$

A는 첫 번째 밝은 무늬이며 $m=1$이므로 $\Delta = \dfrac{3}{2}\lambda$,

B는 두 번째 어두운 무늬이며 $m=2$이므로 $\Delta = 2\lambda$

문12. ③ 파장이 길어지면 회절 무늬 간격이 크다. 즉, 회절이 크다.

문13. ③ 식 (4-3) 에서 $m=1$ 이므로 경로차 $\Delta = a\sin\theta = \lambda$

문14. ④ $y = \dfrac{D\lambda\phi}{2\pi a}$ 에서 a, D, ϕ 는 일정하고 단지 파장만 바꾸면 $y = \dfrac{600}{500} = 1.2$ 배로 늘어난다.

문15. ④ 문16. ③

문17. ④ $\sin\theta = \dfrac{y}{L}$ 에서 $\theta \approx 0$ 이므로 $\theta = \dfrac{y}{L}$, 즉 $y = \theta L$, 여기서 최소분리각은 $\theta = \dfrac{1.22\lambda}{D}$ 이므로

떨어져 있는 거리 $y = \theta L = \dfrac{1.22\lambda}{D}L = \dfrac{1.22\times550\times10^{-9}}{50\times10^{-3}}1{,}000 = 13.4\text{mm}$

문18. ②

문19. ④ $\theta = \dfrac{1.22\lambda}{D} = \dfrac{(1.22)(589\times10^{-9})}{0.9\times10^{-2}} = 8.0\times10^{-5}\text{rad}$

문20. ① $\theta = \dfrac{1.22\lambda}{D} = \dfrac{(1.22)(380\times10^{-9})}{0.9\times10^{-2}} = 5.2\times10^{-5}\text{rad}$

문21. ② $\theta = \dfrac{1.22\lambda}{D}$ 에서 굴절률 n 인 기름을 물체와 대물렌즈 사이에 채우면 $\theta = \dfrac{1.22\lambda}{Dn}$ 이 되어 분해 한계각이 작아지며, 따라서 분해능은 좋아진다.

문22. ⑤ $\theta = \dfrac{1.22\lambda}{D} = \dfrac{(1.22)(500\times10^{-9})}{30\times10^{-2}} = 2.0\times10^{-6}\text{rad}$, $\sin\theta \approx \theta = \dfrac{y}{L}$ 이므로 고도

$L = \dfrac{y}{\theta} = \dfrac{1}{2.0\times10^{-6}} = 500\text{km}$

문23. ① $\theta_{oil} = \frac{1.22\lambda'}{D} = \frac{1.22\lambda}{Dn} = \frac{\theta_{air}}{n} = \frac{0.7}{1.4} = 0.50\text{rad}$

문24. ② $\theta = \frac{1.22\lambda}{D} = \frac{(1.22)(555\times10^{-9})}{25\times10^{-3}} = 2.71\times10^{-5}\text{rad}$,

$y = L\theta = (9.0)(2.71\times10^{-5}) = 0.24\text{mm}$

문25. ④ $\theta = \frac{1.22\lambda}{D}$, θ가 작을수록 분해능이 좋다.

문26. ⑤ $a\sin\theta = m\lambda$ 에서 $m=1$, $\sin\theta = \frac{y}{L}$ 이므로 $\lambda = a\,\frac{y}{L} = (750\times10^{-6})\,\frac{1.40\times10^{-3}}{2} = 525\text{nm}$

문27. ② $\theta = \frac{1.22\lambda}{D}$ 에서 $\theta = \frac{l}{d} = \frac{32}{1,000}$, $D = \frac{1.22\lambda}{\theta} = \frac{(1.22)(3.7\times10^{-2})(1\times10^{6})}{3.2\times10^{4}} = 1.41$

문28. ② $\theta = \frac{1.22\lambda}{D}$ 에서 $\theta = \frac{y}{L} = \frac{200\times10^{3}}{5.93\times10^{11}}$,

$D = \frac{1.22\lambda}{\theta} = \frac{(1.22)(550\times10^{-9})(5.93\times10^{11})}{200\times10^{3}} = 1.99\text{m}$

문29. No, GMT의 분해능 $\theta = \frac{1.22\lambda}{D} = \frac{(1.22)(550\times10^{-9})}{25} = 2.7\times10^{-8}\text{rad}$

α 별 주변으로 공전하는 목성 크기의 행성을 구분하기 위해 필요한 분해능

$\theta = \frac{R}{L} = \frac{140,000\text{km}}{4.4\text{ 광년}} = \frac{1.4\times10^{8}}{(4.4)(9.5\times10^{15})} = 3.4\times10^{-9}\text{rad}$ ∴ 불가능하다.

5장

문 1. ①, ②　　문 2. ①, ②, ④　　문 3. ①　　문 4. ④

문 5. 식 (5-1) $I = \frac{1}{2} I_0 \cos^2\theta$는 편광자가 2개인 경우이므로

편광자가 3개인 경우는 같은 원리에 의해

$$I = (\frac{1}{2} I_0 \cos^2\theta_1)\cos^2\theta_2$$임을 알 수 있다.

따라서 최종투과광은 다음과 같다.

$$I = (\frac{1}{2} I_0 \cos^2 60°)\cos^2 45°$$

$$= \frac{1}{16} I_0$$

문 6. 식 (5-2) 에서 $\tan\theta_B = \frac{n_2}{n_1}$ (n_1 = 공기중이므로 1)

유리의 굴절률 $n_2 = \tan\theta_B = \tan 60°$

$$= \sqrt{3}$$

$$= 1.73$$

문 7. a) $\theta_2 = 90° - \theta_B$

$$= 90° - 60°$$

$$= 30°$$

b) 식 (5-2) 에서 $\tan\theta_B = \frac{n_2}{n_1}$, ($n_1 = 1$)

수면물질의 굴절률 $n_2 = \tan\theta_B = \tan 60°$

$$= \sqrt{3}$$

$$= 1.73$$

문 8. 식 (5-2) $\tan\theta_B = \frac{n_2}{n_1}$, ($n_1 = 1$, $n_2 = 1.4$)

$$\tan\theta_B = 1.4$$

$$\theta_B = \tan^{-1}(1.4)$$

$$= 54.5°$$

굴절각 $\theta_2 = 90° - \theta_B$

$$= 35.5°$$

문 9. 다중 평면판을 이용하여 투과광을 편광(거의 100% 가깝게)시킬 수 있다. 평면판의 갯수가 많을수록 투과광은 완전 편광에 가깝다.

문10. 표 [5-1] 에서 방해석의 n_0 = 1.6584, n_E = 1.4864, 진공 중의 굴절률 n = 1, λ = 589 nm 한편 경계면에서 굴절률과 파장의 관계는 다음과 같다.

$$\frac{n_2}{n_1} = \frac{\lambda_1}{\lambda_2}$$

정상광선의 파장 $\lambda_0 = \frac{n}{n_0}\lambda$

$$= \frac{1 \times 589\,\text{nm}}{1.6584} = 355\ \text{nm}$$

이상광선의 파장 $\lambda_E = \frac{n}{n_E}\lambda$

$$= \frac{1 \times 589\,\text{nm}}{1.4864} = 396\ \text{nm}$$

문11. 정상광선의 속도는 $n_0 = \frac{c}{v_0}$에서

$$v_0 = \frac{3 \times 10^8\,\text{m/s}}{1.6584} = 1.8\ m/s$$

이상광선의 속도는 $n_E = \frac{c}{v_E}$에서

$$v_E = \frac{3 \times 10^8\,\text{m/s}}{1.4864} = 2\ m/s$$

문12. 방해석의 축과 프리즘의 기저방향이 평행이면 단굴절이 일어나고 수직하면 복굴절이 일어난다.

문13. 대기의 상층으로 갈수록 분자들의 양이 희박하므로 산란량이 적게 되다. 따라서 아주 높은 우주공간은 어둡다.

문14. 결정체 내에서 이상광선과 정상광선의 속도가 다르고 따라서 위상차가 달라지기 때문이다. 이 위상차에 따라 편광 모양이 그림 [5-29] 와 같이 달라진다.

5장 II

문 1. ③ 신란은 파동이 자신의 파장 또는 그보다 작은 크기의 장애물을 만날 때, 그 장애물을 중심으로 사방으로 퍼져나간다. 따라서 입자의 크기가 작을수록 더 짧은 파장(더 높은 진동수)의 빛이 산란된다.

문 2. ① 큰 물방울은 긴 파장의 빛, 즉 낮은 진동수의 빛을 산란시킨다.

문 3. ③ 파도의 앞부분이 하얗게 보이는 것은 여러 크기의 물방울이 여러 색깔의 빛을 산란시키기 때문이다.

문 4. ③ LCD는 두 개의 편광판 사이에 전기신호에 따라 방향을 바꾸는 고분자 물질을 넣어두어 신호에 따라 빛을 통과시키고 차단시키는 ON/OFF 동작으로 화면을 만들어낸다.

문 5. ②, ④, ⑤ 폴라로이드를 구성하는 탄화수소 사슬고리 방향과 나란히 진동하는 광파는 흡수되며, 수직하게 진동하는 광파는 투과된다. 따라서 폴라로이드의 투과축은 탄화수소 사슬고리 방향과 직각이다. 그림 (5-13) c와 그림 (5-17) b에서와 같이 반사광선과 굴절광선이 직각이면 반사광선은 편광되며 이때 편광된 방향은 입사면에 수평한 방향으로 편광되며 이 빛이 우리 눈에 들어오게 된다.

문 6. ① 이상광선은 스넬의 법칙을 따르지 않는다. 광축이 한 개 있는 것을 1축성 결정(전기석, 방해석, 수정), 2개 있는 것을 2축성 결정(운모)이라 한다. 광학축 이외의 방향에서는 결정에 따라 이상광선의 속도가 정상광선의 속도보다 빠를 수도 느릴 수도 있다.

문 7. ② 복굴절체 내에서 이상광선에 대한 호이겐스 소파는 타원면파이다.

문 8. ② 자연광이 첫 번째 편광판을 통과할 때는 편광축의 방향에 관계없이 1/2로 감소하므로

$\frac{1}{2}I_0 = \frac{60}{2} = 30\mathrm{W/cm^2}$. 두 번째 편광판은 첫 번째 편광판과 60° 기울어져 있으므로 식 (5-1)

의 말류스 법칙에 따라 $I = \frac{1}{2}I_0\cos^2\theta = 30\times(\cos 60^\circ)^2 = 7.5\mathrm{W/cm^2}$

문 9. ⑤

문10. ② 회전시키기 전: $I = I_0\cos^2\alpha$, 회전시킨 후: $\frac{I}{2} = I_0\cos^2\theta \quad \therefore \cos^2\alpha = 2\cos^2\theta$

$\therefore \theta = \cos^{-1}\left(\frac{\cos\alpha}{\sqrt{2}}\right)$

문11. ④ 위상차에 따라 선형편광되기도 한다.

문12. ② 복굴절을 통과한 두 개의 서로 수직한 선편광된 빛은 통과 후 원편광될 수 있다.

해 답

6장

문 1. ② 무지개는 공기에 떠 있는 작은 물방울 속으로 햇빛이 통과할 때 빛에 포함되어 있는 여러 단색광의 파장, 진동수에 따라 굴절을 거쳐 물방울 밖으로 나오면서 여러 가지 색으로 분산된다.

문 2. ① 문 3. ④ 문 4. ③ 문 5. ③

문 6. • 백열전구는 전구내 도체(원자)를 가열하여 전자의 궤도 변위를 일으킴으로서 빛을 얻게 되는 열광원이다.
• 형광등은 유리관 속의 기체에 고속전자를 충돌시킴으로써 전자의 궤도 변위를 일으키게 한다. 이때 궤도 변위로 인하여 받은 에너지만큼 빛으로 방출케하는 전기방전에 의한 광원이다.

문 7. ① 문 8. ② 문 9. ① 문10. ②

문11. ②, ③, ④ 문12. ①, ②, ③ 문13. ①, ②, ③

문14. J. J. Thomson(톰슨) 1906년

문15. Rutherford(러더포드) 1911년

문16. ①, ③, ④

문17. $v = \dfrac{nh}{2\pi rm}$

$$= \frac{6.62\times10^{-34}\,\mathrm{J\cdot S}}{2\pi\times5.3\times10^{-11}\,\mathrm{m}\times9.1\times10^{-31}\,\mathrm{kg}}$$

$$= 2.19\times10^{6}\ \mathrm{m/s}$$

문18. ④

문19. 방출하는 빛의 에너지 $E = \frac{13.6\text{eV}}{n^2}$ (여기서 $n = n_1 = 2$)

$= \frac{13.6\text{eV}}{4}$ (여기서 $n = n_1 = 2$)

$= 3.4 \times 1.6 \times 10^{-19}\,\text{J}$

$= 5.44 \times 10^{-19}\,\text{J}$

방출하는 빛의 진동수 $\frac{1}{\lambda} = R\left(\frac{1}{{n_2}^2} - \frac{1}{{n_1}^2}\right)$

$= 1.079 \times 10^7\,\text{m}^{-1}\left(\frac{1}{1} - \frac{1}{4}\right)$

$= 8.09 \times 10^6\,\text{m}^{-1}$

따라서 $\lambda = 123\,\text{nm}$

안경사를 위한

물 리 광 학

1992년 3월 10일 초판 발행
2006년 8월 29일 개정2판 발행
2008년 2월 20일 개정3판 발행
2009년 2월 27일 개정4판 발행
2011년 3월 3일 개정5판 발행
2015년 2월 27일 개정5판 2쇄 발행
2019년 2월 28일 개정6판 발행
2020년 8월 20일 개정6판 2쇄 발행
2022년 2월 28일 개정6판 3쇄 발행

| **저 자** |
최성숙 · 최은정

| **발행인** | 윤 진 영

| **발행소** | 도서출판 **대학서림**

03076 서울특별시 종로구 혜화로2길 8
TEL · (02) 745-1220, 763-1220
FAX · (02) 744-1210
등록번호 · 제1-88호
www.daihaks.com

정가 28,000원

ISBN 978-89-6940-200-4 93510

저자와 협의하여 인지를 생략합니다.